U0504648

深能北方能源控股有限公司
SE Northern Energy Holdings Co.,Ltd.

FADIAN QIYE GAOFENGXIAN JI ZHONGDIAN GANGWEI
YIXIANSANPAI GUANLI

发电企业高风险及重点岗位

"一线三排"管理

深能北方能源控股有限公司 编

中国电力出版社
CHINA ELECTRIC POWER PRESS

内 容 提 要

本书介绍了"一线三排"的出台背景和相关概念，叙述了安全生产"一线三排"工作的主要内容，通过"一线三排"工作在电力企业的应用情况，提出了安全生产"一线三排"工作开展的注意事项。本书主要从方案审批、安全技术交底、作业规范、现场监护、验收等角度，叙述了生产类作业和基建类作业相关的高风险作业的重点内容，对高风险作业存在的安全风险与隐患进行了分析并提出相应要求；从责任体系、规章制度、教育培训、安全投入、事故隐患、应急预案等角度，介绍了管理类相关的重点岗位的职责、重点管理要求等。通过采用"一图一表一清单"的形式，本书系统地提出了高风险作业及重点岗位"一线三排"工作指引的内容，描述了高风险作业各阶段的要求及重点岗位各项管理要求。

本书可供电力企业主要负责人、安全生产管理人员、运行维护及检修人员等阅读，也可作为电力企业开展"一线三排"工作的辅助工具和参考资料。

图书在版编目（CIP）数据

发电企业高风险及重点岗位"一线三排"管理 / 深能北方能源控股有限公司编. —北京：中国电力出版社，2023.9

ISBN 978-7-5198-8061-3

Ⅰ.①发…　Ⅱ.①深…　Ⅲ.①发电厂—安全生产—研究—中国　Ⅳ.① TM62

中国国家版本馆 CIP 数据核字（2023）第 153572 号

出版发行：中国电力出版社
地　　址：北京市东城区北京站西街19号（邮政编码100005）
网　　址：http://www.cepp.sgcc.com.cn
责任编辑：赵鸣志　马雪倩
责任校对：黄　蓓　李　楠
装帧设计：王红柳
责任印制：吴　迪

印　　刷：三河市万龙印装有限公司
版　　次：2023年9月第一版
印　　次：2023年9月北京第一次印刷
开　　本：889毫米×1194毫米　16开本
印　　张：15.25
字　　数：425千字
印　　数：0001—1500册
定　　价：100.00元

编审委员会

前　言

电力企业的安全发展与经济发展、社会稳定、人们正常生活息息相关。党的十八大以来，习近平总书记对安全生产工作作出了一系列重要论述，反复强调要管控安全风险、排查隐患，健全风险防范化解机制，坚持从源头上防范化解重大安全风险，真正把问题解决在萌芽之时、成灾之前；要针对安全生产事故主要特点和突出问题，层层压实责任，狠抓整改落实，强化安全风险防控，从根本上消除事故隐患，有效遏制重特大事故发生，并指出要树立发展决不能以牺牲安全为代价的红线意识。

为进一步压紧压实安全生产主体责任和部门安全监管责任，切实提高风险隐患排查治理的自觉性，广东省安全生产委员会办公室、广东省应急管理厅发出通知，要求全面推行安全生产"一线三排"工作机制（"一线"指坚守发展决不能以牺牲人的生命为代价这条不可逾越的红线；"三排"指事故隐患排查、排序、排除），有效落实安全生产"一线三排"工作指引，以查风险、除隐患、防事故的实际行动，坚守发展决不能以牺牲人的生命为代价这条不可逾越的红线，全面排查、科学排序、有效排除各类风险隐患，牢牢守住安全生产底线。

电力企业承担安全生产"一线三排"工作主体责任，要进一步增强风险隐患排查治理工作的自觉性、主动性。深能北方能源控股有限公司高度重视安全生产"一线三排"工作，牢固树立"查不出隐患就是最大的隐患"的理念，不断健全、完善和落实"一线三排"工作机制，从运行检修、施工建设和安全管理等方面，在光伏、风电及火电等领域全方位、多角度开展安全生产"一线三排"工作，排查治理了一大批安全风险与隐患，从源头上最大限度减少隐患缺陷的产生，进一步提升公司系统安全风险和隐患一体化管控水平。

为进一步强化和指导基层单位开展安全生产"一线三排"工作，深能北方能源控股有限公司在收集各单位安全生产"一线三排"工作成果的基础上，编制了本书。本书在《广东省高风险作业和重点领域（岗位）"一线三排"工作指引》（粤安办〔2021〕78号）指导下，结合安全风险管控及隐患排查治理相关政策，阐述了安全生产"一线三排"工作的基础知识，结合现场生产实际，全面、系统梳理了公司光伏、风电、火电行业"三大类"（生产类、基建类、管理类）高风险作业和重点岗位，对高风险作业分别从方案审批、技术交底、作业规范、现场监护、完工验收等维度排查人员、设备设施、环境等存在的主要安全风险与隐患；对重点岗位分别从日常管理、责任体系、规章制度、教育培训、设备设施等方面，排查主要安全风险与隐患，通过"一图（工作指引图）一表（工作指引表）一清单（负面清单）"形式，编制电力企业各项高风险作业和重点岗位的工作指引，并针对现场生产实际，编制各项作业和重点岗位隐患排查治理实例。

本书中采用的有关法律法规、标准规范均为最新条款，并引用了电力行业专家著述，在此表示衷心感谢。此外，也欢迎读者对本书中存在不足之处多提宝贵意见，以便后续进行完善和提高，在此一并表示感谢。

编者

2023 年 7 月

目 录

第一章 概述

第一节 "一线三排"简介

一、"一线三排"出台背景

为进一步压紧压实企业安全生产主体责任和部门安全监管责任，加强风险管控和隐患排查治理，2020年6月7日，广东省安全生产委员会办公室、广东省应急管理厅发布《关于全面推行"一线三排"工作机制的通知》（粤安办〔2020〕74号），要求全面推行"一线三排"工作机制。2020年8月2日，广东省安全生产委员会办公室、广东省应急管理厅印发《广东省生产经营单位安全生产"一线三排"工作指引》（粤安办〔2020〕107号），加快推进"一线三排"工作机制建设，全方位、全过程对高风险作业"五个维度"中存在的突出安全风险和隐患，实施分级分类管控、逐条逐项解决；对重点领域（岗位）"三个维度"存在的安全风险和隐患，实现"三排"，落实责任，确保有效管控安全风险、消除隐患，逐步建立从根本上消除事故隐患的长效机制。

二、"一线三排"相关基本概念

（一）一线三排

"一线"是指坚守发展决不能以牺牲人的生命为代价这条不可逾越的红线。

"三排"是指事故隐患排查、排序、排除。排查是组织安全管理人员、工程技术人员和其他相关人员对本单位的隐患进行排查，并按隐患等级进行登记，建立隐患信息档案的过程；排序是按照隐患整改、治理的难度及其影响范围，分清轻重缓急，对隐患进行分级分类的过程；排除是消除或控制隐患的过程。

（二）安全风险

安全风险是安全事故（事件）发生的可能性与其后果严重性的组合。安全风险强调的是损失的不确定性，包括发生与否的不确定、发生时间的不确定和导致结果的不确定等。安全风险的程度可以量化为可能性与严重程度的乘积。

（三）危险源

危险源是指可能导致伤害或疾病、财产损失、环境破坏、社会危害或这些情况组合的根源或状态。在GB/T 45001—2020《职业健康安全管理体系 要求及使用指南》中，危险源是指可能导致人的生理、心理或认知状况的不利影响的来源。危险源包括可能导致伤害或危险状态的来源，或可能因暴露而导致伤害和健康损害的环境。

根据危险源在事故发生、发展中的作用，可把危险源划分为两大类。在生产过程中，可能发生意外释放的能量或危险物质，称为第一类危险源（如电能、势能、化学能等），危险辨识的首要任务就是找出第一类危险源；造成约束、限制能量和危险物质措施失控的各种不安全因素，称为第二类危险源（如外露电线绝缘层破损、高处作业现场护栏损坏等），是事故产生的必要条件。第二类危险源主要包括物的不安全状态、人的不安全行为、环境因素和管理因素。

第一类危险源存在是第二类危险源出现的前提，第二类危险源的出现是第一类危险源导致事故的必要条件，分别决定事故的严重程度和可能性大小，两类危险源共同决定危险源的危险程度。

（四）风险分级管控

风险分级管控指根据风险不同级别、所需管控资源、管控能力、管控措施复杂及难易程度等因素而确定不同管控层级的风险管控方式。

（五）隐患

隐患是指电力企业违反安全生产法律、法规、规章、标准、规程和安全生产管理制度的规定，或因其他因素在电力生产和建设施工过程中产生的可能导致电力事故和电力安全事件的人的不安全行为、设备设施的不安全状态、不良工作环境以及安全管理方面的缺失。

（六）事故

事故是个人或集体在为实现某一意图而进行活动的过程中，突然发生的、违反人的意志的、迫使行动暂时地或永久地停止的事件。事故有生产事故和非生产事故之分，依据《生产安全事故报告和调查处理条例》（国务院令第 493 号），生产安全事故指生产经营活动中发生的造成人身伤亡或直接经济损失的事故。

（七）危险源与隐患的关系

隐患是隐蔽、隐藏的祸患，也就是失控的危险源，是指伴随着现实风险，发生事故的概率较大的危险源。

第一，隐患是"现实型"危险源。按照危险源的存在状态，可把危险源分为"现实型危险源"与"潜在型危险源"两种。例如，采用螺栓固定的部件可能会出现螺母的松动、脱落，在活动前辨识出来，就是"潜在型危险源"，通过采取相应的预防措施，就能够防止因此而导致的事故；相反，在活动过程中发现螺栓松动或脱落，则属于"现实型危险源"，也就是所谓的"隐患"。

第二，隐患是第二类危险源。隐患是危险源中的一种类型，是防控屏障上那些影响其作用发挥的缺陷或漏洞，是诱发能量或有害物质失控的外部因素，是一种应直接进行管控的危险源；其次，隐患的定义也明确了所属类型危险源是第二类危险源，因为第一类危险源表现为各种能量或有害物质，第一类危险源本身不会动作，只有对第一类危险源管理不当才会违反相关规定，而对第一类危险源的管理不当及造成的问题就是第二类危险源。

总之，危险源和隐患之间存在内在联系，两种概念有所不同。危险源是自然常态，隐患是不正常的状态。

（八）危险源、隐患与事故的关系

危险源不等于事故隐患，但两者之间可以相互转化。一般而言，危险源可能存在事故隐患，也可能不存在事故隐患，对于存在事故隐患的危险源一定要及时整改，在没有整改之前应采取有效控制措施，否则随时都可能导致事故发生。

第二节　安全生产"一线三排"工作内容

一、安全生产"一线三排"工作基本要求

（一）工作目标

工作目标为贯彻落实"安全第一、预防为主、综合治理"的方针，深化安全风险预控和隐患排查治理，逐步建立从根本上消除事故隐患的长效机制，坚决遏制一般事故发生。

（二）组织机构

安全生产"一线三排"工作的组织机构应包括安全生产管理机构、各职能部门、车间等。

电力企业是安全生产"一线三排"工作的责任主体，企业主要负责人负责研究决定安全生产"一线三排"工作机制，并组织开展各项工作；其他负责人按照"管行业必须管安全、管业务必须管安全、管生产经营必须管安全"的要求，抓好管辖范围内的隐患排查工作。

安全生产管理机构和安全生产管理人员是隐患排查工作的监督主体，负责组织编制有关制度、培训各类人员、组织隐患排查等工作；各职能部门管理人员、车间管理人员和专业技术人员根据职责分工开展隐患排查管理和指导工作，是管理主体；企业岗位员工应根据岗位职责分工开展隐患排查治理工作，是具体责任主体。

（三）职责分工

1. 企业主要负责人

企业主要负责人职责包括但不限于：

（1）组织建立并落实"一线三排"责任制度和组织机构。

（2）明确安全生产"一线三排"工作目标。

（3）保障各种资源及费用投入。

（4）负责重大以上安全风险的管控。

（5）组织重大以上隐患的治理和验收。

（6）负责重大、特别重大风险隐患的通报和上报。

（7）每月应至少组织开展1次月度隐患排查治理分析总结会议。

（8）每季度至少组织开展1次风险分级管控分析总结会议。

（9）每年组织相关业务科室（部门）至少进行1次安全生产"一线三排"工作体系的运行分析，及时更新相关制度；组织年度安全生产"一线三排"工作绩效考核。

（10）法律、法规、规章规定的其他职责。

2. 分管安全负责人

企业分管安全负责人职责包括但不限于：

（1）组织实施安全生产"一线三排"工作相关制度。

（2）监督安全生产"一线三排"工作责任制落实。

（3）组织季度和年度与安全生产"一线三排"工作绩效考核激励。

3. 其他分管负责人

企业其他分管负责人职责包括但不限于：

（1）负责分管部门和单位的安全生产"一线三排"工作。

（2）负责职责范围内较大以上安全风险管控。

（3）负责定期召开会议研究解决工作中出现的问题。

4. 安全生产管理机构

安全生产管理机构职责包括但不限于：

（1）建立制度文件，明确责任体系。

（2）组织安全生产"一线三排"工作建设培训。

（3）负责安全生产"一线三排"工作实施监督。

（4）协调督促各部门开展工作。

（5）对各部门、岗位安全生产"一线三排"工作履责情况进行月度绩效考核，向企业申报季度和年度绩效考核资料供审查。

（6）定期向企业主要负责人和企业安全分管负责人汇报安全生产"一线三排"工作运行情况。

5．部（科）室

部（科）室职责包括但不限于：

（1）负责职责范围内的风险分级管控工作。

（2）负责职责范围内的隐患排查、督办和管理工作。

（3）负责职责范围内的风险分级管控与隐患排查治理工作总结分析，完善风险信息。

6．车间

车间职责包括但不限于：

（1）负责职责范围内的风险分级管控工作。

（2）负责职责范围内的隐患排查治理工作。

7．班组岗位

班组岗位职责包括但不限于：

（1）参加与工作相关风险辨识评估、隐患排查治理、应急管理知识培训。

（2）掌握职责范围内所有风险及对应的管控措施。

（3）掌握职责范围内可能存在的隐患。

（4）落实岗位日常风险管控和隐患排查治理工作职责。

（5）具体实施安全生产"一线三排"工作。

（四）制度化管理

1．"一线三排"责任制度

企业应建立"一线三排"责任制，确保风险管控和隐患治理责任到位、措施到位、时限到位、资金到位、预案到位，切实把隐患消灭在萌芽之时、成灾之前。

2．安全教育培训制度

企业应建立安全教育培训制度，明确"一线三排"工作体系建设培训工作的归口部门、培训对象、培训内容、培训时长及培训效果要求。

3．"一线三排"考核奖惩制度

企业应建立"一线三排"考核奖惩机制，鼓励和奖励从业人员全面排查、科学排序、有效排除隐患，约束和惩戒在"一线三排"上搞形式、走过场的行为。

4．"一线三排"通报督办制度

企业应建立"一线三排"通报督办机制，定期向本单位从业人员通报有关情况，及时发现和解决有关问题，防止久拖不改。

5．网络信息系统管理制度

建立本单位隐患排查治理信息系统，并与负有安全监管职责的部门隐患信息管理系统对接，实现隐患排查治理自查、自改、自报。

二、风险隐患全面排查

（一）电力企业隐患排查相关职责

电力企业是隐患排查治理工作的责任主体。电力企业主要负责人是本单位隐患排查治理的第一责任人，对隐患排查治理工作全面负责，组织建立并落实隐患排查治理制度机制，督促、检查本单位隐患排查治理工作，及时消除隐患。

（二）隐患排查的目标和要求

1. 隐患排查的目标

强化安全生产主体责任，加强事故隐患监督管理，规范隐患排查治理工作，建立隐患监督管理长效机制，从根本上消除事故隐患，防范电力事故和电力安全事件发生，保障人民群众生命、财产安全。

2. 隐患排查的要求

履行事故隐患排查治理工作时应满足以下要求：

（1）电力企业应当建立包括下列内容的隐患排查治理制度：

1）主要负责人、分管负责人、部门和岗位人员隐患排查治理工作要求、职责范围、防控责任。

2）隐患排查事项、具体内容和排查周期。

3）重大隐患以外的其他隐患判定标准。

4）隐患的治理流程。

5）重大隐患治理结果评估。

6）隐患排查治理能力培训。

7）资金、人员和设备设施保障。

8）应当纳入的其他内容。

（2）电力企业应当定期组织安全生产管理人员、专业技术人员和其他相关人员根据《防止电力生产事故的二十五项重点要求》《防止电力建设工程施工安全事故三十项重点要求》等电力安全生产相关法规、标准、规程排查本单位的隐患，对排查出的隐患应当进行登记。

（3）电力企业应当建立重大隐患即时报告制度，发现重大隐患立即向国家能源局派出机构、地方电力管理部门报告；涉及消防、环保等重大隐患，电力企业要同时报告地方人民政府有关部门。

（4）隐患危及相邻地区、单位或者社会公众安全的，电力企业应及时通知相邻地区、单位，并报告地方人民政府有关部门，现场进行必要的隔离并设置安全警示标志。

（5）电力企业要建立隐患管理台账，制定切实可行的治理方案，落实治理责任、治理资金、治理措施和治理期限，限期将隐患整改到位；在隐患治理过程中，应当加强监测，采取有效的预防措施，确保安全，必要时应制定应急预案，开展应急演练；隐患治理工作涉及其他单位的，电力企业应协调相关单位及时治理，存在困难的应报告国家能源局及其派出机构、地方电力管理部门协调解决。

（6）在重大隐患排除前或者排除过程中无法保证安全的，电力企业应当停产停业，或者停止运行存在重大隐患的设备设施，撤离人员，并及时向国家能源局派出机构、地方电力管理部门报告。

（7）重大隐患治理工作结束后，电力企业应当组织对隐患的治理情况进行评估；电力企业委托第三方机构提供隐患排查治理服务的，隐患排查治理的责任仍由本单位承担。

（8）对国家能源局及其派出机构、地方电力管理部门检查发现并责令停产停业治理的重大隐患，生产经营单位完成治理并经评估后，符合安全生产条件和检查单位要求的，方可恢复生产经营和使用。

（9）电力企业应如实记录隐患排查治理情况，通过职工大会或者职工代表大会、信息公示栏等方式向本单位从业人员通报；重大隐患排查治理情况应当及时向职工大会或者职工代表大会报告。

（10）鼓励电力企业建立隐患排查治理激励约束制度，对发现、报告和消除隐患的有功人员，给予奖励或者表彰；对排查治理不力的人员予以相应处理。

（三）隐患排查方法

企业应以多种方式开展隐患排查活动，如日常隐患排查、综合性隐患排查、专业性隐患排查、季节性隐患排查、重大活动及节假日前隐患排查、事故类比隐患排查、聘请专家隐患排查、各级主要负责人履职排查等。

1.日常隐患排查

日常隐患排查是指部门、班组、岗位员工的交接班检查和班中巡回检查，检修作业检查和岗位检查，以及各种专业技术人员的日常性检查。

2.综合性隐患排查

综合性隐患排查是指以保障安全生产为目的，以安全责任制、各项专业管理制度和安全生产管理制度落实情况为重点，由各相关专业和部门共同参与的全面检查。

3.专业隐患排查

专业隐患排查主要根据国家有关法律法规及相关规定、季节特点及实际情况，由归口专业管理部门针对专业活动、过程、装置、设施、设备、物料等风险所涉及的危险源进行检查。

4.专项隐患排查

专项隐患排查主要是针对电气作业、高处作业、起重作业、焊接作业以及压力容器、消防设施、危险（易燃、易爆）物品等作业的危险源进行检查；专项隐患排查要制定工作方案，隐患排查工作方案中应明确排查的要求，如：人员组织，排查方式、方法，排查范围、工作程序等。

5.季节性隐患排查

季节性隐患排查是指根据各季节特点开展的专项隐患检查，主要包括：

（1）春季以防雷、防雨、防火、防小动物、防静电、防风、防触电、防解冻泄漏、防解冻坍塌为重点。

（2）夏季以防雷、防台风、防洪、防暑降温、迎峰度夏为重点。

（3）秋季以防火、防静电为重点。

（4）冬季以防火、防爆、防雪、防寒、防冻、防滑、防静电、防污闪、防小动物为重点。

6.重大活动及节假日前隐患排查

重大活动及节假日前隐患排查主要是指在重大活动和节假日前，对生产是否存在异常状况和隐患、备用设备状态、备品备件、生产及应急物资储备、企业保卫、应急工作等进行的检查，特别是要对节日期间干部带班值班、紧急抢修力量安排、备件及各类物资储备和应急工作进行重点检查。

7.事故类比隐患排查

事故类比隐患排查是对企业内和同类企业发生事故后的举一反三的安全检查。

（四）隐患排查内容

企业隐患排查的范围应包括所有与生产经营相关的场所、环境、人员、设备设施和活动。隐患排查的内容一般包括：

（1）安全生产法律法规、规章制度、标准规程的贯彻执行情况。

（2）安全生产责任制建立及落实情况，企业安全生产管理机构设置及人员配备情况。

（3）安全生产费用提取使用、安全生产责任保险等经济政策以及安全总监制度的执行情况。

（4）安全生产重要设施和特种设备的日常运行、维护管理及检测检验情况以及劳动防护用品的配备和使用情况。

（5）对存在较大危险因素的生产经营场所以及重点环节、部位重大危险源普查建档、风险辨识、监控预警制度的建设及措施落实情况。

（6）安全基础工作及教育培训情况，特别是企业主要负责人、安全管理人员和特种作业人员的持证上岗情况和生产一线职工的教育培训情况，以及劳动组织、用工等情况。

（7）建设项目安全设施和职业卫生"三同时"（建设项目安全设施必须与主体工程同时设计、同时施工、同时投入生产和使用）执行情况。

（8）应急预案制定、演练和应急救援物资、设备配备及维护情况。

（9）生产设备安全运行状况，外包工程安全管理情况。

（10）对企业周边或作业过程中存在的易由自然灾害引发事故灾难的危险点排查、防范和治理情况等。

三、风险隐患科学排序

（一）安全风险分级

按照《国家发展改革委办公厅　国家能源局综合司关于进一步加强电力安全风险分级管控和隐患排查治理工作的通知》（发改办能源〔2021〕641号）要求，对于电力安全风险，主要考虑风险造成危害的可能性和危害严重程度两方面因素进行分级。

安全风险分为特别重大、重大、较大、一般、较小五级，宜采用专业的风险评价方法确定具体级别。

（二）事故隐患分级

对于电力安全隐患，主要依据可能造成的后果进行分级，可能造成特别重大电力事故、重大电力事故、较大电力事故、一般电力事故、电力安全事件的隐患分别认定为特别重大、重大、较大、一般、较小隐患。

隐患等级应在客观因素最不利的情况下，按照其可能直接造成的最严重后果来认定，不同类型的隐患，应按照其可能导致不同等级事故（事件）的最严重程度认定。

四、风险隐患有效排除

（一）安全风险分级管控

1. 管控原则

管控原则指风险管控应按照分级、分专业、分区域管控原则开展管控，上级管控的风险隐患在下级责任范围内的，下级应同时管控。

2. 分层级管控

分层级管控指对辨识出的风险进行分层级管控，逐一分解落实管控责任。上一级负责管控的风险隐患，下一级应同时负责管控：

（1）特别重大风险由企业主要负责人管控，企业集团总部主要负责人挂牌管控。

（2）重大风险由企业主要负责人管控，企业集团总部分管安全生产的负责人挂牌管控。

（3）较大风险由分管负责人和部（科）室管控。

（4）一般风险由车间管控。

（5）较小风险由班组岗位管控。

3. 分专业、分区域管控

在分级管控基础上，对安全风险的管控可按专业或区域分别进行管控：

（1）火力发电可按锅炉、汽轮机、电气、化学、热工、输煤、脱硫、脱硝、除灰、信息通信等专业进行管控。

（2）风力发电可按风电机组、升压站、线路与箱式变压器等区域进行管控。

（3）光伏发电可按光伏方阵、汇流箱、配电柜、逆变器等区域进行管控。

（4）各部门、车间应管控责任区域范围内的安全风险和隐患。

（二）事故隐患治理方案及措施

1. 事故隐患治理要求

事故隐患治理至少应满足以下要求：

（1）隐患治理实行分级治理，分类实施的原则。

（2）主要包括岗位纠正、班组治理、车间治理、部门治理、公司治理等。

（3）隐患治理应做到方法科学、资金到位、治理及时、责任到人、限期完成、治理有效；能立即整改的隐患应立即整改，无法立即整改的隐患，治理前要研究制定防范措施，落实监控责任，防止隐患发展为事故。

（4）企业应组织开展隐患排查治理合理化建议活动，充分调动全体员工参与隐患治理工作的积极性，对于切合实际又安全可行的有效建议应进行奖励。

2. 事故隐患治理流程

事故隐患治理流程包括：通报隐患信息、下发隐患整改通知、实施隐患治理、治理情况反馈、验收、验证等环节。

隐患排查结束后，将隐患名称、存在位置、不符合状况、隐患等级、治理期限及治理措施要求等信息向从业人员进行通报；隐患排查组织部门应制发隐患整改通知书，应对隐患整改责任单位、措施建议、完成期限等提出要求；隐患存在单位在实施隐患治理前应当对隐患存在的原因进行分析，并制定可靠的治理措施；隐患整改通知制发部门应当对隐患整改效果组织验收。

3. 较大、一般、较小事故隐患治理

对于较大、一般、较小事故隐患，根据隐患治理的难易程度和动用资源情况，由生产经营单位各级（公司、部门、班组等）负责人或者有关人员负责组织整改、治理。

4. 特别重大、重大事故隐患治理

对排查发现的特别重大隐患，由隐患所属企业的集团总部主要负责人挂牌治理，国家能源局进行督办；对排查发现的重大隐患，由隐患所属企业的集团总部分管安全生产的负责人挂牌治理，国家能源局派出机构和省级政府电力管理部门联合督办，国家能源局认为有必要的，可以提级督办；电力企业在重大以上隐患治理过程中，应当加强监测，采取有效的预防措施，制定应急预案，开展应急演练，实现可控、在控。

（1）治理方案。对于重大以上隐患，由电力企业主要负责人组织制定并实施重大以上隐患治理方案。治理方案应包括以下内容：

1）隐患的现状及其产生原因。

2）隐患的危害程度和整改难易程度分析。

3）治理的目标和任务。

4）采取的方法和措施。

5）经费和物资的落实。

6）责任单位和协作单位负责治理的机构和人员。

7）治理的时限和要求。

8）防止隐患进一步发展的安全措施和应急预案。

（2）治理实施。对排查发现的特别重大隐患，由隐患所属企业的集团总部主要负责人挂牌治理；对排查发现的重大隐患，由隐患所属企业的集团总部分管安全生产的负责人挂牌治理；电力企业主要负责人牵头负责重大以上隐患治理工作。

在重大以上隐患治理过程中，应当加强监测，采取有效的预防措施，制定应急预案，开展应急演练，实现可控、在控；在重大以上隐患排除前或者排除过程中无法保证安全的，电力企业应当停工停产或者停止运行存在重大以上隐患的设备设施，撤离人员，并及时向国家能源局派出机构和地方电力管理部门报告。

5. 事故隐患治理措施

事故隐患治理措施包括：工程技术措施、管理措施、教育措施、防护措施、应急措施。

（1）工程技术措施。工程技术措施实施的等级顺序是直接安全技术措施、间接安全技术措施、指示性安全技术措施等。工程技术措施实施等级顺序的要求应按消除、预防、减弱、隔离、联锁、警告的等级顺序选择安全技术措施；应具有针对性、可操作性和经济合理性并符合国家有关法规、标准和设计规范的规定。

根据安全技术措施等级顺序的要求，应遵循以下具体原则：

1）消除：尽可能从根本上消除危险、有害因素；如采用无害化工艺技术，生产中以无害物质代替有害物质、实现自动化作业、遥控技术等。

2）预防：当消除危险、有害因素有困难时，可采取预防性技术措施，预防危险、危害的发生；如使用安全阀、安全屏护、漏电保护装置、安全电压、熔断器、防爆膜、事故排放装置等。

3）减弱：在无法消除危险、有害因素和难以预防的情况下，可采取减少危险、危害的措施；如局部通风排毒装置、生产中以低毒性物质代替高毒性物质、降温措施、避雷装置、消除静电装置、减振装置、消声装置等。

4）隔离：在无法消除、预防、减弱的情况下，应将人员与危险、有害因素隔开和将不能共存的物质分开；如遥控作业、安全罩、防护屏、隔离操作室、安全距离、事故发生时的自救装置（如防护服、各类防毒面具）等。

5）联锁：当操作者失误或设备运行一旦达到危险状态时，应通过联锁装置终止危险、危害发生；如设定跳闸定值及时停运等。

6）警告：在易发生故障和危险性较大的地方，配置醒目的安全色、安全标志；必要时设置声、光或声光组合报警装置。

（2）安全管理措施。安全管理措施往往在事故隐患治理工作中受到忽视，即使有也是老生常谈式的提高安全意识、加强培训教育和加强安全检查等几种。其实，管理措施往往能系统性地解决很多普遍和长期存在的事故隐患，这就需要在实施事故隐患治理时，主动地和有意识地研究分析事故隐患产生原因中的管理因素，发现和掌握其管理规律，通过修订有关规章制度和操作规程并贯彻执行来从根本上解决问题。

（三）事故隐患上报程序

电力企业应当定期对本单位隐患排查治理情况进行统计分析，相关情况及时向国家能源局派出机构、地方电力管理部门报送。

电力企业应当建立重大隐患即时报告制度，发现重大隐患立即向国家能源局派出机构、地方电力管理部门报告。涉及消防、环保等重大隐患，电力企业要同时报告地方人民政府有关部门。

（四）事故隐患治理验收及效果评价

隐患治理完成后，由生产技术部门或安全生产管理机构对治理情况进行验收并出具验收意见，验收合格后予以销号；如验收不通过，则由责任单位重新开展治理工作，直至验收合格。

重大以上隐患治理工作结束后，由生产技术部门组织技术人员和专家对隐患的治理情况进行评估或者委托依法设立的为安全生产提供技术、管理服务的机构对重大以上隐患的治理情况进行评估；若验收通过，提交安全生产管理机构审查，若验收不通过，通知责任部门继续整改治理；安全生产管理机构验收通过后，向上级主管部门和政府监管部门申请核销隐患。

对国家能源局派出机构、地方电力管理部门检查发现并提出整改要求的重大以上隐患，按照重大以上隐患治理流程组织验收，企业内部验收通过后，须经提出隐患整改要求的部门审查同意方可恢复施工和生产。

（五）隐患排查治理台账及统计分析

隐患所在单位应对隐患排查治理结果进行记录，建立隐患排查治理台账。

隐患排查治理台账至少包括：排查日期、排查方式、排查人、隐患地点（风险点）、隐患描述、隐患类型、隐患等级、治理措施、隐患分析、责任单位、责任人、治理期限、验收人、验收日期等。

国家能源局派出机构、地方电力管理部门应定期统计分析所辖地区电力企业隐患排查治理情况，并将重大以上隐患纳入相关信息系统。

五、安全生产"一线三排"信息化管理

企业应建立安全风险与隐患排查信息管理系统，构建设备设施、作业活动及风险点（危险源）、隐患等数据库，实现风险分级管控隐患排查治理的信息化。

企业安全风险与隐患排查信息管理系统应与监管部门信息系统对接。

第三节　电力企业安全生产"一线三排"的应用

一、电力企业安全生产"一线三排"工作开展

为进一步推动落实广东省安全生产委员会办公室 广东省应急管理厅关于印发《广东省高风险作业和重点领域（岗位）广东省"一线三排"工作指引》的通知（粤安办〔2021〕78号文），深能北方能源控股有限公司按照"一图（工作指引图）一表（工作指引表）一清单（负面清单）"格式编写了"一线三排"工作指引指导手册，从运行检修、施工建设和安全管理等方面在光伏、风电及火电等电力领域全方位、多角度开展安全生产"一线三排"工作，排查治理了一大批安全风险与隐患，实现闭环整改提升，从源头上最大限度减少隐患缺陷的产生，进一步提升公司系统安全风险和隐患一体化管控水平，确保公司安全工作健康发展。

为强化公司员工的安全生产红线意识，进一步提高全员对安全生产隐患自查自改的自觉性和责任感，要求各基层公司按照"一线三排"工作指引指导手册要求及内容，结合现场实际情况落实"一线三排"工作，全面推行"一线三排"工作机制，并把"一线三排"作为考核巡查、事故调查的重点，对在"一线三排"上搞形式主义、导致事故发生的，依法从严追责问责。

本节以深能北方（满洲里）能源开发有限公司和深能北方（兴安盟）科右中旗能源开发有限公司为例，介绍安全生产"一线三排"工作在深能北控基层公司的开展情况。

（一）强化宣传营造氛围

深能北方（满洲里）能源开发有限公司和深能北方（兴安盟）科右中旗能源开发有限公司，强化宣传营造氛围，依据"一线三排"工作指引指导手册组织全体员工进行学习，解答员工存在疑问、利用宣传大屏、微信群播放安全生产"一线三排"工作机制等手段，形成全员参与、齐抓共管的工作氛围，通过营造氛围让安全生产"一线三排"工作在员工心中落地生根。

（二）以点带面逐步推进

以点带面逐步推进指为有效落实安全生产"一线三排"工作，充分利用员工熟悉的工作逐步开展，组织全体员工对场内涉及的工作进行风险分析，此项工作已开展多年，员工参与积极性很高，也能提出独特的见解，通过风险分析不仅落实了"一线三排"工作中的负面清单，也再次为大家敲响了高危的警钟。

（三）日常工作有机结合

日常工作有机结合指在安全生产管理隐患排查工作中，以防止触电、带电作业为重点，以"一图一表一清单"为主要抓手，加强检修施工现场反事故措施和"三措一案"（组织措施、技术措施、安全措施和施工方案）实施，深入各班组、深入作业现场按照"一图一表一清单"进行认真检查，确保了检查面不留死角，自安全生产"一线三排"工作机制落实以来，全面提升了员工依规按章作业的自觉性和良好习惯，特别是员工"反违章"安全意识得到加强。

（四）创建双预控隐患排查治理系统

创建双预控隐患排查治理系统指借助双预控隐患排查治理系统，全面、深入、彻底地组织排查，比照工作指引表的项目内容，逐条进行检查、核实，解决看不到风险、查不到隐患、不把隐患当回事的问题，实现风险隐患"一张图"和数据库，同时大大提升了隐患的排查效率，更有利于隐患整改。

（五）建立常态化风险隐患研判机制

建立常态化风险隐患研判机制指深入开展风险隐患排查治理的分析研判工作；建立常态化的风险隐患研判机制，从运行监控、监管执法、事故统计等数据中研判风险，从人的不安全行为、物的不安全状态、作业环境的不安全因素以及管理的缺陷中研判隐患，对照风险隐患分级标准，科学判定重大风险、重大隐患，分区分类加强安全风险管控和监管执法。

（六）严格执行挂牌督办规定

严格执行挂牌督办规定指对排查出的重大风险、重大隐患严格执行挂牌警示、挂牌督办规定，明确管控风险、整治隐患的责任人、整改措施、时间及结果，落实风险管控"四早"措施（早发现、早研判、早预警、早控制），做到隐患整治"五到位"（责任到位、措施到位、时限到位、资金到位、预案到位），防患于未然。

通过开展安全生产"一线三排"工作，深能北方（满洲里）能源开发有限公司和深能北方（兴安盟）科右中旗能源开发有限公司员工安全意识有了明显提高，对自己岗位的安全职责了然于心，能全面了解作业区域的风险及防范措施，"一线三排"工作机制的优势得到了充分体现。

二、电力企业安全生产"一线三排"工作注意事项

电力企业安全生产"一线三排"工作注意事项包括：

（1）落实主要负责人隐患排查治理第一责任人的责任，其他负责人按"管行业必须管安全、管业务必须管安全、管生产经营必须管安全"要求抓好管辖范围内的隐患排查。

（2）依法建立从主要负责人到一线员工的隐患排查工作体系。

（3）依法建立健全涵盖组织机构、工作职责、资金保障、闭环管理、记录台账、报告通报、考核奖惩等隐患排查制度。

（4）组织安全生产"一线三排"工作培训。

（5）科学编制隐患排查计划，依法、及时、准确、全面记录排查的情况和发现的问题。

（6）借助信息化手段对排查出的风险隐患进行统计分析，查找习惯性或群体性风险隐患，有针对性地改进管理措施。

（7）隐患治理通常须遵循"分级分类、闭环管理"的原则。

（8）排查治理工作中应从细节着手，多听取一线员工的合理意见与建议，将他们好的经验经过科学加工制定或不断修正相关管理制度；要注意排查治理工作的方式方法，要体现人性化管理，切忌强迫服从。

（9）风险管控和隐患排查治理是一个动态的过程，旧的风险隐患消除了，新的风险隐患还会产生；明显的风险隐患治理了，潜在的风险隐患还存在，不能一劳永逸，要作为经常性的工作，循序渐进，持续改进，坚持不懈地抓下去，确保企业始终保持着良好的安全生产局面。

第二章　生产类作业"一线三排"工作指引

第一节　光伏设备维修作业

一、光伏设备维修作业概述

光伏设备维修作业指对光伏电站的各类设备的维修作业，包含定期维修、故障维修和状态维修；维修设备主要包括光伏方阵、汇流箱、直流配电柜及逆变器等。

（一）定期维修

1. 光伏方阵定期维修

光伏方阵定期维修内容见表 2-1。

表 2-1　　　　　　　　　光伏方阵定期维修主要内容一览表

序号	部件名称	检修项目主要内容
1	光伏组件	（1）外观检查、处理。 （2）检查处理背板接线盒密封是否完好；检查处理接线端子是否有过热、烧灼痕迹，检查处理旁路二极管是否损坏。 （3）检查处理光伏组件插接头、连接引线、金属边框的接地线、支架卡件外观和连接牢固情况。 （4）检查处理相邻光伏组件边缘的高差、偏差是否符合 GB 50794—2012《光伏发电站施工规范》的要求。 （5）检查处理光伏组件是否存在组件热斑、组件隐裂等
2	支架和跟踪系统	（1）外观检查处理。 （2）各连接螺栓、接线紧固、可靠性的检查、处理。 （3）支架弯曲变形、柱顶偏移情况的检查、处理。 （4）支架稳定性的检查、处理。 （5）可调支架转动部位调整灵活性、高度角调节范围的检查、处理。 （6）驱动装置密封件密封情况的检查、处理。 （7）驱动装置齿轮卡涩、润滑油缺失情况的检查、处理。 （8）控制箱内通信电缆、箱体密封及内部元件完好性的检查、处理。 （9）防雷和保护接地完好、可靠性的检查、处理。 （10）控制系统控制保护功能和风速、压力角度等传感器的检查、处理。 （11）跟踪范围、精度的检验、处理
3	直流电缆及直流断路器	（1）外观检查、处理。 （2）电缆连接紧固度、可靠性的检查、处理。 （3）电缆绝缘层、裸露部分外保护层完好性的检查、处理。 （4）电缆进入盘柜孔洞处防火严密性和进入防护管处的终端防水的检查、处理。 （5）断路器表面清洁度、绝缘外壳、操作手柄完好性的检查、处理。 （6）断路器分合闸位置指示与实际状态一致性、动作灵活性的检查、处理
4	接地与防雷装置	（1）外观检查、处理。 （2）接闪器、引下线、等电位连接线腐蚀、断裂及连接紧固度的检查、处理。 （3）接地装置完好性的检查、处理。 （4）电涌保护器完好性的检查、处理

2. 汇流箱定期维修

（1）外观检查、处理。

（2）检查、处理汇流箱安全警示标识、铭牌及内部元件、电缆等标识、标牌是否牢靠、清晰、完好。

（3）箱内接线牢固度的检查、处理。

（4）熔断器及熔断器底座完好性的检查、处理。

（5）防雷保护器、浪涌保护器损坏和动作情况的检查、处理。

（6）电源模块、电压、电流采集模块、通信模块及通信电缆的检查、处理。

（7）接地线颜色、标识以及连接可靠性的检查、处理。

（8）密封失效的检查、处理。

（9）防火封堵的检查、处理。

（10）内部其他元器件完好性的检查、处理。

3. 直流配电柜定期维修

（1）外观检查、处理。

（2）检查直流配电柜安全警示标识、铭牌及内部元件、电缆等标识、标牌是否牢靠、清晰、完好。

（3）柜内冷却风扇、柜内照明等运行状态的检查、处理。

（4）浪涌保护器清洁度、损坏及失效的检查、处理。

（5）电压、电流采集模块、通信模块及通信电缆、电源模块的检查、处理。

（6）接线端子、母排（接线板）完好性的检查、处理。

（7）接地线完好、可靠性的检查、处理。

（8）柜内表计的检验。

（9）内部其他元器件完好性的检查、处理。

4. 逆变器定期维修

（1）逆变器室外观标识、标牌，门、锁、把手等检查、处理。

（2）逆变器室基础结构、排水情况的检查、处理。

（3）检查、处理逆变器室内应急灯、排气冷却风扇工作情况。

（4）检查、处理逆变器室内市电供应、照明设施。

（5）检查、处理逆变器室内清洁情况，是否有积尘、水渍等。

（6）检查、处理逆变器消防设施情况。

（7）检查、处理逆变器标识、标牌完整、清晰情况。

（8）检查、处理逆变器安装固定情况及外观、箱体。

（9）检查、处理逆变器是否有异常振动、异常声音及异常气味。

（二）故障维修

1. 光伏方阵故障维修

（1）光伏组件故障维修：

1）漏电故障。

2）接线盒故障。

3）断线故障。

4）变形、破损故障。

5）发热故障。

（2）支架接地扁铁腐蚀维修。

（3）对跟踪系统控制箱内部元件损坏、驱动装置损坏、跟踪定位偏差超出规定值等故障维修。

（4）直流电缆烧坏、绝缘层受损、短路、断路、接地等故障维修。

（5）对直流断路器灭弧室绝缘外壳、操作手柄损伤等故障维修。

（6）防雷装置接地线破损、接地电阻大于规定值、电涌保护器损坏等故障维修。

2．汇流箱故障维修

汇流箱故障维修包括熔断器及熔断器底座烧坏、采集通信模块、浪涌保护器损坏、直流电压、电流采集模块开裂、破损影响正常信息采集等故障维修。

3．直流配电柜故障维修

直流配电柜故障维修包括直流配电柜防雷器运行故障、散热风扇脱落或损坏、断路器损坏等故障维修。

4．逆变器故障维修

（1）防护外壳异常情况处理。

（2）显示系统工作异常情况处理。

（3）急停按键、开关、接触器、断路器、继电器、熔断器等故障处理。

（4）噪声异常情况处理。

（5）冷却系统工作异常情况处理。

（6）内部异常高温、过热保护等情况处理。

（三）状态维修

（1）光伏组件的状态维修应按照 GB/T 36567—2018《光伏组件检修规程》的规定执行。

（2）对光伏设备、部件运行状态进行在线监测或定期检查、分析后，判定其运行状态、故障部位及严重程度，对影响正常运行的设备、部件应按故障检修方式进行；对不影响或暂时不影响方阵正常运行的设备、部件应按定期检修方式进行。

二、光伏设备维修安全风险与隐患

光伏设备维修作业应重点防范触电、高处坠落、物体打击、车辆伤害等事故。

（一）组织不完善

（1）检修作业职责不清、分工不明确。

（2）检修时间安排不合适、任务安排不合理、人员安排不合适、组织协调不力等。

（3）检修作业前未开展针对性的安全风险辨识或辨识不全，如未考虑季节、气候、地形等因素影响。

（二）技术措施不落实

（1）未定期开展光伏电站隐患排查治理工作，可能导致各种人身伤亡事故。

（2）作业前未根据设备维修作业类型（定期维修、故障维修和状态维修）制订检修方案、编制作业指导书、风险预控书。

（3）在高风险区域作业时，未制定安全对策措施，或安全防护措施不到位，易发生高处坠落、物体打击等事故。

（4）个人防护措施不到位或者检修设备安全防护设施缺失，可能引发高处坠落、触电、机械伤害等事故。

（三）安全培训不到位

（1）未按要求开展光伏电站安全知识和安全技能培训工作；安全管理人员、特殊工种必须取证上岗。

（2）未定期进行应急救援知识培训和组织应急预案演练。

（3）未按要求开展应急处置流程相关培训工作。

（四）设备设施未维护

（1）检修设备设施未定期检查、维护或者未及时更换、维修故障设备，可能引发各类人身伤亡事故。

（2）站内配备的安全工器具，例如：绝缘靴、接地线、绝缘手套等用具未定期送检，在维修作业使用这些安全工器具时，可能发生触电事故。

（3）个人安全防护用品不齐全、不合格，可能发生高处坠落、物体打击等人身伤亡事故。

（4）生产运维车辆未定期保养，可能引发车辆伤害事故。

（五）现场作业不规范

1. 通用作业安全风险

（1）现场作业前未检查所使用的工具可靠性，或自身安全防护措施不到位，可能发生触电、高处坠落、物体打击等人身伤亡事故。

（2）前往现场时，如未注意行车安全，可能发生车辆伤害事故。

（3）前往地势较为陡峭的地点时，如作业人员未注意脚下安全，可能发生高处坠落事故。

（4）作业过程中，未执行作业流程，违规作业、违规操作，可能发生各类人身伤亡事故。

2. 光伏方阵维修作业安全风险

（1）光伏支架无接地连接。

（2）同一光伏组件或光伏组件串的正负极短接。

（3）作业人员触摸光伏组件串的金属带电部位。

（4）在雨中进行光伏组件的连线工作。

（5）在光伏组件有电流输出时，带电直接插拔直流侧光伏电缆的接插头。

（6）光伏组件串并入汇流箱时，未采取防止拉弧措施。

3. 汇流箱维修作业安全风险

（1）采用金属箱体的汇流箱未可靠接地。

（2）检修时未断开汇流箱的开关和熔断器。

（3）汇流箱内光伏组件串的电缆接引前，未确认光伏组件侧和逆变器侧均有明显断开点。

（4）投运前，未检查汇流箱接线、接地和光伏组件极性的连接正确性。

4. 配电柜维修作业安全风险

（1）检修前，配电柜未进行可靠接地。

（2）检修时，未断开配电柜中的所有进线、出线。

5. 逆变器维修作业安全风险

（1）逆变器机柜内无适当的保护措施或逆变器未可靠接地，导致维修人员直接接触电极部分。

（2）检修时未断开逆变器中的所有进线、出线。

（3）对工作中有可能触碰的相邻带电设备未采取停电或绝缘遮蔽措施。

（4）检查和更换电容器前，未将电容器充分放电。

（5）电缆接引完毕后，逆变器本体的预留孔洞及电缆管口未进行防火封堵。

三、光伏设备维修作业"一线三排"工作指引

（一）光伏设备维修作业"一线三排"工作指引图

光伏设备维修作业"一线三排"工作指引的主要内容，见图2-1。

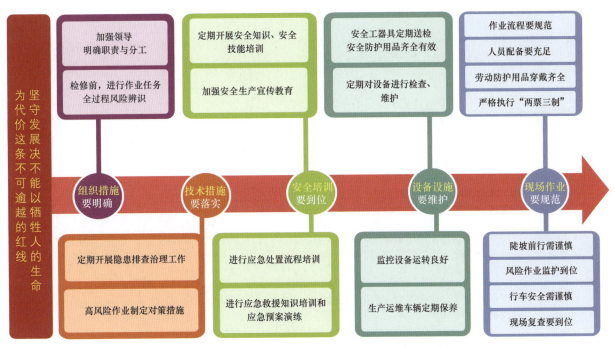

图 2-1　光伏设备维修作业"一线三排"工作指引图

（二）光伏设备维修作业"一线三排"工作指引表

光伏设备维修作业"一线三排"工作指引的具体要求，见表 2-2。

表 2-2　　　　　　　　光伏设备维修作业"一线三排"工作指引表

序号	工作规定	具体要求	落实"一线三排"情况					
			排查情况	未落实的处置情况				
				排序	排除			
					责任人	整改措施	整改时间	整改结果
1	组织措施要明确	检修作业前，光伏电站应明确各自职责与分工	已落实☐ 未落实☐					
		各电站应根据自身需求，合理分配作业人员数量，在保证工作现场不少于两人的情况下，布置、实施检修工作，互相监督，规范作业	已落实☐ 未落实☐					
		应充分认识季节、气候、地形等因素对检修作业的影响，实施检修任务前，应对作业任务全过程开展针对性风险辨识工作，认识到作业中可能存在的风险，并加以防范	已落实☐ 未落实☐					
		检修作业中，现场人员应根据当前气候信息，选择合适的时间开展检修作业，避免现场人员因气候原因工作困难，或设备因极端天气遭遇损坏	已落实☐ 未落实☐					
2	技术措施要落实	电站应定期开展隐患排查治理工作，定期对设备进行检查	已落实☐ 未落实☐					

序号	工作规定	具体要求	落实"一线三排"情况					
			排查情况	未落实的处置情况				
				排序	排除			
					责任人	整改措施	整改时间	整改结果
2	技术措施要落实	电站应定期对光伏发电单元内的设备进行巡检,及时消除各种缺陷及隐患,结合后台监控设备运行数据,分析潜在的设备隐患	已落实□ 未落实□					
		电站应严格落实隐患消缺闭环处理工作,并将所发现的隐患内容记录在档,同步至企业隐患治理管理系统中	已落实□ 未落实□					
		现场作业前,应确保个人防护措施到位、检修设备安全可靠	已落实□ 未落实□					
3	安全培训要到位	应定期开展光伏电站安全知识和安全技能培训工作;特殊工种必须取证上岗	已落实□ 未落实□					
		编制光伏电站自然灾害类、事故灾难类、公共卫生事件类和社会安全事件等各类突发事件应急预案,并定期进行应急救援知识培训和组织应急预案演练	已落实□ 未落实□					
		应根据电站主要危险有害因素,结合现场实际情况编制应急处置流程卡	已落实□ 未落实□					
		电站应将应急能力处置流程卡,下发至各员工,并开展培训工作	已落实□ 未落实□					
4	设备设施要维护	站内安全工器具,例如绝缘靴、接地线、绝缘手套等用具应定期送检,确保安全可靠	已落实□ 未落实□					
		劳动防护用品应齐全;安全帽等用品应具有检测合格证;检修设备设施应定期检查,并及时更换、维修故障设备	已落实□ 未落实□					
		灵活运用站内监控设备,应立即处理故障设备,保障监控设施正常运转	已落实□ 未落实□					
		生产运维车辆应定期保养,确保站内车辆可正常使用	已落实□ 未落实□					
5	现场作业要规范	现场作业前应检查所使用的工具是否可靠,自身安全防护措施是否到位,人员配备是否充足	已落实□ 未落实□					
		前往现场时,应注意行车安全;前往地势较为陡峭的地点时,作业人员应时刻注意脚下安全,缓慢通过,避免滑落摔伤	已落实□ 未落实□					
		严格执行"两票三制"管理制度,作业过程中,应严格执行作业流程,杜绝违规作业、违规操作现象发生,人员之间应互相监督,确保人身安全	已落实□ 未落实□					

续表

序号	工作规定	具体要求	落实"一线三排"情况					
			排查情况	未落实的处置情况				
				排序	排除			
					责任人	整改措施	整改时间	整改结果
5	现场作业要规范	因地形而导致的陡峭区域作业应制定高风险措施并执行	已落实□ 未落实□					
		作业结束后，应及时清点现场工器具数量，避免遗漏，并对检修设备、现场重新检查，避免二次故障现象发生	已落实□ 未落实□					

（三）光伏设备维修作业"一线三排"负面清单

（1）未经风险辨识不作业，未进行风险告知不作业。

（2）光伏场区内严禁吸烟、乱丢烟头、野外用火行为。

（3）未佩戴安全防护用品不作业。

（4）安全工器具和劳动防护用品不合格或超出使用年限不作业。

（5）作业现场没有工作票不作业，作业没有专职监护人员不作业。

（6）雷雨、高温、五级以上大风等极端天气禁止作业。

（7）安全措施不到位不作业。

（8）同一电气连接部分，检修和调试工作禁止同时进行；应布置安全措施的工作，如无工作票应禁止作业。

（9）未经授权禁止使用现场车辆；作业人员无资格证禁止作业。

四、光伏设备维修作业隐患排查治理实例

1. 光伏设备维修作业隐患排查治理实例1

光伏设备维修作业隐患排查治理实例1见表2-3。

表2-3　　　　　　　　　　光伏设备维修作业隐患排查治理实例1

隐患排查	光伏方阵检修与调试未按要求进行验电 

续表

隐患排序	一般隐患
违反标准	GB/T 35694—2017《光伏发电站安全规程》 6　检修与调试 6.1　一般规定 6.1.1　光伏方阵、汇流箱、配电柜、逆变器的检修与调试应满足停电、验电、接地、悬挂标示牌等有关技术要求
隐患排除	光伏方阵检修与调试，应按要求进行验电 

2. 光伏设备维修作业隐患排查治理实例 2

光伏设备维修作业隐患排查治理实例 2 表 2-4。

表 2-4　　　　　　　　　　光伏设备维修作业隐患排查治理实例 2

	汇流箱检修前，未对汇流箱金属外壳进行验电
隐患排查	
隐患排序	一般隐患

续表

续表

违反标准	GB/T 35694—2017《光伏发电站安全规程》 6 检修与调试 6.3 汇流箱检修与调试 6.3.1 检修与调试前，应检查采用金属箱体的汇流箱已可靠接地，并用验电设备检验汇流箱金属外壳和相邻设备是否有电
隐患排除	汇流箱检修前，应按要求检查采用金属箱体的汇流箱已可靠接地，并用验电设备检验汇流箱金属外壳和相邻设备是否有电 

第二节 风电带电作业

一、风电带电作业概述

风电带电作业是指风电工作人员接触带电部分的作业，或工作人员身体的任一部分或使用的工具、装置、设备进入带电作业区域内的作业。风电带电作业的方法有绝缘杆作业、绝缘手套作业、等电位作业等。绝缘杆作业指作业人员与带电部件保持一定的距离，用绝缘杆进行的带电作业；绝缘手套作业指作业人员通过绝缘手套进行电气防护，直接接触带电部件的带电作业；等电位作业指作业人员与带电部件保持电气连接，而与周围不同电位适当隔离的带电作业。

风电带电作业内容包含输电带电作业、配电带电作业和变电站带电作业。

（一）输电带电作业

输电带电作业内容主要包括：

（1）带电更换直线绝缘子串、耐张绝缘子串。

（2）带电修补导、地线、检测零值绝缘子。

（3）带电清扫绝缘子。

（4）线路带电断/接空载线路。

（5）带电更换防振锤。

（6）线路带电更换悬垂线夹及导线侧金具及附件。

（7）带电更换耐张杆引流线等。

（二）配电带电作业

配电带电作业主要包括：

（1）带电更换设备作业（如更换避雷器、熔断器、直线绝缘子、直线横担、柱上开关等）。

（2）带电断、接引线作业。

（3）带电修理设备作业（如修补导线、检查熔断器及元件等）。

（4）带电加装设备作业（如加装故障指示器、验电接地环、绝缘套管等）。

（5）大型作业项目（如组立、撤除电杆、带负荷直线杆改耐张杆）。

（6）旁路作业（如旁路电缆输送绳架设、旁路电缆架设、旁路开关安装）等。

（三）变电站带电作业

变电站带电作业主要包括：

（1）带电检测作业（如带电检测绝缘子、带电检测、紧固线夹）。

（2）带电检修作业（如带电拆、装盐密试件、带电更换绝缘子串、带电短接隔离开关、处理变电站设备接点发热）。

（3）带电断、接引线作业。

（4）带电清扫、洗作业等。

二、风电带电作业安全风险与隐患

风电带电作业应重点防范触电、高处坠落、物体打击等事故。

（一）方案未审批

（1）未按要求编制风电带电作业三措两案（组织措施、技术措施、安全措施和施工方案、应急方案）。

（2）风电带电作业方案未报送审批。

（3）方案风险辨识不全、未提出相应管控措施；方案中未根据风电带电作业风险编制安全事故应急救援预案。

（二）安全技术未交底

（1）作业前未对风电带电作业人员进行安全教育培训，或安全培训内容不全。

（2）作业前未对风电带电作业人员进行风险告知、安全技术交底，或交底不到位，如未明确带电作业的工作范围。

（三）作业不规范

（1）带电作业前未办理相关工作票，无工作票作业。

（2）作业前未做好验电工作，可能发生触电事故。

（3）带电作业人员未持证上岗。

（4）未正确佩戴劳动防护用品，或劳动防护用品失效，可能导致作业人员发生触电、高处坠落事故。

（5）未采取相应的安全防护措施，未对设备进行外壳接地，未设置警示围栏和警示标志。

（6）恶劣天气进行带电作业，如在大风、雷电、雪、雹、雨、雾等天气进行带电作业；当相对湿度大于80%时，未采取防潮措施。

（7）工作人员擅自离岗或擅自扩大工作范围。

（8）未按规定配备带电作业所需工器具，或使用的带电作业工器具不符合相关标准，可能发生触电事故。

（9）带电作业时，工器具未放在指定位置，或违规抛接作业工具，可能发生物体打击事故。

（10）带电作业安全距离不足，可能引发触电事故。

（11）带电作业绝缘斗臂车或绝缘操作杆等的绝缘有效长度不足，可能引发触电事故。

（12）绝缘斗臂车与电杆、导线、周围障碍物或邻近绝缘斗臂车碰擦，可能引发触电、物体打击等事故。

（四）现场监护不到位

（1）带电作业未设专人监护。

（2）监护人擅离职守。

（3）监护人未履职尽责，未及时识别和处理带电作业时的紧急情况。

（4）监护人警戒不到位，无关人员进入作业场所。

（五）验收不彻底

（1）作业完毕，未组织安全验收。

（2）安全验收不彻底，现场有遗留项目、工器具或杂物垃圾，未清点人员。

（3）作业完成后，未及时恢复作业时拆除的安全设施的安全使用功能。

三、风电带电作业"一线三排"工作指引

（一）风电带电作业"一线三排"工作指引图

风电带电作业"一线三排"工作指引的主要内容，见图 2-2。

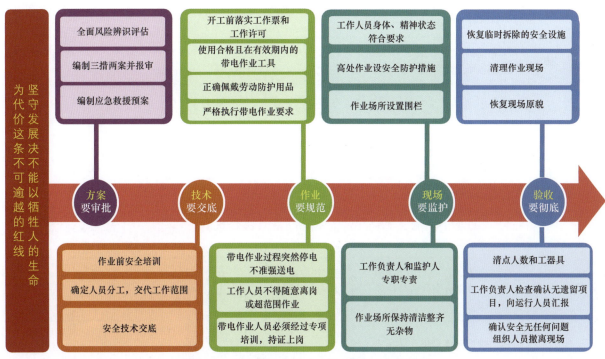

图 2-2　风电带电作业"一线三排"工作指引图

（二）风电带电作业"一线三排"工作指引表

风电带电作业"一线三排"工作指引的具体要求，见表 2-5。

（三）风电带电作业"一线三排"负面清单

（1）未经风险辨识不作业。

（2）未确认工作地点不作业。

（3）人员分工不明确不作业。

（4）施工方案和应急预案不齐全不作业。

（5）安全措施未落实不作业。

（6）使用的工器具未检验不作业。

表 2-5   风电带电作业"一线三排"工作指引表

序号	工作规定	具体要求	落实"一线三排"情况					
			排查情况	未落实的处置情况				
				排序	排除			
					责任人	整改措施	整改时间	整改结果
1	方案要审批	应对作业过程、作业环境进行风险辨识，分析存在的危险因素，提出管控措施	已落实□ 未落实□					
		应按照风险辨识情况和作业环境特点编制"三措两案"，并报送审批	已落实□ 未落实□					
		应根据作业风险编制安全事故应急救援预案并进行演练	已落实□ 未落实□					
2	技术要交底	应组织作业人员进行安全教育培训，培训内容包括安规、现场安全管理规章制度、操作规程、危险因素和管控措施、个人防护用品的使用、发生事故的紧急处置方法	已落实□ 未落实□					
		作业前应确定好人员分工，开工后作业人员不得随意离开工作岗位	已落实□ 未落实□					
		作业前应对参与带电作业的所有人员进行安全技术交底，并交代带电作业的工作范围	已落实□ 未落实□					
		应采取相应的安全防护措施，对设备进行外壳接地、设置警示围栏和警示标志	已落实□ 未落实□					
3	作业要规范	作业前必须办理相关工作票，禁止无工作票作业；紧急抢修作业应与相关人员交代清楚作业范围和危险点以及防控措施，工作完成后立即补办工作票	已落实□ 未落实□					
		工作负责人作业前应和相关人员确定作业范围，并向作业班成员交代清楚作业范围，作业前应做好验电工作	已落实□ 未落实□					
		应按规定配备带电作业所需工器具	已落实□ 未落实□					
		参加带电作业的工作人员，必须持证上岗，正确佩戴劳动防护用品	已落实□ 未落实□					
		带电作业应在良好的天气下进行；如遇雷电、雪、雹、雨、雾等，不应进行带电作业；风力大于5级，或湿度大于80%时，不宜进行带电作业	已落实□ 未落实□					
		在带电作业过程中如设备突然停电，应视设备仍然带电，工作负责人应及时与相关人员取得联系；相关人员未与工作负责人取得联系不应强送电	已落实□ 未落实□					
		工作人员不得随意离岗或擅自扩大工作范围作业	已落实□ 未落实□					

续表

序号	工作规定	具体要求	落实"一线三排"情况						
			排查情况	未落实的处置情况					
				排序	排除				
					责任人	整改措施	整改时间	整改结果	
3	作业要规范	工作人员使用的带电作业工具应符合相关标准,作业现场使用时应放置在防潮的帆布或绝缘物上,使用后应立即放入专用工具袋、工具箱或专用工具车内	已落实□ 未落实□						
		作业时应时刻保持作业场所清洁整齐,无零乱的杂物和工具	已落实□ 未落实□						
		涉及登高的带电作业应设防止高处坠落的保护措施	已落实□ 未落实□						
		作业过程中,工具应进行可靠的传递,不准抛接	已落实□ 未落实□						
4	现场要监护	带电作业应设有专人监护,监护人应在带电作业全过程持续监护,不得擅离职守	已落实□ 未落实□						
		应确认作业班成员身体、精神状态符合带电作业要求	已落实□ 未落实□						
		工作负责人和监护人非必要不准参与工作,做好监督工作	已落实□ 未落实□						
		应设置警戒围栏,悬挂相应的警示标示牌,严禁无关人员进入作业场所	已落实□ 未落实□						
5	验收要彻底	作业完毕应立即清理现场,清点工具,清理杂物和垃圾	已落实□ 未落实□						
		作业完成后,应立即恢复作业时拆除的安全设施的安全使用功能	已落实□ 未落实□						
		工作负责人现场检查有无遗留项目,确认无误后向运行人员汇报	已落实□ 未落实□						
		检查现场,清点人员,确认安全后离开作业现场	已落实□ 未落实□						

（7）人员无证和技能不合格不作业。

（8）不正确佩戴劳动防护用品不作业。

（9）工作范围不确定不作业。

（10）现场没有专人监护不作业。

（11）未进行安全技术交底不作业。

（12）未设置警示围栏和警示标示牌不作业。

（13）完工后人员、设备未清点不离开。

（14）完工后未向运行人员汇报不离开。

（15）完工后现场未恢复不离开。

四、风电带电作业隐患排查治理实例

1. 风电带电作业隐患排查治理实例 1

风电带电作业隐患排查治理实例 1 见表 2-6。

表 2-6　　　　　　　　　　　　　风电带电作业隐患排查治理实例 1

隐患排查	带电作业现场使用的带电作业工具直接放置在潮湿地面上
隐患排序	一般隐患
违反标准	GB 26859—2011《电力安全工作规程　电力线路部分》 11.3　带电作业工具的使用、保管和试验 11.3.4　作业现场使用的带电作业工具应放置在防潮的帆布和绝缘物上
隐患排除	作业现场使用带电作业工具时，应严格按照规定，将其放置在防潮的帆布和绝缘物上

2. 风电带电作业隐患排查治理实例 2

风电带电作业隐患排查治理实例 2 见表 2-7。

表 2-7　　　　　　　　　　　　　风电带电作业隐患排查治理实例 2

隐患排查	大雪天气进行 10kV 线路直线杆更换直线绝缘子带电作业，且未制定必要的安全措施
隐患排序	一般隐患
违反标准	GB/T 18857—2019《配电线路带电作业技术导则》 4.3　气象条件要求 4.3.1　作业应在良好天气下进行，作业前应进行风速和湿度测量。风力大于 10m/s 或相对湿度大于 80% 时，不宜作业。如遇雷、雨、雪、雾时不应作业。 4.3.2　在特殊或紧急条件下，必须在恶劣气候下进行带电抢修时，应针对现场气象和工作条件，组织有关工程技术人员和全体作业人员充分讨论，制定可靠的安全措施和技术措施，经本单位批准后方可进行。夜间抢修作业应有足够的照明设施
隐患排除	进行 10kV 线路直线杆更换直线绝缘子带电作业时，应在良好天气下进行，作业前进行风速和湿度测量。遇风力大于 10m/s 或相对湿度大于 80% 时，不应作业。如必须在恶劣气候下进行带电抢修时，应按规定组织有关工程技术人员和全体作业人员充分讨论，制定可靠的安全措施和技术措施，且经批准后才可进行。如需夜间抢修，现场应设置足够的照明设施

第三节　风电机组大部件更换作业

一、风电机组大部件更换作业概述

　　风电机组大部件更换作业主要包括风电机组叶片、轮毂、主轴、齿轮箱、发电机等设备的更换作业。风电机组大部件更换作业现场图如图 2-3 所示。

　　风电机组大部件更换作业前，必须将远程控制切换到就地模式，且在设备周围设置警示标志，避免有人启动设备造成人员伤亡或设备损坏；必须首先使发电机组停止工作，制动器处于制动状态，并将叶轮锁锁定；特殊情况需在风力发电机处于工作状态或叶轮处于转动状态下时，必须确保有人在急停按钮旁，可随时停机。

图 2-3 风电机组大部件更换作业现场图

（一）叶片和轮毂更换

（1）拆除前准备工作。

（2）变桨系统拆除工作。

（3）拆除变桨机构后，需要拆除叶轮至地面。

（4）拆除叶轮至地面后，将叶片从变桨轴承上拆除，包括拆除导流罩、安装叶片吊具、拆除叶片等。

（5）安装新轮毂，包括安装轮毂吊具、新轮毂吊装至合适位置等。

（6）安装新叶片，包括安装叶片吊具、叶片和轮毂进行组装、安装导流罩等。

（7）吊装叶轮，包括安装叶轮吊具、吊装叶轮等。

（8）对变桨系统进行测试、试验、试运行，恢复至可运行状态。

（二）主轴和齿轮箱更换

主轴和齿轮箱传动链的连接方式不同，其吊装及更换方式也略有不同。主轴和齿轮箱的更换作业内容主要有：

（1）吊装前期工器具和备件准备工作。

（2）拆卸前准备工作。

（3）拆卸集电环、滑环线及其他附件。

（4）拆卸发电机—齿轮箱联轴器中间体。

（5）拆卸齿轮箱传感器、电缆及其他附件。

（6）拆卸叶轮。

（7）拆卸顶部机舱罩。

（8）拆卸主轴和齿轮箱总成。

（9）主轴和齿轮箱分解。

（10）新主轴与新齿轮箱安装。

（11）如需更换新齿轮箱，则需要在齿轮箱上拆卸和安装刹车盘与制动器。

（12）主轴和齿轮箱吊装至机舱，并将相应的固定螺栓按照拆卸步骤顶紧。

（13）安装顶部机舱罩，并将相应的线缆依次连接。

（14）安装叶轮。

（15）安装联轴器中间体。

（16）安装齿轮箱传感器、电缆及其附件。

（17）安装集电环、滑环线及其他附件。

（18）发电机对中。

（19）对主轴和齿轮箱进行测试、试验、试运行，恢复至可运行状态。

（三）发电机更换

发电机绕组或铁芯损坏时，需要将发电机整体更换，发电机整体更换作业内容主要包括：

（1）发电机定子电缆拆除和发电机转子电缆拆除。

（2）发电机测温组件（PT100）接线盒内相应接线的拆除。

（3）发电机其他接线的拆除。

（4）发电机冷却器拆除。

（5）发电机集电环单元通风软管拆除。

（6）松开发电机底脚螺栓。

（7）联轴器拆卸。

（8）机舱盖上的齿轮油冷却器拆卸。

（9）机舱盖上的齿轮油冷却器风扇电机接线拆除。

（10）齿轮油冷却器罩底部排水软管的连接拆除。

（11）风速仪拆除。

（12）机舱罩拆卸。

（13）机舱罩拆除后将冷却器挂好吊点后起吊并置于地面。

（14）检查发电机吊耳，挂好钢丝绳，在吊点处挂好吊车吊钩。

（15）安装发电机。

（16）安装顶部后侧机舱罩。

（17）发电机对中。

（18）检查集电环、发电机定子相间、相对地绝缘电阻，发电机转子相对地绝缘电阻。

（19）对发电机进行测试、试运行，恢复至可运行状态。

二、风电机组大部件更换作业安全风险与隐患

风电机组大部件更换作业应重点防范起重伤害、物体打击、触电、机械伤害、火灾等事故。

（一）方案未审批

（1）开工前，未对风电机组大部件更换作业进行安全风险辨识，安全防控措施不全面。

（2）开工前，未编制吊装作业方案或应急预案，或吊装作业方案与应急预案未组织专家评审、审批就开始作业。

（3）开工前，未对吊装作业设备进行检查确认。

（4）吊装场地不满足作业要求。

（5）风电场道路上有障碍物，影响大部件运输。

（二）安全技术未交底

（1）开工前，未组织所有作业人员进行安全教育培训。

（2）未对大部件更换作业范围、作业风险及防控措施等进行安全技术交底。

（3）未制定专项安全技术措施，未落实安全防范措施。

（4）未制定并落实防雷接地措施。

（三）作业不规范

1. 叶片和轮毂更换安全风险及隐患

（1）在超规定风速、雷雨、大雾等恶劣天气下进行吊装作业。

（2）未设专人统一指挥或通信不畅。

（3）与输电线路等带电设备安全距离不足。

（4）超载起吊。

（5）吊绳与吊物之间棱角处直接接触。

（6）在吊车起重臂或起吊物下方经过、停留。

（7）临时吊物绳、缆风绳为导电材质。

（8）起重作业过程中歪斜拽吊。

（9）未按规定使用临时电源。

（10）吊具连接不牢固、破损或选用不当。

（11）起吊时叶片重心不稳，失去平衡。

（12）叶轮固定不牢，发生倾倒。

（13）吊装叶轮前，未锁定叶片锁。

（14）现场作业人员吸烟。

2. 主轴和齿轮箱更换安全风险及隐患

（1）在超规定风速、雷雨、大雾等恶劣天气下进行吊装作业。

（2）未设专人统一指挥或通信不畅。

（3）与输电线路等带电设备安全距离不足。

（4）超载起吊。

（5）吊绳与吊物之间的棱角处直接接触。

（6）在吊车起重臂或起吊物下方经过、停留。

（7）临时吊物绳、缆风绳为导电材质。

（8）起重作业过程中歪斜拽吊。

（9）未按规定使用临时电源。

（10）吊具连接不牢固、破损或选用不当。

（11）拆卸齿轮箱油管时，未正确使用劳动防护用品。

（12）拆除液压部件时未泄压。

（13）未锁定叶轮锁。

（14）过早拆除机舱盖螺栓。

（15）未与发电机进行对中。

（16）旋转部件未按规定安装防护罩或遮栏。

（17）遗留抹布及废油。

（18）现场作业人员吸烟或使用明火。

3. 发电机更换安全风险及隐患

（1）在超规定风速、雷雨、大雾等恶劣天气下进行吊装作业。

（2）未设专人统一指挥或通信不畅。

（3）与输电线路等带电设备安全距离不足。

（4）超载起吊。

（5）吊绳与吊物之间棱角处直接接触。

（6）在吊车起重臂或起吊物下方经过、停留。

（7）临时吊物绳、缆风绳为导电材质。

（8）起重作业过程中歪斜拽吊。

（9）未按规定使用临时电源。

（10）吊具连接不牢固、破损或选用不当。

（11）作业前，未断电、验电、放电。

（12）拆卸部件前，未预估部件重量。

（13）过早拆除机舱盖螺栓。

（14）未锁定叶轮锁。

（15）未与齿轮箱对中。

（16）旋转部件未按规定安装防护罩或遮栏。

（17）现场作业人员吸烟或使用明火。

（四）现场监护不到位

（1）作业现场未设专人监护，或监护人中途离开现场。

（2）监护人未检查确认作业环境、作业程序、安全防护设备和个体防护用品、救援装备等是否符合要求。

（3）未检查确认吊装设备设施、吊具等状态。

（4）监护人未检查确认现场安全隔离措施。

（5）未监护作业人员是否正确佩戴劳动防护用品。

（6）作业过程发生危及人身或设备安全的隐患时，处理不及时或处理不当。

（7）现场操作人员、指挥人员、监护人员未持证上岗。

（五）验收不彻底

（1）未按公司、部门、班组三级验收制度开展验收工作。

（2）工作结束后，作业人员未清理作业现场杂物。

（3）工作结束后，有工具或杂物遗留在作业现场。

（4）未恢复作业前的运行状态。

三、风电机组大部件更换作业"一线三排"工作指引

（一）风电机组大部件更换作业"一线三排"工作指引图

风电机组大部件更换作业"一线三排"工作指引的主要内容，见图2-4。

（二）风电机组大部件更换作业"一线三排"工作指引表

风电机组大部件更换作业"一线三排"工作指引的具体要求，见表2-8。

（三）风电机组大部件更换作业"一线三排"负面清单

（1）未经风险辨识不作业。

（2）进场道路和施工现场未勘察、未排障不作业。

（3）施工方案和应急预案不齐全不作业。

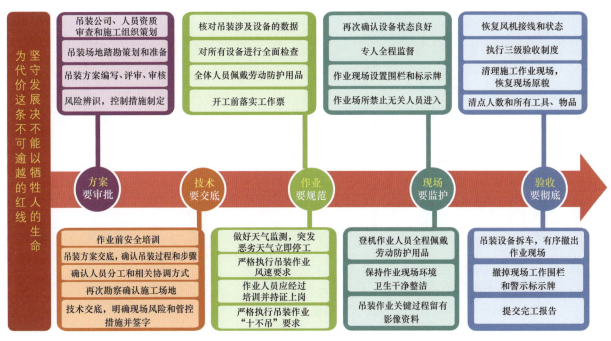

图 2-4　风电机组大部件更换作业"一线三排"工作指引图

表 2-8　　　　　　　　　　　风电机组大部件更换作业"一线三排"工作指引表

序号	工作规定	具体要求	落实"一线三排"情况					
			排查情况	未落实的处置情况				
				排序	排除			
					责任人	整改措施	整改时间	整改结果
1	方案要审批	开工前应对进场道路和施工现场进行有效的勘察，吊装场地应满足作业需要	已落实□ 未落实□					
		开工前应对设备设施、作业活动、作业环境进行风险辨识，分析存在的危险因素，提出管控措施	已落实□ 未落实□					
		应按规定检验吊装设备设施，确认吊装设备设施符合现场实际情况，对施工人员技能证书和水平进行验证	已落实□ 未落实□					
		应按照风险辨识情况和作业点的特点编制吊装方案和现场处置方案，并进行评审、审批	已落实□ 未落实□					
2	技术要交底	开工前，应进行安全教育培训，内容包括吊装方案交底、危险因素和管控措施等	已落实□ 未落实□					
		开工前应落实吊装作业现场作业范围，落实运输通道	已落实□ 未落实□					
		每天开工前应对吊车司机、现场负责人、吊车指挥人员等所有作业人员进行吊装作业注意事项的技术交底，明确现场的风险和管控措施，并签字	已落实□ 未落实□					

续表

序号	工作规定	具体要求	落实"一线三排"情况					
			排查情况	未落实的处置情况				
				排序	排除			
					责任人	整改措施	整改时间	整改结果
2	技术要交底	开工前应制定专项安全技术措施,正确选择吊具,并确保起吊点无误,做好应急处置方案并培训到位	已落实□ 未落实□					
3	作业要规范	开工前必须办理相关工作票,禁止无工作票作业	已落实□ 未落实□					
		参与吊装作业的工作人员必须持证上岗,佩戴劳动防护用品	已落实□ 未落实□					
		确定吊车司机和指挥人员,严禁出现非专业人员进行现场指挥	已落实□ 未落实□					
		作业前确定好人员分工,开工后作业人员不得随意离开工作岗位	已落实□ 未落实□					
		吊装作业前或作业时出现恶劣天气,不允许开工作业或立即停止作业	已落实□ 未落实□					
4	现场要监护	现场再次确认吊装的设备设施状态良好	已落实□ 未落实□					
		吊装过程应有专人监督,其他与吊装作业无关的人员车辆立即撤出作业场所,保持作业场所整洁有序无杂物	已落实□ 未落实□					
		登机作业人员应正确佩戴和使用劳动防护用品	已落实□ 未落实□					
		吊装场地周围应设置警戒围栏,悬挂相应警示标示牌,无关人员及设备严禁入内	已落实□ 未落实□					
		吊装作业的关键步骤应留有影像资料	已落实□ 未落实□					
5	验收要彻底	应按照公司、部门、班组三级验收制度开展验收工作	已落实□ 未落实□					
		作业完成后,作业人员应将全部工具进行清点,带出作业现场	已落实□ 未落实□					
		作业完毕应立即清理现场,及时撤离吊装设备设施,清理杂物和垃圾	已落实□ 未落实□					
		作业完成后应立即恢复作业时拆除的各处接线,恢复其功能	已落实□ 未落实□					
		检查现场,清点人员,确认安全后离开作业现场	已落实□ 未落实□					

(4)吊装的设备设施检验不合格不作业。

(5)作业人员无证、证书不在有效期或技能不合格不作业。

(6)不佩戴劳动防护用品不作业。

（7）现场作业人员身体不适、情绪不稳定不作业。

（8）没有工作票或未进行工作许可不作业。

（9）现场没有专人监护不作业。

（10）未进行全面技术交底不作业。

（11）未设置警示围栏和警示标示牌不作业。

（12）完工后未进行三级验收不离开。

四、风电机组大部件更换作业隐患排查治理实例

1. 风电机组大部件更换作业隐患排查治理实例 1

风电机组大部件更换作业隐患排查治理实例 1 见表 2-9。

表 2-9　　　　　　　　　风电机组大部件更换作业隐患排查治理实例 1

	风机吊装作业时，吊车直接吊人，到叶片上拆卸缆风绳
隐患排查	
隐患排序	一般隐患
违反标准	DL/T 5250—2010《汽车起重机安全操作规程》 4.4　作业 4.4.15　严禁用起重机吊运人员
隐患排除	吊装作业前，应对所有参与吊装的作业人员进行安全技术交底，现场应设专责监护人，应使用吊篮

2. 风电机组大部件更换作业隐患排查治理实例 2

风电机组大部件更换作业隐患排查治理实例 2 见表 2-10。

表 2-10　　　　　　　　　风电机组大部件更换作业隐患排查治理实例 2

	风电机组起重吊装使用的钢丝绳有断股，且整根钢丝绳外表锈蚀、滑轮组外观生锈
隐患排查	

续表

隐患排序	较大隐患
违反标准	GB/T 5972—2016《起重机 钢丝绳 保养、维护、检验和报废》 6.4　断股 如果钢丝绳发生整股断裂，则应立即报废
隐患排除	每次使用吊具前应进行检查，发现有异常情况应立即停用，待专业人员确认后进行相应处理

第四节　风机锁轮毂作业

一、风机锁轮毂作业概述

进入轮毂内部检查或需在叶轮上工作时，需要对叶轮进行锁定。

（1）作业开始前，应将机组停机，并设置为"维护"状态，且应悬挂警示牌。

（2）进行风机锁轮毂作业时，风速不应高于机组规定的最高允许风速，使其中一只叶片指向地面并沿塔筒方向（"Y"位置），锁定销应符合 GB/T 19670—2005《机械安全 防止意外启动》相关规定挂牌上锁。

（3）机组的三个叶片都应处于顺桨位置。

（4）进入变桨距机组轮毂内工作时，必须将变桨机构可靠锁定。

（5）严禁在叶轮转动的情况下插入锁定销。

（6）禁止锁定销未完全退出插孔前松开制动器。

（7）只有经过专门培训的人员才能操作维护手柄、锁定销手轮和液压系统。

（8）叶轮锁定后在液压系统不能自动建压前不允许解除锁定。

（9）严禁出现止动销切刹车盘的现象。

（10）进行叶轮锁定与松开前应检查各个关键部件，防止漏油造成操作人员的伤害和环境影响。

二、风机锁轮毂作业安全风险与隐患

风机锁轮毂作业应重点防范高处坠落、机械伤害、物体打击、触电、火灾等事故。

（一）安全管理不到位

1. 作业人员管理

（1）作业人员未经过岗前安全生产教育和岗位技能培训考试合格。

（2）作业人员未经过高处作业、高空逃生、高空救援相关知识和技能培训考试合格。

（3）作业人员无高处作业资格证。

（4）作业人员患有职业禁忌证或精神状态不佳。

（5）作业人员未被告知作业现场和工作岗位存在的危险因素、防范措施及事故紧急处理措施，不了解风机锁轮毂作业危险因素和防范措施。

2. 现场监护

（1）未检查工作票就进行作业。

（2）未设专职监护人，或监护人中途擅自离开。

（3）监护人未明确被监护人员的监护范围，未告知危险点和安全注意事项。

（4）发现危及人身安全的紧急情况时，未采取有效措施。

（5）发现作业人员违章，未及时制止。

3. 设备设施管理

（1）作业前，未将风机状态切换至“维护状态”。

（2）作业完成后，将风机状态切换至“待机状态”。

（3）转动机械防护罩破损。

（二）作业环境不符合规定

（1）雷雨天气进行风机锁轮毂作业。

（2）风速超过机组规定最高允许风速时进行作业。

（三）作业不规范

（1）作业前，未办理工作票。

（2）作业人员未佩戴安全带、安全绳，穿防滑鞋，使用防坠器等安全防护装备。

（3）作业未携带工机具。

（4）在机舱内有易燃物品。

（5）作业人员身体与风机转动部件的安全距离不足。

（6）叶轮转动的情况下插入锁定销。

（7）叶轮锁定销未完全锁定。

（8）作业过程中突遇恶劣天气，未解开锁定装置就撤离风电机组。

三、风机锁轮毂作业“一线三排”工作指引

（一）风机锁轮毂作业“一线三排”工作指引图

风机锁轮毂作业“一线三排”工作指引的主要内容，见图 2-5。

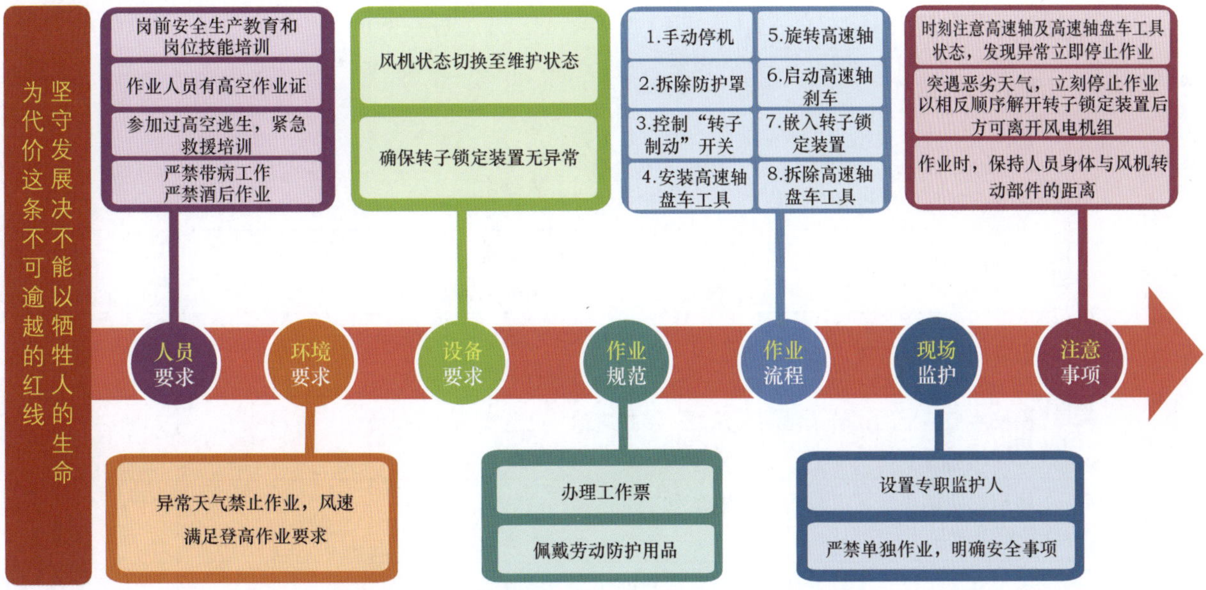

图 2-5　风机锁轮毂作业“一线三排”工作指引图

（二）风机锁轮毂作业“一线三排”工作指引表

风机锁轮毂作业“一线三排”工作指引的具体要求，见表 2-11。

表 2-11　　　　　　　　风机锁轮毂作业"一线三排"工作指引表

序号	工作规定	具体要求	落实"一线三排"情况					
			排查情况	未落实的处置情况				
				排序	排除			
					责任人	整改措施	整改时间	整改结果
1	人员要求	从事风力发电机组高速轴盘车作业的人员必须经过相应的岗前安全生产教育和岗位技能培训，并经考试合格，方可正式上岗	已落实□ 未落实□					
		作业人员必须经过高空作业培训，经考试合格，取得高空作业证件，并在有效期内	已落实□ 未落实□					
		作业人员必须参加过高空逃生、紧急救援培训，必须能熟练、正确地使用风力发电机组逃生设备并考试合格	已落实□ 未落实□					
		作业时，作业人员须精神状态良好、情绪良好，如身体不适则应及时向工作负责人提出，严禁带病工作、严禁酒后上岗	已落实□ 未落实□					
2	环境要求	异常天气禁止作业；需在无风或低风速环境下作业，严禁在大风环境中进行高速轴盘车作业	已落实□ 未落实□					
3	设备要求	手动停机后，应在塔底控制柜将风机状态切换至"维护状态"；离开风力发电机组时，应将风机状态切换至"待机状态"	已落实□ 未落实□					
		在高速轴盘车作业前，需确保转子锁定装置动作快速、有效，无异常故障，如液压锁定装置，需确保装置无渗漏现象，液压保持正常	已落实□ 未落实□					
4	作业规范	必须按照规定办理工作票，认真履行工作许可手续，开工前，组织召开现场班前会，工作负责人应按照工作票内容做好"二交一查（交任务、交危险点、查安全措施）"，待全体作业人员清楚并签名后，方可下令开始工作	已落实□ 未落实□					
		进入风力发电机组须正确佩戴安全帽、安全带等劳动防护用品，进行作业时，应脱下安全带，防止安全带卷入风机转动部位	已落实□ 未落实□					
5	作业流程	手动停机	已落实□ 未落实□					
		拆除高速轴防护罩	已落实□ 未落实□					
		操控主控制柜的"转子制动"开关，使高速轴刹车打开	已落实□ 未落实□					
		使用高速轴盘车工具，将高速轴盘车工具正确安装在高速轴上	已落实□ 未落实□					
		操控高速轴盘车工具，使高速轴旋转至目标位置	已落实□ 未落实□					
		控制主控制柜的"转子制动"开关，启动高速轴刹车，嵌入转子锁定装置	已落实□ 未落实□					

序号	工作规定	具体要求	落实"一线三排"情况					
			排查情况	未落实的处置情况				
				排序	排除			
					责任人	整改措施	整改时间	整改结果
5	作业流程	拆除高速轴盘车工具，完成高速轴盘车作业	已落实□ 未落实□					
6	现场监护	作业时必须设有专职监护人，监护人不得擅自离开	已落实□ 未落实□					
		严禁在无监护人的情况下单独进行高速轴盘车作业	已落实□ 未落实□					
		作业现场的监护人应明确被监护人员的监护范围，向被监护人员交代监护范围内的安全措施，告知危险点和安全注意事项	已落实□ 未落实□					
		监护人要始终不断的监护工作人员工作位置是否安全，工作人员身体各部分最大的活动范围与接地部位的距离是否小于安全距离，操作方法是否正确；若发现工作人员有不正确动作时，应及时纠正，必要时令其停止工作	已落实□ 未落实□					
7	注意事项	如突遇暴雨，大风等极端恶劣天气时，必须立刻停止作业，并且以相反的顺序解开转子锁定装置后，方可离开风力发电机组	已落实□ 未落实□					
		应时刻注意高速轴及高速轴盘车工具状态，发现异常立即停止作业	已落实□ 未落实□					
		作业时应时刻注意保持人员身体与风机转动部件的距离，防止被卷入风机转动部位	已落实□ 未落实□					

（三）风机锁轮毂作业"一线三排"负面清单

（1）无登高证、电工证不作业。

（2）不了解工作危险点不工作。

（3）未经风险辨识不作业。

（4）无工作票不作业。

（5）未佩戴安全防护用品如安全带、安全帽等不作业。

（6）严禁带病工作、严禁酒后参与作业。

（7）暴雨、大风等极端恶劣天气不作业。

（8）严禁将身体部位伸入未锁定的高速轴部件中。

（9）严禁嵌入转子锁定装置时离开风力发电机组。

（10）监护人员禁止擅自离开。

四、风机锁轮毂作业隐患排查治理实例

1.风机锁轮毂作业隐患排查治理实例1

风机锁轮毂作业隐患排查治理实例1见表2–12。

表 2-12   风机锁轮毂作业隐患排查治理实例 1

隐患排查	风机锁轮毂作业过程中，作业人员将手伸入发电机人孔舱门内 
隐患排序	一般隐患
违反标准	GB/T 35204—2017《风力发电机组 安全手册》 8.6 机舱内作业的基本安全要求 8.6.7 禁止未经过培训的作业人员操作发电机转子锁定（或叶轮锁定）；严禁作业人员的任何部位伸入发电机人孔舱门内（或轮毂内），当心发电机转子（或叶轮）旋转产生的机械伤害
隐患排除	作业前进行安全技术交底，作业人员严禁将身体的任何部位伸入发电机人孔舱门内，作业过程中应加强现场监护

2. 风机锁轮毂作业隐患排查治理实例 2

风机锁轮毂作业隐患排查治理实例 2 见表 2-13。

表 2-13   风机锁轮毂作业隐患排查治理实例 2

隐患排查	锁定销锁定后未挂牌上锁 

续表

隐患排序	一般隐患
违反标准	GB/T 35204—2017《风力发电机组 安全手册》 8.9　在轮毂里工作的基本安全要求 8.9.1　进入轮毂或在叶轮上工作前应将叶轮进行机械锁定，锁定叶轮时风速不应高于机组设计的最高允许维护风速，并使其中一只叶片指向地面并沿塔筒方向（"Y"位置），锁定销应符合 GB/T 19670—2005《机械安全　防止意外启动》相关规定挂牌上锁；未进行叶轮锁定，严禁进入轮毂内作业
隐患排除	作业人员应按规定在锁定销锁定后立即挂牌上锁，作业过程中应加强现场监护 

第五节　风电机组高处作业

一、风电机组高处作业概述

NB/T 31052—2014《风力发电场高处作业安全规程》规定：在距坠落高度基准面 2m 及以上有可能坠落的高处进行的作业，均视为高处作业。风电机组高处作业，如图 2-6 所示。

图 2-6　风电机组高处作业

（一）高处作业种类

风电机组特殊高处作业主要包括：

（1）强风高处作业。

（2）异温高处作业。

（3）雪天高处作业。

（4）雨天高处作业。

（5）悬空高处作业。

（6）抢救高处作业。

（7）机舱外作业。

（8）轮毂内作业。

（9）使用吊篮进行叶片和塔架维护作业等。

（二）高处作业隔离范围

高处作业时易发生物体坠落，应对高处作业下方周围区域进行安全隔离，隔离区域应满足 GB/T 3608—2008《高处作业分级》中规定的坠落防护距离要求，并设置明显的安全警示标志，风电机组进行高处作业时，严禁非工作人员靠近风电机组或在机组底部附近逗留；车辆应停泊在塔架上风向 20m 及以外的区域。

隔离区域为物体可能坠落范围半径 R 与起吊工件最大长度之和，物体可能坠落范围半径 R 随基础高度 h 不同而不同，h 为作业位置至其底部的垂直距离，隔离区域划分原则如下：

（1）当 $2 \leqslant h \leqslant 5\text{m}$ 时，$R=3\text{m}$。

（2）当 $5 \leqslant h \leqslant 15\text{m}$ 时，$R=4\text{m}$。

（3）当 $15 \leqslant h \leqslant 30\text{m}$ 时，$R=5\text{m}$。

（4）当 $h > 30\text{m}$ 时，$R=6\text{m}$。

（三）风电机组高处作业

1. 一般要求

（1）工作负责人应根据高处作业情况制定施工方案和安全防护措施，并确保落实。

（2）登高作业前，工作负责人应召开专项安全会，对高处作业进行分工布置，提示作业风险和安全注意事项，对坠落防护装备及佩戴情况进行检查。

（3）作业人员应了解高处作业风险，熟知作业程序和相关安全要求，遵守高处作业规章制度，执行高处作业工作计划，正确佩戴和使用坠落防护装备，发现安全患或危险，应立即报告工作负责人，有权拒绝违章指挥和强令险作业。

（4）作业人员应经过高处作业安全技能、高处救援与逃生培训，并经考试合格，持证上岗。

（5）作业人员应经体检合格后方可上岗，患有心脏病、高血压、癫痫病、恐高症等疾病的人员不得从事高处作业。

（6）进入工作现场必须戴安全帽，高处作业必须穿工作服，佩戴坠落防护装备，穿安全鞋，戴防护手套；登塔人员体重及负重之和不得超过 100kg。

（7）高处作业应尽可能避免上下垂直交叉作业；若必须进行垂直交叉作业时，应指定人员上下路线，采取可靠的隔离措施。

（8）高处作业所用工具、材料应妥善摆放，保持通道畅通，易滑动、滚动的工具、材料应采取措施防止坠落伤人。

（9）高处作业人员随身携带的物品及工具应妥善保管并做好防坠措施，上、下运送的工具、材料、部件应装入工具袋使用绳索系送或吊机运送，严禁抛掷。

（10）攀爬风电机组时，应将机组置于停机状态，严禁两名及以上作业人员在同一段塔架内同时攀爬。上下攀爬风电机组时，通过塔架平台盖板后，应立即随手关闭盖板，随身携带工具人员应后上塔、先下塔，到达塔架顶部平台或工作位置，应先挂好安全绳，后解自锁器，在塔架爬梯上作业，应系好安全绳。

（11）使用风电机组吊机运送物品过程中，作业人员必须使用坠落防护装备，从塔架外部吊送时。必须使用缆风绳控制被吊物品。

2．机舱外作业

（1）在10.8m/s及以上的大风以及暴雨、大雾等恶劣天气中，不应在风电机组机舱外作业。

（2）在机舱外等无安全防护设施的平台上，作业人员应使用双钩安全绳。

（3）在机舱顶部作业时，应站在防滑表面，安全绳应挂在挂点或牢固构件上，使用机舱顶部防护栏作为安全绳挂点时，每个栏杆最多悬挂两根安全绳。

（4）从机舱外部进入轮毂时，必须使用双钩安全绳，安全绳的挂点应分别挂在轮毂两侧的栏杆上。

3．轮毂内作业

（1）进入轮毂作业时应确保叶轮锁定销在完全锁定状态；严禁未完全锁定就进入轮毂作业。

（2）进入叶轮作业时，机舱内应留有一名工作人员。与轮毂内工作人员保持联系，以防出现紧急事故，进行紧急处理。

（3）风速超过12m/s时，不得在轮毂内工作。

（4）在轮毂内工作时必须用安全绳做防坠保护，整个工作过程中必须防止个人坠落防护装备卷入转动部件中。

（5）轮毂工作完毕后应清理轮毂内部，保持内部整洁，确保轮毂内的各个变桨控制柜柜门、叶片盖板均处于关闭状态，禁止在轮毂内滞留，应立即离开轮毂，关闭安全门，确保轮毂内无滞留工作人员。

4．使用吊篮进行叶片和塔架维护作业

（1）使用吊篮进行叶片和塔架维护高处作业，吊篮上的工作人员应配置独立于悬吊平台的安全绳及坠落防护装备并始终将安全带系在安全绳上。

（2）应尽可能减少吊篮中的作业人员数量，吊篮中作业人员数量不应超过核定人数。

（3）严禁使用车辆作为缆绳支点和起吊动力器械，严禁用铲车、装载机、风电机组吊机等作为高处作业人员的运送设施。

（4）使用吊篮作业时，应使用不少于两根缆风绳控制吊篮方向。

二、风电机组高处作业安全风险与隐患

风电机组高处作业应重点防范高处坠落、触电、物体打击、火灾、中毒和窒息、机械伤害等事故。

（一）方案未审批

（1）作业前未对风电机组高处作业进行安全风险辨识，安全防控措施不全面。

（2）未编制施工方案或应急预案，或施工方案或应急预案未审批就开始作业。

（3）承包单位不具备相应的安全生产条件。

（4）发包单位未对承包单位的作业方案和实施的作业进行审批就开工作业。

（5）制定风电机组高处作业专项应急预案或现场处置方案。

（二）安全技术未交底

（1）开工前，未组织所有作业人员进行安全教育培训。

（2）未对风电机组检修作业范围、作业风险及防控措施等进行安全技术交底。

（3）未制定专项安全技术措施，未落实安全防范措施。

（三）作业不规范

1．上下风电机组

（1）未按规定使用劳动防护用品。

（2）超规定风速、雷雨天气攀爬风电机组。

（3）随身携带工器具。

（4）下塔未使用助爬器。

（5）平台人孔盖板未及时关闭。

（6）两个及以上人员在同一段塔筒内攀爬风电机组。

（7）灯具损坏、照明不足。

（8）爬梯松动或存在油污。

（9）安全滑块（防坠锁扣）未锁定安全钢丝绳或导轨。

（10）不停机攀爬风电机组。

（11）攀爬风电机组过程中接、打电话。

（12）作业时吸烟或使用明火。

2．机舱外作业

机舱外作业包括维修风速仪、风向标、叶片、导流罩等，主要安全风险与隐患包括：

（1）超规定风速作业。

（2）超规定风速、雷雨天气进行风电机组检修作业。

（3）未正确使用双钩安全绳。

（4）机组偏航。

（5）随身携带、抛掷物品。

（6）未切断风速仪、风向标电源。

（7）施工平台（吊篮）安全装置配置不全。

（8）未锁定叶轮锁。

（9）吊篮接近叶片时速度过快。

（10）吊篮的固定钢丝绳松动、吊点和锚点不牢固。

（11）临时电源接线不规范，或未装设剩余电流动作保护器。

（12）作业时吸烟或使用明火。

3．轮毂内作业

轮毂内作业包括清洁、更换变桨和减速器，主要安全风险与隐患包括：

（1）超规定风速在轮毂内作业。

（2）未锁定叶轮锁。

（3）未经轮毂内作业人员允许进行变桨测试。

（4）叶片人孔盖板盖板松动、破损、缺失及固定不牢。

（5）清洗剂含有毒有害成分。

（6）清洗剂承装容器为敞开式瓶口容器。

（7）使用清洗剂时未进行通风。

（8）遗留抹布及废油。

（9）未切断变桨电机电源。

（10）拆卸部件前，未预估部件重量。

（11）随时携带、抛掷物品。

（12）作业时吸烟或使用明火。

4. 使用吊篮进行叶片和塔架维护作业

（1）雷雨、大雨（暴雨）、浓雾等恶劣天气使用吊篮进行叶片和塔架维护作业。

（2）吊篮超载使用或钢丝绳松弛。

（3）人员防护装备使用不规范。

（4）吊篮在高压下接近带电部件。

（5）吊篮装置／附件功能失效。

（6）平台底板、护栏和踢脚板损坏。

（7）链条、钢丝绳和附件的选择与装配不适当。

（四）现场监护不到位

（1）作业现场未设专人监护，或监护人中途离开现场。

（2）监护人未检查确认作业环境、作业程序、安全防护设备和劳动防护用品、救援装备等是否符合要求。

（3）未检查确认设备设施状态。

（4）监护人未检查确认现场安全隔离措施。

（5）未监护作业人员是否正确佩戴劳动防护用品。

（6）作业过程发生危及人身或设备安全的隐患时，处理不及时或处理不当。

（五）验收不彻底

（1）工作结束后，作业人员未清理作业现场杂物。

（2）工作结束后，有工具或杂物遗留在作业现场。

（3）工作结束后，工作负责人未向运行值班人员汇报工作完成情况。

（4）未恢复作业前的运行状态。

三、风电机组高处作业"一线三排"工作指引

（一）风电机组高处作业"一线三排"工作指引图

风电机组高处作业"一线三排"工作指引的主要内容，见图2-7。

（二）风电机组高处作业"一线三排"工作指引表

风电机组高处作业"一线三排"工作指引的具体要求，见表2-14。

（三）风电机组高处作业"一线三排"负面清单

（1）作业人员身体不适、精神状况不佳不作业。

（2）未办理工作票、工作票办理不规范不作业。

（3）无特种作业登高证、证书过期不作业。

（4）工作负责人不在现场不作业。

（5）防坠落安全防护（三防鞋、安全帽、安全带、双钩安全绳、安全滑块）装备不合格、未配备不作业。

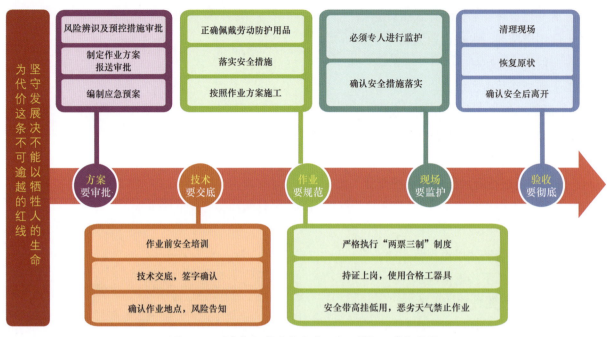

图 2-7　风电机组高处作业"一线三排"工作指引图

表 2-14　　　　　　　　　　风电机组高处作业"一线三排"工作指引表

序号	工作规定	具体要求	落实"一线三排"情况					
			排查情况	未落实的处置情况				
				排序	排除			
					责任人	整改措施	整改时间	整改结果
1	方案要审批	作业前应对作业环境、作业内容进行安全风险辨识，分析存在的危险有害因素，提出管控措施	已落实□ 未落实□					
		应根据风险辨识情况按规定编制风电机组高处作业方案，并按规定报送审批	已落实□ 未落实□					
		对发包的作业项目，承包单位应具备相应的安全生产条件，发包单位对发包作业安全承担主体责任，承包单位对其承包的作业承担直接责任；发包单位应与承包方签订安全生产管理协议或者在承包合同中明确各自的安全生产职责，发包单位应对承包单位的作业方案和实施的作业进行审批	已落实□ 未落实□					
		制定检修作业安全事故专项应急预案或现场处置方案	已落实□ 未落实□					
2	技术要交底	作业前应对检修作业分管负责人、安全管理人员、作业现场负责人、现场作业人员、应急救援人员进行专项安全培训；参加培训的人员应在培训记录上签字确认	已落实□ 未落实□					
		作业前应进行高处作业方案交底，落实风险控制措施	已落实□ 未落实□					

序号	工作规定	具体要求	落实"一线三排"情况					
			排查情况	未落实的处置情况				
				排序	排除			
					责任人	整改措施	整改时间	整改结果
2	技术要交底	作业前,作业现场负责人应对实施作业的全部人员进行安全交底,告知作业内容和应急处置措施等;交底后,交底人与被交底人应签字确认	已落实□ 未落实□					
3	作业要规范	办理检修作业工作票	已落实□ 未落实□					
		高处作业人员应持有特种作业登高证,严禁无证作业	已落实□ 未落实□					
		作业前应根据检修作业内容,配备安全防护设备、免爬器(升降梯)装置、防坠落防护用品、其他个体防护用品、照明设备、通信设备、应急救援装备、作业设备和用具等,并进行检查,发现问题应立即修复或更换	已落实□ 未落实□					
		防坠落防护用品安全带、双钩安全绳应正确使用,且必须高挂低用	已落实□ 未落实□					
		存在交叉作业时,应采取避免互相伤害的措施	已落实□ 未落实□					
		高处作业时,使用的工器具和物品应放入专用工具袋,不应随手携带;工作中所需零部件、工器具必须传递,不应空中抛接;工器具使用完后及时放回工具袋或箱中	已落实□ 未落实□					
		出现超速、风暴、雷雨、闪电等恶劣天气时,应立即停止作业,并马上撤离	已落实□ 未落实□					
4	现场要监护	检修作业应设有专人监护,监护人员应全程持续监护,不得擅离职守	已落实□ 未落实□					
		在确认作业环境、作业程序、安全防护设备和个体防护用品、救援装备等符合要求后,作业现场负责人方可批准作业人员进行检修作业	已落实□ 未落实□					
		作业中如发现危及人身或设备安全的隐患,应立即停止作业,上报主管部门并组织进行处理,待隐患排除后,方可继续作业	已落实□ 未落实□					
5	验收要彻底	作业完成后,作业人员应清扫、整理现场	已落实□ 未落实□					
		工作负责人应事先检查现场,清点人员和工器具,确保无人员和工器具遗留,确认安全后撤离作业现场	已落实□ 未落实□					
		工作负责人应向运行值班人员汇报工作完成情况	已落实□ 未落实□					

（6）未经风险辨识不作业。

（7）存在交叉作业，作业各方未明确安全防护措施、未签订互保协议不作业。

（8）使用的工器具不合格、需定期检测工器具未检测的不作业。

（9）风速超过规定要求禁止进行登塔作业、轮毂作业、出舱作业。

（10）雷雨异常天气不作业。

四、风电机组高处作业隐患排查治理实例

1. 风电机组高处作业隐患排查治理实例 1

风电机组高处作业隐患排查治理实例 1 见表 2-15。

表 2-15　　　　　　　　　　风电机组高处作业隐患排查治理实例 1

隐患排查	机舱内无进入轮毂、出机舱等重点作业部位的安全警示标识 
隐患排序	一般隐患
违反标准	GB/T 35204—2017《风力发电机组 安全手册》 6　风力发电机组安全标识 6.2　机组工作人员应定期检查机组安全标识，不清晰或者妨碍阅读时应立即进行更换；机组安全标识位置应处在需要提示的风险周边，并便于作业人员查看
隐患排除	在进入轮毂的入口处、机舱出口处应设置相应的安全警示标识 

2. 风电机组高处作业隐患排查治理实例 2

风电机组高处作业隐患排查治理实例 2 见表 2–16。

表 2–16　　　　　　　　　　　风电机组高处作业隐患排查治理实例 2

	在机舱顶部作业时，作业人员未站在防滑表面上
隐患排查	
隐患排序	一般隐患
违反标准	NB/T 31052—2014《风力发电场高处作业安全规程》 4.3　作业要求 4.3.1　进入工作现场必须戴安全帽，高处作业必须穿工作服，佩戴坠落防护装备，穿安全鞋，戴防护手套。 5.3　机舱外作业 5.3.2　在机舱外等无安全防护设施的平台上，作业人员应使用双钩安全绳。 5.3.3　在机舱顶部作业时，应站在防滑表面，安全绳应挂在挂点或牢固构件上，使用机舱顶部防护栏作为安全绳挂点时，每个栏杆最多悬挂两根安全绳
隐患排除	作业前应进行安全技术交底，作业人员必须按规定站在机舱顶部防滑表面上，作业过程中应加强现场监护 

3. 风电机组高处作业隐患排查治理实例 3

风电机组高处作业隐患排查治理实例 3 见表 2-17。

表 2-17   风电机组高处作业隐患排查治理实例 3

	轮毂内工作时，未使用安全绳
隐患排查	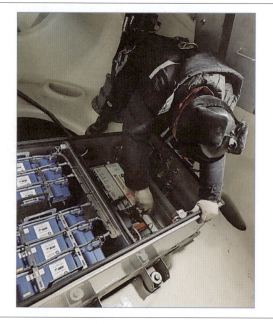
隐患排序	一般隐患
违反标准	NB/T 31052—2014《风力发电场高处作业安全规程》 5.4　轮毂内作业 5.4.2　在轮毂内工作时必须用安全绳做防坠保护；整个工作过程中必须防止个人坠落防护装备卷入转动部件中
隐患排除	在轮毂内工作时，作业人员必须正确佩戴安全绳，作业过程中应加强现场监护 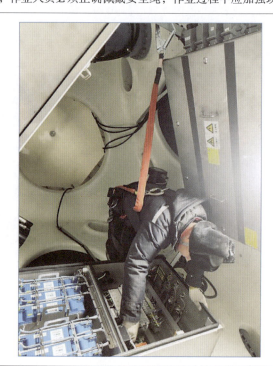

第六节　风机免爬器安装及使用

一、风机免爬器安装及使用概述

风机免爬器是安装于风力发电机组管型塔架内，用于承载风电机组维保人员的固定悬挂式垂直运输设备。风机免爬器主要由免爬器车体、驱动装置、导轨、牵引钢丝绳、防坠钢丝绳、控制系统等部件组成，如图 2-8 所示。

图 2-8　风机免爬器

风机免爬器安装前，风电企业应与设备厂家共同组织人员完成设备安装前的检查工作；风机免爬器的安装，应不影响塔筒平台上其他设备的运行与维护，以及塔筒爬梯原有的钢丝绳防坠落系统。

（一）风机免爬器安装

1. 试吊

风机免爬器安装前应进行试吊，无误后方可开始安装工作。

2. 滑轮组安装

（1）安装人员佩戴安全带将双钩挂在爬梯顶部，使用工作绳将滑轮组提升至顶部平台。

（2）将顶部滑轮组两边的"U"形钢架插到与之对应的爬梯竖管上，使滑轮组安装到位并紧固。

（3）安装二次防坠钢丝绳，钢丝绳应安装正确、顺直、无绕圈、打结和折弯等现象。

3. 动力系统安装

动力系统安装指安装动力系统，使动力系统主机与爬梯锁定，并将动力系统底部锁紧。

4. 导轨安装

（1）将中置柔性防坠钢丝绳与顶部滑轮组吊耳可靠连接。

（2）用导轨卡和导轨卡背板将导轨卡紧，使导轨卡完全处于爬梯中心位置。

（3）逐级安装导轨，使上、下两段导轨连接固定，以此循环往复直至导轨安装至塔筒顶部，同时保持原有加强螺杆不变动。

5. 升降车安装

升降车安装是将升降车上下导轮组从上向下穿入到导轨中，检查升降车活动自如。

6. 牵引钢丝绳安装

牵引钢丝绳安装指用2根与爬梯同等长度钢丝绳分别连接相对应的动力系统主动轮与顶部滑轮组导轮。

7. 扶绳轮组安装

扶绳轮组安装指在锥形和等径塔筒法兰连接平台处设置扶绳轮组，防止钢丝绳剐蹭平台或爬梯横踏管。

8. 电控系统安装

（1）将电控箱安装于二层平台上部的爬梯背面。

（2）所有线缆经绝缘套管安装完毕后用扎带固定。

（3）对免爬器电控箱接引电源前断开塔底柜电源开关，悬挂标识牌。

（4）用螺钉旋具将电控箱线缆接至塔底控制柜备用开关下口。

（5）通电调试免爬器，使其能够在初节轨道上下短距离运行，观察其运行状态有无卡滞、异响，加载荷后钢丝绳的松紧程度有无变化，是否会出现相对位移，调节免爬器相关部件至免爬器能平稳运行。

9. 过平台减速触发带安装

过平台减速触发带安装指在塔筒中间各层平台下方设置减速触发条，并调节行车上的触发开关与减速条之间合理的触发间隙。

10. 上、下行程限位安装

上、下行程限位安装指在塔筒爬梯顶部设置上行程停止触发调节挡块，在塔筒二层平台爬梯底部设置下行程停止触发调节挡块。

11. 可旋转自定位踏板安装

可旋转自定位踏板安装指在升降车踏板与塔筒法兰平台之间安装旋转自定位踏板。

12. 整体调试

整体调试指安装完成后，无关人员全部撤离塔筒，由专业人员进行调控测试。

（二）风机免爬器使用

免爬器在使用前，应进行2m左右的高度空载升降试验，确定状况良好；操作人员必须经过设备厂家的安全技术培训，熟练掌握操作流程及安全注意事项，并经考试合格后方可操作免爬器；使用前，应对设备进行检查，确认无误后方可使用；并应在免爬器垂直梯正下方划定安全区域警示线，在免爬器升降过程中，安全线内严禁站人。免爬器使用中应注意以下事项：

（1）操作人员应正确穿戴和使用个人防坠落防护用品。

（2）免爬器额定运行速度不应大于18m/min。

（3）免爬器上升或下降过程中，乘用人员应保持站姿稳定，双手紧握升降车把手，在经过各层平台前，应减速运行，对平台上、下部进行观察，确认通过无阻拦，并确保身体各部位不与塔架法兰或升降口边缘过于接近，严禁人体触碰升降钢丝绳。

（4）在操纵免爬器升降车上、下过程中，如遇到紧急情况（坠落、超速下滑），应握紧固定把手，保持身体站姿，待失速保护锁止安全绳后，方可离开升降车，使用爬梯离开现场，躲避在安全区域。

（5）有人使用免爬器时，禁止其他人同时在本直梯上攀爬，禁止其他人在主机平台使用升降车的手动操作装置或者手持遥控器操作。

（6）免爬器使用过程中失电时，操作人员应在车体制动后，规范使用个人坠落防护用品，通过塔筒爬梯离开。

（7）免爬器使用结束后，应将免爬器车体降落在起始平台位置，并将免爬器主电源断开并上锁，严禁将车体停留在空中。

（8）严禁超载或带故障运行，严禁正常运行时使用安全锁制动，严禁随意调节升降速度。

二、风机免爬器安装及使用安全风险与隐患

免爬器安装和使用应重点防范高处坠落、机械伤害、物体打击等事故。

（一）方案未审批

（1）作业前未对风机免爬器安装及使用进行安全风险辨识，安全防控措施不全面。

（2）未编制或未审批组织措施、施工措施、安全措施和施工方案、应急方案就开始作业。

（3）设备厂家未出具验收合格、试验合格证明。

（4）安装单位不具备相应的安全生产条件、安装单位资质不合格。

（二）安全技术未交底

（1）免爬器操作人员未经过专业培训。

（2）未对免爬器安装和使用进行安全技术交底。

（3）免爬器安装和使用前未检查确认免爬器相关设备状态。

（4）未进行安装、使用风险辨识及与控制措施交底。

（三）作业不规范

（1）操作人员使用不合格的工器具。

（2）未履行工作许可手续。

（3）操作人员身体不适，状态不佳。

（4）爬塔前未对爬梯、安全绳和劳动防护用品进行检查。

（5）使用免爬器前，未进行空载试车。

（6）使用免爬器过程中，同一时段塔架内两人同时攀爬。

（7）免爬器载物运行。

（8）免爬器正常运行时，使用安全锁制动。

（9）操作人员与转动设备安全距离不足。

（10）同一节塔筒同时施工，且盖板未关闭。

（11）防坠器未固定在免爬器安全绳上。

（12）使用人达到顶部后未关闭顶部盖板。

（四）现场监护不到位

（1）作业现场未设专人监护，或监护人中途离开现场。

（2）监护人未检查确认作业环境、作业程序、安全防护设备和劳动防护用品、救援装备等是否符合要求。

（3）安装前未检查确认免爬器相关设备状态。

（4）监护人未检查确认现场安全隔离措施。

（5）未监护作业人员是否正确佩戴劳动防护用品。

（6）作业过程发生危及人身或设备安全隐患时，处理不及时或处理不当。

（五）验收不彻底

（1）免爬器安装和使用结束，将免爬器停留在空中。

（2）工作结束后，平台盖板未关闭。

（3）工作结束后，作业人员未清理作业现场杂物。

（4）工作结束后，有工具或杂物遗留在作业现场。

（5）工作结束后，工作负责人未向运行值班人员汇报工作完成情况。

三、风机免爬器安装及使用"一线三排"工作指引

（一）风机免爬器安装及使用"一线三排"工作指引图

风机免爬器安装及使用"一线三排"工作指引的主要内容，见图2-9。

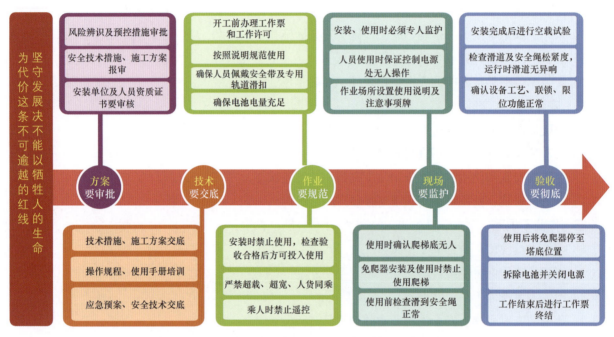

图 2-9　风机免爬器安装及使用"一线三排"工作指引图

（二）风机免爬器安装及使用"一线三排"工作指引表

风机免爬器安装及使用"一线三排"工作指引的具体要求，见表2-18。

表2-18　　　　　　　　　风机免爬器安装及使用"一线三排"工作指引表

序号	工作规定	具体要求	排查情况	排序	责任人	整改措施	整改时间	整改结果
					落实"一线三排"情况			
				未落实的处置情况				
					排除			
1	方案要审批	作业前应对作业环境进行安全风险辨识，分析存在的危险因素，提出管控措施	已落实☐ 未落实☐					
		制定组织措施、施工措施、安全措施和施工方案、应急方案并审核	已落实☐ 未落实☐					
		审查安装单位资质，人员资格证书是否齐全	已落实☐ 未落实☐					

续表

序号	工作规定	具体要求	落实"一线三排"情况					
			排查情况	未落实的处置情况				
				排序	排除			
					责任人	整改措施	整改时间	整改结果
2	技术要交底	操作前，确保免爬器操作人员经过专业培训，并仔细阅读过操作与安装手册，熟练掌握操作流程及安全注意事项，并经考试合格后方可操作免爬器	已落实□ 未落实□					
		对所有人员进行免爬器安装安全技术交底，明确现场和工作岗位存在的危险因素、预防措施及事故紧急处理措施，并签字	已落实□ 未落实□					
		免爬器运行前，应检查钢丝绳张紧指示标是否处于正常状态	已落实□ 未落实□					
		免爬器运行前，应检查电池是否电量充足	已落实□ 未落实□					
		免爬器运行前，应确认免爬器运行通道无任何障碍物存在	已落实□ 未落实□					
		操作人员必须携带合适通信设备，保持与地面人员或基站人员的通信	已落实□ 未落实□					
		免爬器的遥控模式仅用于载人，禁止运送物料	已落实□ 未落实□					
3	作业要规范	开工前应办理工作票，执行工作许可制度	已落实□ 未落实□					
		操作人员必须正确穿戴和使用个人防坠落防护用品（如安全帽、全身式安全带、安全双钩、专用防坠器），必须将身上的安全带正确连接到个人防坠器上，仔细检查连接状态	已落实□ 未落实□					
		免爬器运行时，禁止任何人员处于免爬器的正下方或正上方	已落实□ 未落实□					
		免爬器运行时，禁止其他操作人员使用爬梯攀爬	已落实□ 未落实□					
		在操作中如果发现设备损坏或故障导致安全隐患时，必须立即停止使用并通知设备管理人员	已落实□ 未落实□					
4	现场要监护	应检查并确认设备设施处于有效正常运行状态	已落实□ 未落实□					
		应确认安全措施实施到位，安全防护装置安装到位	已落实□ 未落实□					

续表

序号	工作规定	具体要求	落实"一线三排"情况					
			排查情况	未落实的处置情况				
				排序	排除			
					责任人	整改措施	整改时间	整改结果
4	现场要监护	保证人员使用过程应有专人负责,无超载或超宽等违章行为	已落实□ 未落实□					
		人员使用时,应保证控制电源处无人操作	已落实□ 未落实□					
5	验收要彻底	安装完成后应进行空载试验,检查电源接线是否符合要求,是否有独立开关控制	已落实□ 未落实□					
		应检查滑道及安全绳松紧度,保证运行时滑道无异响,安全绳无大幅度摆动	已落实□ 未落实□					
		应确认设备工艺、联锁、限位功能正常,减速限位开关、停止限位开关是否使用正常、固定牢靠	已落实□ 未落实□					
		作业完成后,作业人员应将全部设备和工具带离风机塔筒,确保风机塔筒内部无人员逗留及工具遗留	已落实□ 未落实□					
		清理现场,确认安全后,应解除现场采取的安全措施,恢复现场环境至工作前状态	已落实□ 未落实□					
		确认安全,清点人数及工器具无误后,撤离作业现场	已落实□ 未落实□					

(三)风机免爬器安装及使用"一线三排"负面清单

(1)安装过程中不使用。

(2)未进行验收不使用。

(3)免爬器验收不合格,未整改完成不使用。

(4)未进行免爬器培训不使用。

(5)免爬器电池电量不足不使用。

(6)劳动防护用品未配齐不使用。

(7)未经允许、未开工作票不安装。

(8)免爬器使用前检查不合格不使用。

(9)有人使用免爬器时不得启用遥控功能。

(10)免爬器使用时不得超载、超宽。

(11)工作结束后,未取走电池,未关闭电源不离开。

(12)火灾时不使用。

四、风机免爬器安装及使用隐患排查治理实例

1. 风机免爬器安装及使用隐患排查治理实例 1

风机免爬器安装及使用隐患排查治理实例 1 见表 2-19。

表 2-19　　　　　　　　　　　风机免爬器安装及使用隐患排查治理实例 1

隐患排查	免爬器未张贴使用说明和安全注意事项

隐患排序	一般隐患
违反标准	GB/T 35204—2017《风力发电机组　安全手册》 8.4　使用助力器的基本安全要求 8.4.3　作业人员在使用机组爬梯助力器前,应详细阅读机组爬梯助力器的使用说明与安全注意事项。 8.5.2　作业人员在使用升降机前,应详细读机组升降机的使用说明与安全注意事项
隐患排除	现场应就地张贴免爬器使用说明和安全注意事项,内容涵盖操作前准备(含防护用品配备)、操作步骤、安全注意事项、应急处置等内容 

2. 风机免爬器安装及使用隐患排查治理实例2

风机免爬器安装及使用隐患排查治理实例2见表2-20。

表2-20　　　　　　　　　　风机免爬器安装及使用隐患排查治理实例2

隐患排查	免爬器外露传动部分未设置防护罩 
隐患排序	一般隐患
违反标准	DB13/T 2501—2017《风力塔筒自动免爬器技术条件》 5.3　结构安全要求 5.3.5　免爬器外露传动部分应设置防护罩
隐患排除	免爬器外露传动部分设置防护罩

第七节　塔筒叶片清洗作业

一、塔筒叶片清洗作业概述

由于环境污染、元器件磨损、齿轮箱或液压系统密封不良导致油液泄漏等造成风电机组塔筒、叶片污染，不但影响机组的美观，而且还会造成机组不能够达到额定功率甚至发生故障。因此，风电场应及时对污染部位进行清理，可有效防止污染面积扩大或引发设备事故，清洁良好的设备外观还有利于及时发现设备的缺陷和异常。塔筒、叶片的清洗必须由专业人员进行，可使用吊篮、保证人身安全的专业设备。

塔筒叶片清洗作业主要是对塔筒内壁、外壁和叶片的清洁，目的是使设备见本色。塔筒叶片清洗可通过吊篮采用高处悬挂的方式进行。

（一）塔筒清洗

塔筒清洗时，由塔筒顶部自上而下进行清洗，如图2-10所示，如遇到难洗部位，可使用毛刷加清洁

图2-10　塔筒清洗作业

剂进行清洗，清洗过程中注意不要损伤塔筒表面油漆，如塔筒表面油漆有脱落，需使用塔筒专用防腐油漆进行修补，确保塔筒表面完好如初。

（二）叶片清洗

污垢经常周期性发生在叶片边缘，通常情况下，叶片上的污物不是特别多时不必清洗，雨水会将污物去除。但过多的污物会影响叶片的性能和噪声等级，所以污物过多时，必须要清洁叶片，叶片清洗如图 2-11 所示。

图 2-11　叶片清洗作业

叶片清洗时，应从叶片根部开始，用发动机清洁剂和刷子来清洗；油脂和油污点也可以使用发动机清洗剂去除；如果叶片迎风面在雨后还显黑色，则很有可能出现表面损坏。

沿海地区的风力发电机叶片运行两三年后，由于盐雾结晶会出现发暗现象，盐雾的主要成分是强酸性金属盐和金属氧化物，是海水蒸发的盐分与空气中污物混合而成，颜色为灰白色结晶体，为冰凌角形且不易溶解；可以采用非离子表面活性剂重复清洗，待溶解出叶片原始底面后再用清水冲洗。

（三）塔筒叶片清洗作业基本要求

（1）对塔筒叶片进行清洗作业时，所使用的清洁剂、无水乙醇等应符合相关环保要求。

（2）塔筒叶片清洗作业前应进行安全风险分析，对可能造成的危险进行识别，做好防范措施。

（3）高处悬挂作业人员应取得高处悬挂作业的资质证书，具备安全作业技能、逃生与救援技能。

（4）高处悬挂作业人员应能正确熟练地使用安全带、安全绳、自锁器等安全用具；工作绳与安全绳应独立挂在不同的安全锚点上，使用时安全绳应基本保持垂直于地，自锁器的挂点应高于作业人员肩部；无特殊安全措施，禁止两人同时使用一条安全绳。

（5）高处悬挂作业所使用工具、器材、电缆等应有可靠的防坠措施。

（6）作业前应检查升降机或带有升降装置的吊车以及吊篮的安全状态。

（7）遇有雷雨、大雨（暴雨）、浓雾等恶劣天气，禁止塔筒叶片清洗作业；如已开工作业，应立即停止全部工作，及时撤离作业现场。

（8）工作人员之间的交流应制定清晰的规则（可以包括手势和对讲机／电话联系）。

（9）高处悬挂作业现场区域应保证四周环境的安全，其作业下方应设置警戒线，并有人看守，在醒目处应设置"禁止入内""当心落物"的标志牌。

（10）塔筒叶片清洗时，绳索起降要轻起、轻放，防止出现大的振动。

（11）现场工作必须有专人统一指挥。

二、塔筒叶片清洗作业安全风险与隐患

塔筒叶片清洗作业应重点防范高处坠落、机械伤害、火灾、中毒和窒息等事故。

（一）方案未审批

（1）作业前未进行塔筒叶片清洗作业安全风险辨识，安全防控措施不全面。

（2）未编制作业方案和事故现场处置方案，或作业方案和事故现场处置方案未审批就开始作业。

（3）作业人员资质和技能不满足要求。

（4）未检验吊篮、安全绳等设备设施。

（二）安全技术未交底

（1）未对作业人员进行安全教育培训。

（2）未对作业人员进行安全技术交底。

（3）作业前未检查确认应急物资是否齐全。

（三）作业不规范

（1）未办理工作票即进行清洗作业。

（2）未正确佩戴劳动防护用品。

（3）吊篮中的作业人员数量超过核定人数。

（4）作业时绳索起降振动较大。

（5）变桨机构未可靠锁定，叶片桨距角未处于顺桨位置。

（6）清洗剂承装容器为敞开式瓶口容器。

（7）清洗剂含有有毒有害成分。

（8）所用的工器具和清洗物料随意放置。

（四）现场监护不到位

（1）作业现场未设专人监护，或监护人中途离开现场。

（2）监护人未检查确认作业环境、作业程序、安全防护设备和劳动防护用品、救援装备等是否符合要求。

（3）监护人未检查确认现场安全隔离措施。

（4）未监护作业人员是否正确佩戴劳动防护用品。

（5）作业过程发生危及人身或设备安全的隐患时，处理不及时或处理不当。

（五）验收不彻底

（1）工作结束后，作业人员未清理作业现场杂物。

（2）工作结束后，有工具或杂物遗留在作业现场。

（3）工作结束后，轮毂机械锁紧销未退出。

（4）工作结束后，工作负责人未向运行值班人员汇报工作完成情况。

三、塔筒叶片清洗作业"一线三排"工作指引

（一）塔筒叶片清洗作业"一线三排"工作指引图

塔筒叶片清洗作业"一线三排"工作指引的主要内容，见图2-12。

（二）塔筒叶片清洗作业"一线三排"工作指引表

塔筒叶片清洗作业"一线三排"工作指引的具体要求，见表2-21。

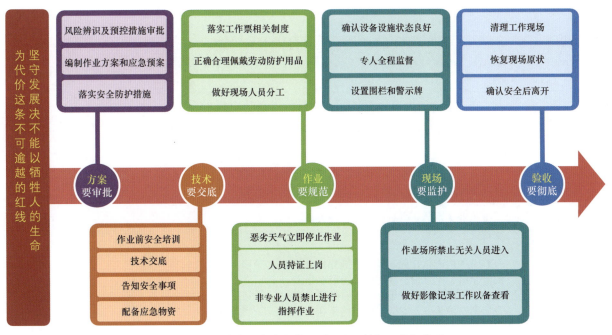

图 2-12　塔筒叶片清洗作业"一线三排"工作指引图

表 2-21　　　　　　　　　　塔筒叶片清洗作业"一线三排"工作指引表

序号	工作规定	具体要求	落实"一线三排"情况					
			排查情况	未落实的处置情况				
				排序	排除			
					责任人	整改措施	整改时间	整改结果
1	方案要审批	开工前应对设备设施、作业活动、作业环境进行安全风险辨识，分析存在的危险因素，提出管控措施	已落实□ 未落实□					
		应按照风险辨识情况和作业点的特点编制作业方案和事故现场处置方案，方案应当由施工单位技术负责人审核签字，加盖单位公章，经现场审查签字后方可实施，并报送审批	已落实□ 未落实□					
		应落实安全防护措施并按规定检验吊篮、安全绳等设备设施，确认设备设施符合现场实际情况，对作业人员的资质证书和技能水平进行验证	已落实□ 未落实□					
2	技术要交底	开工前，应组织所有人员进行安全教育培训，主要包括安全法律法规、安全管理规章制度，现场危险因素和管控措施、操作规程、注意事项及安全措施、劳动防护用品的使用、事故逃生及救助等内容	已落实□ 未落实□					
		作业前应对现场负责人、指挥人员、作业人员进行作业注意事项的技术交底	已落实□ 未落实□					
		作业前应预先通知本企业相关部门人员，对其告知安全事项、确认作业场所	已落实□ 未落实□					
		作业前应提前配备好应急物资，并由专人进行检查	已落实□ 未落实□					

续表

序号	工作规定	具体要求	落实"一线三排"情况					
			排查情况	未落实的处置情况				
				排序	排除			
					责任人	整改措施	整改时间	整改结果
3	作业要规范	作业前必须办理相关工作票,落实工作许可等相关制度,禁止无工作票作业	已落实□ 未落实□					
		非专业人员禁止进行作业,作业人员必须持证上岗	已落实□ 未落实□					
		作业前应确认作业人员已正确穿戴合格的安全帽、安全带,穿防滑绝缘鞋;吊篮上的人员应配置独立于悬吊平台的安全绳及坠落防护装备,安全带应始终系在安全绳上	已落实□ 未落实□					
		作业前应确定好人员分工,开工后作业人员不得随意离开工作岗位	已落实□ 未落实□					
		遇有雷雨、大雨(暴雨)、浓雾等恶劣天气,禁止塔外清洗作业;如已开工作业应立即停止全部工作,及时撤离	已落实□ 未落实□					
		现场工作温度低于零下20℃时禁止使用吊篮;工作处10min内平均风速大于8m/s(5级风)时,不应进行塔外作业	已落实□ 未落实□					
		应将变桨机构可靠锁定,叶片桨距角处于顺桨位置,雨、雪、雷电天气时不作业	已落实□ 未落实□					
4	现场要监护	现场再次确认吊篮、安全绳等设备设施状态良好	已落实□ 未落实□					
		作业过程应有专人监督,其他与作业无关的人员、车辆立即撤出作业场所,保持作业场所整洁有序无杂物	已落实□ 未落实□					
		应设置警戒围栏,悬挂相应的警示标示牌,严禁无关人员进入作业场所	已落实□ 未落实□					
		作业的关键步骤应留有影像资料	已落实□ 未落实□					
5	验收要彻底	作业完成后,应立即组织验收清洗作业是否满足生产要求	已落实□ 未落实□					
		作业完成后,应立即清理现场,及时撤离吊装设备设施,清理杂物和垃圾	已落实□ 未落实□					
		作业完成后,应进行注销工作票,恢复安全措施	已落实□ 未落实□					
		检查现场,清点人员,确认安全后离开作业现场	已落实□ 未落实□					

（三）塔筒叶片清洗作业"一线三排"负面清单

（1）未经风险辨识不作业。

（2）作业方案和应急预案不齐全不作业。

（3）吊篮、安全绳等设备设施检验不合格不作业。

（4）人员无证或技能不合格不作业。

（5）未佩戴或佩戴过期、失效、未经检验合格的劳动防护用品不作业。

（6）没有工作票不作业。

（7）现场没有专人监护不作业。

（8）未进行技术交底不作业。

（9）未设置警示围栏和警示标示牌不作业。

（10）现场工作温度低于零下 20℃时禁止使用吊篮；工作处 10min 内平均风速大于 8m/s（5 级风）时，不进行塔外作业。

（11）未将变桨机构可靠锁定，叶片桨距角未处于顺桨位置不作业。

（12）雨、雪、雷电天气不作业。

（13）严禁在同一垂直方向上下同时作业。

（14）在距离高压线 10m 区域内无特殊安全防护措施时不作业。

（15）夜间不作业。

（16）完工后人员、设备未清点不离开。

四、塔筒叶片清洗作业隐患排查治理实例

1. 塔筒叶片清洗作业隐患排查治理实例 1

塔筒叶片清洗作业隐患排查治理实例 1 见表 2-22。

表 2-22　　　　　　　塔筒叶片清洗作业隐患排查治理实例 1

隐患排查	使用吊篮进行清洗作业时，作业人员未将安全带系在安全绳上
隐患排序	一般隐患
违反标准	NB/T 31052—2014《风力发电场高处作业安全规程》 5.5　使用吊篮进行叶片和塔架维护作业 5.5.2　使用吊篮进行叶片和塔架维护高处作业，吊篮上的工作人员应配置独立于悬吊平台的安全绳及坠落防护装备，并始终将安全带系在安全绳上
隐患排除	严格执行工作票管理制度；作业人员使用吊篮进行高处作业时，必须始终将安全带系在安全绳上

2. 塔筒叶片清洗作业隐患排查治理实例 2

塔筒叶片清洗作业隐患排查治理实例 2 见表 2-23。

表 2-23　　　　　　　塔筒叶片清洗作业隐患排查治理实例 2

隐患排查	未使用缆风绳控制吊篮
隐患排序	一般隐患

违反标准	NB/T 31052—2014《风力发电场高处作业安全规程》 5.5　使用吊篮进行叶片和塔架维护作业 5.5.5　使用吊篮作业时，应使用不少于两根缆风绳控制吊篮方向
隐患排除	严格执行工作票管理制度；作业人员使用吊篮进行高处作业时，应使用不少于两根缆风绳控制吊篮方向

第八节　送出及场内架空线路定检维护作业

一、送出及场内架空线路定检维护作业概述

送出及场内架空线路定检维护作业指对架空线路的定期检修与维护作业，主要包含线路停复役操作、杆塔及配电设备检修和测量、砍剪树木等。

根据架空输电线路的特点，按照线路检修项目涉及的范围和检修复杂程度，结合线路运行状态存在隐患或缺陷的检修需求，线路状态检修共分为五类，即 A 类检修、B 类检修、C 类检修、D 类检修、E 类检修。其中，A、B、C 类检修为停电检修；D、E 类检修为不停电检修。

1. A 类检修

A 类检修指需要线路停电进行的技术改造工作，主要包括线路支撑带电运行的线路单元（如杆塔更换改造、导地线更换、绝缘子批量更换和其他涉及停电进行技术改造的项目）的大型检修工作。

2. B 类检修

B 类检修指需要线路停电进行的检修工作，主要包括线路支撑带电运行的线路单元组部件（如杆塔组部件更换、绝缘子少量更换、避雷器更换等）和其他涉及停电进行重大及以上缺陷消除、提高安全可靠性的检修工作。

3. C 类检修

C 类检修指需要线路停电进行的测试和工作；需要线路停电进行的一般缺陷的消除工作。

4. D 类检修

D 类检修指不需要停电进行的地面或地电位检查、测试、维护、更换等检修工作。

5. E 类检修

E 类检修指采用带电作业方式开展的检查、测试、维护、更换等检修工作。

二、送出及场内架空线路定检维护作业安全风险与隐患

（一）方案未审批

（1）架空线路作业前未制定作业方案，或方案未进行审批。

（2）制定的架空线路作业方案内容不完善，未包含对作业场所和作业过程中可能存在的危险有害因素辨识，或未制定安全措施。

（3）作业前未编制专项作业方案及应急预案，或未按规定审批。

（4）未审核施工单位资质、作业人员资格。

（5）发包单位应与架空线路定检维护作业承包方未签订安全生产管理协议，未明确各自的安全生产

职责。

（6）发包单位未对架空线路定检维护作业承包单位的作业方案和实施的作业进行审批。

（二）安全技术未交底

（1）架空线路作业人员进入现场前，未进行安全教育培训且未经考试合格。

（2）架空线路作业前未组织召开现场班前会，未对架空线路作业人员进行安全技术交底。

（3）未对施工作业进行风险辨识及预控措施交底。

（三）作业不规范

1. 通用架空线路作业安全风险与隐患

（1）患有职业禁忌证和疲劳过度、视力不佳、酒后人员及其他健康状况不良者进行高处作业。

（2）作业人员着装不规范，未检查或未正确穿戴劳动防护用品，如安全带、安全绳、安全帽、绝缘鞋、绝缘手套、对讲机测试、应急装备等。

（3）作业前未对作业现场进行围挡。

（4）高处作业未使用工具袋；采用上、下抛掷方式传递物件。

（5）恶劣气象条件时进行架空线路作业，可能发生高处坠落、触电等人身伤害事故。

（6）垂直交叉作业时，防护不当，可能发生物体打击事故。

2. 电气操作不规范

（1）操作发令人发布指令不准确、不清晰。

（2）受令人未清楚接令，或接令后未复诵。

（3）未按照规定办理工作票。

（4）在不具备操作的条件下作业，如没有与实际运行方式相符的一次系统模拟图或接线图；操作设备没有明显的标志；高压配电设备没有防止误操作的闭锁功能。

（5）停送电操作未按顺序依次进行；未按操作任务的顺序逐项操作。

（6）带负荷拉合隔离开关。

（7）雷电天气进行电气操作，或就地电气操作，可能发生触电事故。

（8）操作机械传动的断路器或隔离开关时，未戴绝缘手套；没有机械传动的断路器、隔离开关和跌落式熔断器，未使用绝缘棒进行操作，可能发生触电事故。

（9）更换配电变压器跌落式熔断器熔丝，未先将低压隔离开关和高压隔离开关或跌落式熔断器拉开。装卸跌落式熔断器熔管时未使用绝缘棒。

（10）雨天操作室外高压设备时，未使用有防雨罩的绝缘棒，或未穿绝缘靴、未戴绝缘手套。

（11）装卸高压熔断器时，未戴护目眼镜或绝缘手套。

（12）高压开关柜手车开关拉至"检修"位置后，未确认隔离挡板已封闭。

3. 测量不规范

测量不规范易发生触电事故。

（1）解开或恢复配电变压器和避雷器的接地引线时，未戴绝缘手套，直接接触与地电位断开的接地引线。

（2）用钳形电流表测量线路或配电变压器低压侧的电流时，及其他带电部分。

（3）测量设备绝缘电阻时，未将被测量设备各侧断开；未验明无电压；在测量中他人接近被测量设备；测量前后，未将被测设备对地放电。

（4）测量线路绝缘电阻，有感应电压时，未将相关线路同时停电。

（5）测量带电线路导线的垂直距离时，使用非绝缘工具。

4．维护不规范

（1）砍剪靠近带电线路的树木时，人体、绳索与线路的安全距离不符合要求，可能发生触电事故。

（2）砍剪树木时，若工具设备使用不当，可能发生机械伤害；若站位不当，可能发生物体打击事故；高处作业防护不当，可能发生高处坠落事故。

（3）树枝接触或接近高压带电导线时，未将高压线路停电或未用绝缘工具使树枝远离带电导线，可能发生触电事故。

（4）需锚固杆塔维修线路时，锚固拉线与带电导线的安全距离不符合要求，可能发生触电事故。

5．邻近带电导线工作不规范

（1）邻近带电导线工作时，与带电导线距离应不符合安全规定。

（2）风力大于5级时，在带电线路杆塔上工作，在同杆塔多回线路中进行部分线路检修工作，在直流单级线路进行检修工作。

（3）未采取防止误登同杆塔多回路带电线路的措施。

（4）在330kV、±500kV及以上电压等级的线路杆塔及变电站构架上作业，未采取防静电感应措施。

（5）在绝缘架空地线上作业时，未用接地线或个人保安线将绝缘架空地线可靠接地或采用等电位方式进行。

（6）用绝缘绳索传递大件金属物品时，杆塔或地面上工作人员未将金属物品接地后再接触。

（四）现场监护不到位

（1）架空线路作业现场未配备专责监护人，或专责监护人员数量不足。

（2）未确认安全措施是否执行到位。

（3）工作负责人、专责监护人违反现场安全规定，违章指挥。

（4）未检查确认现场危险点预控措施的执行。

（五）验收不彻底

（1）作业结束后，未彻底验收，未检查确认瓷釉、钢芯铝绞线、架空线路的构架、螺丝等是否完好无缺陷。

（2）验收结束后未检查确认拆接引线恢复情况、临时接地线拆除情况等。

（3）现场有遗留工具和杂物。

（4）工作结束后，未进行电气试验。

三、送出及场内架空线路定检维护作业"一线三排"工作指引

（一）送出及场内架空线路定检维护作业"一线三排"工作指引图

送出及场内架空线路定检维护作业"一线三排"工作指引的主要内容，见图2-13。

（二）送出及场内架空线路定检维护作业"一线三排"工作指引表

送出及场内架空线路定检维护作业"一线三排"工作指引的具体要求，见表2-24。

（三）送出及场内架空线路定检维护作业"一线三排"负面清单

（1）无登高证、电工证不作业。

（2）驾驶云梯车司机没有专业驾驶证不作业。

（3）未经风险辨识不作业。

（4）工作人员不了解工作危险点不作业。

（5）未佩戴劳动防护用品：安全带、绝缘服不作业。

（6）工作人员酒后或带有负面情绪、疲劳的不作业。

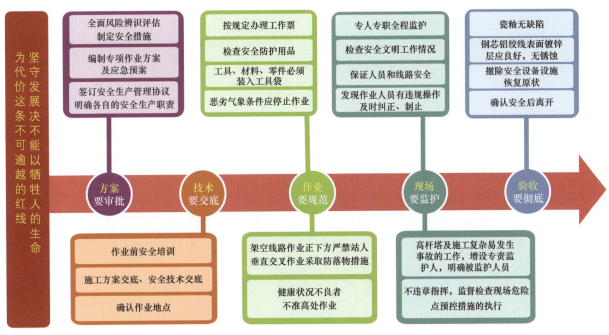

图 2-13　送出及场内架空线路定检维护作业"一线三排"工作指引图

表 2-24　　　　送出及场内架空线路定检维护作业"一线三排"工作指引表

序号	工作规定	具体要求	落实"一线三排"情况					
			排查情况	未落实的处置情况				
				排序	排除			
					责任人	整改措施	整改时间	整改结果
1	方案要审批	架空线路作业前应对作业场所和作业过程中可能存在的危险有害因素进行辨识，制定安全措施，并进行审批	已落实□ 未落实□					
		作业前必须编制专项作业方案及应急预案，并按规定审批	已落实□ 未落实□					
		作业前编制施工方案	已落实□ 未落实□					
		发包单位应与承包方签订安全生产管理协议或在承包合同中明确各自的安全生产职责；发包单位应对承包单位的作业方案和实施的作业进行审批	已落实□ 未落实□					
2	技术要交底	架空线路作业人员进入现场前，应进行安全教育培训，并经考试合格后，方可进入现场参加指定的工作	已落实□ 未落实□					
		组织召开现场班前会，工作负责人对架空线路作业人员进行安全技术交底，按工作票内容做好"二交一查（交任务、交危险点、查安全措施）"，待全体作业人员清楚并签名后，方可下令开始工作	已落实□ 未落实□					

序号	工作规定	具体要求	落实"一线三排"情况					
			排查情况	未落实的处置情况				
				排序	排除			
					责任人	整改措施	整改时间	整改结果
2	技术要交底	作业前应对作业现场进行安全措施布置，如围挡，禁止除工作外的人员进入，在围栏四周醒目位置增设标志牌	已落实□ 未落实□					
3	作业要规范	按照规定办理工作票，工作负责人应确认工作票所列安全措施的正确性、完备性，是否符合现场实际条件，必要时予以补充	已落实□ 未落实□					
		架空线路作业前应检查安全带并配备安全绳、安全帽、绝缘鞋、绝缘手套、对讲机测试、应急装备等安全防护用品，发现问题应及时更换	已落实□ 未落实□					
		患有职业禁忌证和疲劳过度、视力不佳、酒后人员及其他健康状况不良者，禁止高处作业	已落实□ 未落实□					
		作业人员着装应规范，正确穿戴劳动防护用品，精神状态良好	已落实□ 未落实□					
		高处作业应使用工具袋，工具、材料、零件必须装入工具袋，较大的工具应予固定；上、下传递物件应用绳索拴牢传递，不应上下抛掷	已落实□ 未落实□					
		架空线路作业应在良好的天气下进行，遇有恶劣气象条件时，应停止工作	已落实□ 未落实□					
		架空线路作业正下方严禁站人，垂直交叉作业时，应采取防止落物伤人的措施	已落实□ 未落实□					
4	现场要监护	架空线路作业现场要配备专责监护人，工作负责人、专责监护人应始终在工作现场，对工作班成员进行监护	已落实□ 未落实□					
		对高杆塔及施工复杂容易发生事故的工作，应增设专责监护人和确定被监护人员	已落实□ 未落实□					
		专责监护人应明确被监护人员的监护范围，对被监护人员交代工作内容和现场安全措施，装设好现场接地线，被监护人员履行确认手续后方可开始工作	已落实□ 未落实□					
		工作负责人、专责监护人应带头遵守现场各项安全规定，不违章指挥；认真监护，及时制止违章行为，监督、检查现场危险点预控措施的执行	已落实□ 未落实□					

续表

续表

序号	工作规定	具体要求	落实"一线三排"情况					
			排查情况	未落实的处置情况				
				排序	排除			
					责任人	整改措施	整改时间	整改结果
4	现场要监护	专责监护人的安全技术应高于工作人员，在架空线路上带电作业时，要保证工作人员和线路的安全；要对杆上带电作业进行全过程监护，并监视无关人员和车辆，禁止其进入作业场地	已落实□ 未落实□					
		专责监护人要始终监护工作人员的工作位置是否安全；工作人员身体各部分最大活动范围与接地部位的距离是否小于安全距离；工具使用是否正确；操作方法是否正确，发现工作人员有不正确动作时，应及时纠正，必要时令其停止工作	已落实□ 未落实□					
5	验收要彻底	不应有瓷釉光滑、裂纹、缺釉、斑点、烧痕或瓷釉烧坏等缺陷	已落实□ 未落实□					
		钢芯铝绞线表面镀锌层应良好，无锈蚀，检查无异常	已落实□ 未落实□					
		架空线路的构架不应有生锈情况，螺丝不应松动等缺陷	已落实□ 未落实□					
		验收结束后进行认真检查，应确认拆接引线已恢复，临时接地线已拆除，现场无遗留工具和杂物	已落实□ 未落实□					
		进行电气试验合格后，检查现场，确认安全后离开	已落实□ 未落实□					

（7）大风、大雾、雷雨天气禁止上架空线路工作。

（8）禁止擅自拆、改接线。

（9）监护人员禁止擅自离开。

（10）发生安全事故后禁止谎报、隐瞒、不报。

四、送出及场内架空线路定检维护作业隐患排查治理实例

1. 送出及场内架空线路定检维护作业隐患排查治理实例 1

送出及场内架空线路定检维护作业隐患排查治理实例 1 见表 2–25。

2. 送出及场内架空线路定检维护作业隐患排查治理实例 2

送出及场内架空线路定检维护作业隐患排查治理实例 2 见表 2–26。

3. 送出及场内架空线路定检维护作业隐患排查治理实例 3

送出及场内架空线路定检维护作业隐患排查治理实例 3 见表 2–27。

表2-25	送出及场内架空线路定检维护作业隐患排查治理实例1
隐患排查	作业时违规上下抛掷进行传递物件 
隐患排序	一般隐患
违反标准	GB 26859—2011《电力安全工作规程 电力线路部分》 9.2 高处作业 9.2.2 高处作业应使用工具袋，较大的工具应予固定。上下传递物件应用绳索拴牢传递，不应上下抛掷
隐患排除	架空线路定检维护作业人员高处作业应使用工具袋。上下传递物件应用绳索拴牢传递，不应上下抛掷 

表 2-26	送出及场内架空线路定检维护作业隐患排查治理实例 2

架空线路定检维护作业人员未系安全带或未正确佩戴

隐患排查	
隐患排序	一般隐患
违反标准	GB 26859—2011《电力安全工作规程　电力线路部分》 9.2　高处作业 9.2.1　高处作业应使用安全带，安全带应采用高挂低用的方式，不应系挂在移动或不牢固的物件上。转移作业位置时不应失去安全带保护
隐患排除	架空线路定检维护作业人员高处作业应正确使用安全带，安全带采用高挂低用的方式，系挂在牢固的物件上 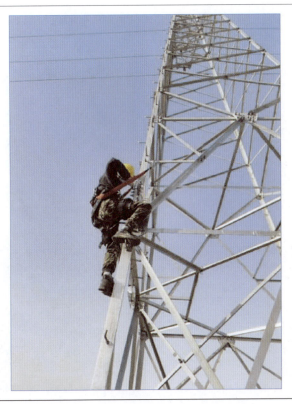

表 2-27　　　　　　　送出及场内架空线路定检维护作业隐患排查治理实例 3

隐患排查	架空线路定检维护作业前未对作业现场进行围挡 
隐患排序	一般隐患
违反标准	GB 26859—2011《电力安全工作规程　电力线路部分》 6.1　一般要求 6.1.1　在线路和配电设备上工作，应有停电、验电、装设接地线及个人保安线、悬挂标示牌和装设遮栏（围栏）等保证安全的技术措施
隐患排除	架空线路定检维护作业前对作业现场进行围挡 

第九节　动火作业

一、动火作业概述

DL 5027—2015《电力设备典型消防规程》规定：动火作业是指能直接或间接产生明火的作业，包括熔化焊接、压力焊、钎焊、切割、喷枪、喷灯、钻孔、打磨、锤击、破碎和切削等作业。发电企业是消防安全重点单位，应严格管理。

（一）动火作业分级

根据火灾危险性、发生火灾损失、影响等因素，可将动火作业分为一级动火、二级动火两个级别。

1．一级动火区

火灾危险性很大，发生火灾造成后果很严重的部位、场所或设备应为一级动火区。

2．二级动火区

一级动火区以外的防火重点部位、场所或设备及禁火区域应为二级动火区。

（二）电力企业消防安全重点部位

消防安全重点部位应当建立岗位防火职责，设置明显的防火标志，并在出口、入口位置悬挂防火警示标示牌。标示牌内容应包括消防安全重点部位的名称、消防管理措施、灭火和应急疏散方案及防火责任人。电力企业消防安全重点部位主要有：

（1）油罐区（包括燃油库、绝缘油库、汽轮机油库）。

（2）氢气系统及制氢站。

（3）锅炉燃油及制粉系统、汽轮机油系统。

（4）变压器等注油设备。

（5）电缆间以及电缆通道、调度室、控制室、集控室、计算机房、通信机房。

（6）换流站阀厅、电子设备间、铅酸蓄电池室、天然气调压站、储氨站、液化气站、乙炔站、档案室、油处理室、易燃、易爆物品存放场所。

（7）发生火灾可能严重危及人身、电力设备和电网安全以及对消防安全有重大影响的部位。

（三）动火作业基本要求

1．人员要求

（1）各级审批人员及工作票签发人。

1）应审查动火作业的必要性和安全性。

2）应审查申请工作时间的合理性。

3）应审查工作票上所列安全措施正确、完备。

4）应审查工作负责人、动火执行人符合要求。

5）应指定专人测定动火部位或现场可燃性、易爆气体含量或粉尘浓度符合安全要求。

（2）工作负责人：

1）应正确安全地组织动火工作。

2）应确认动火安全措施正确、完备，符合现场实际条件，必要时进行补充。

3）应核实动火执行人持允许进行焊接与热切割作业的有效证件，督促其在动火工作票上签名。

4）应向有关人员布置动火工作，交代危险因素、防火和灭火措施。

5）应始终监督现场动火工作。

6）应办理动火工作票开工和终结手续。

7）应在动火工作间断、终结时检查现场无残留火种。

（3）运行许可人：

1）应核实动火工作时间、部位。

2）应核实工作票所列有关安全措施正确、完备，符合现场条件。

3）应核实动火设备与运行设备确已隔绝，完成相应安全措施。

4）应向工作负责人交代运行所做的安全措施。

（4）消防监护人：

1）应检查确认动火现场配备必要、足够、有效的消防设施、器材。

2）应检查现场防火和灭火措施正确、完备。

3）应检查确认动火部位或现场可燃性、易爆气体含量或粉尘浓度符合安全要求。

4）始终监督现场动火作业，发现违章立即制止，发现起火及时扑救。

5）动火工作间断、终结时检查现场无残留火种。

（5）动火作业执行人：

1）动火执行人属特种作业人员，必须具有相应资质。

2）在动火前必须收到经审核批准且允许动火的动火工作票。

3）核实动火时间、动火部位，做好动火现场及本工种要求做好的防火措施。

4）全面了解动火工作任务和要求，在规定的时间、范围内进行动火作业。

5）动火作业时，应戴防尘（电焊尘）口罩，穿帆布工作服、工作鞋，戴工作帽、手套，上衣不应扎在裤子里。口袋应有遮盖，脚面应有鞋罩，以免焊接时被烧伤。

6）发现不能保证动火安全时应停止动火，并报告部门领导。

7）动火工作间断、终结时清理并检查现场无残留火种。

各级人员发现动火现场消防安全措施不完善、不正确，或在动火工作过程中发现有危险或有违反规定现象时，应立即阻止动火工作，并报告消防管理或安监部门。

2．作业环境要求

（1）动火作业区域必须通风良好，无易燃、易爆物品，配备相应的消防器材。

（2）动火作业前应清除动火现场、周围及上、下方的易燃、易爆物品。

（3）风力超过5级时，禁止露天进行动火作业；风力在5级以下3级以上时，进行露天动火作业必须搭设挡风屏，防止火星飞溅引起火灾。

（4）下雨、雪时，不可露天进行动火作业，如确需进行动火作业，应采取防雨、雪的措施，同时注意防止工作人员触电。

（5）在可能引起火灾的场所附近进行动火作业时，必须备有必要的消防器材。

（6）在易燃、易爆材料附近进行动火作业时，其最小水平距离不应小于5m，并根据现场情况，采取安全可靠措施（用围屏或石棉布遮盖）。

（7）高处动火应采取防止火花溅落措施，并应在火花可能溅落的部位安排监护人。

（8）动火作业现场应配备足够、适用、有效的灭火设施、器材。

二、动火作业安全风险与隐患

动火作业应重点防范火灾、触电、灼烫、中毒和窒息、容器爆炸及其他伤害等事故。

（一）方案未审批

（1）作业前未对动火作业进行安全风险辨识，安全防控措施不全面。

（2）未编制动火作业方案和应急救援预案，或动火作业方案和应急救援预案未审批就开始作业。

（3）未针对动火作业提出相应安全措施，或安全措施不全面。

（4）动火执行人无特种作业操作资格证。

（5）动火工作票未按照流程办理。

（二）安全技术未交底

（1）作业前未对动火作业相关人员进行安全教育培训。

（2）未对参与动火作业的所有人员进行安全技术交底。

（3）未采取相应安全防控措施。

（三）作业不规范

（1）作业人员未正确佩戴劳动防护用品。

（2）作业人员无工作票在带有压力的管道上焊接。

（3）作业人员无工作票在装有易燃物品的容器上焊接。

（4）作业前，未清理作业区域易燃、易爆物质。

（5）作业前现场未配置移动消防器材或消防水未投备用。

（6）动火作业无人监护。

（7）工作面有积水进行动火作业。

（8）未做好高温焊渣防飞溅措施。

（9）隔离措施和防火措施失效。

（10）电焊机绝缘不良。

（11）电焊机接地线未接或脱落。

（12）电焊机电源线、电源插头、电焊钳破损。

（13）电焊机外壳不接地。

（14）乙炔气瓶瓶口、仪表接口密封不严，气带破损，与电焊线缠绕。

（15）使用没有减压器的氧气瓶和没有回火阀的溶解乙炔气瓶。

（16）使用没有防震胶圈和保险帽的气瓶。

（17）使用中乙炔软管有鼓包、裂缝或漏气等。

（18）使用中氧气瓶与乙炔气瓶的安全距离不足。

（19）割炬回火装置失灵。

（20）电焊机、焊钳与电缆线连接不牢固。

（21）多台电焊机接地线串接接入接地体。

（22）电焊线缠绕在身上。

（23）焊接产生有毒烟尘。

（24）焊接时引弧产生强烈弧光。

（25）停止、间断焊接作业未停电源。

（26）利用厂房的金属结构、管道、轨道或其他金属搭接起来作为导线使用。

（27）焊接工作结束后，现场遗留火种。

（四）现场监护不到位

（1）作业现场未设专人监护，或监护人中途离开现场。

（2）一级动火首次动火前，审批人或动火工作票签发人未到现场检查确认防火措施。

（3）二级动火时，消防监护人或工作负责人离开作业现场。

（4）未监护作业人员是否正确佩戴劳动防护用品。

（5）作业过程发生危及人身或设备安全的隐患时，处理不及时或处理不当。

（6）动火作业前或者期间，没有专人检测易燃、易爆气体含量。

（五）验收不彻底

（1）工作结束后，作业人员未清理作业现场杂物。

（2）工作结束后，有工具或杂物遗留在作业现场。

（3）工作结束后，未恢复现场原状。

（4）工作结束后，未检查现场是否留有火种。

三、动火作业"一线三排"工作指引

（一）动火作业"一线三排"工作指引图

动火作业"一线三排"工作指引的主要内容，见图2-14。

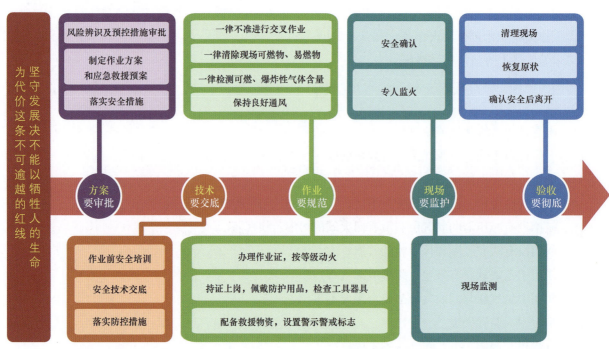

图2-14 动火作业"一线三排"工作指引图

（二）动火作业"一线三排"工作指引表

动火作业"一线三排"工作指引的具体要求，见表2-28。

（三）动火作业"一线三排"负面清单

（1）未经批准不动火。

（2）动火作业人员无特种作业操作证不动火。

（3）监护人不在作业现场不动火，作业现场未配备消防器材不动火。

（4）不了解物料内部结构及周围情况不动火。

表 2-28　　　　　　　　　　　动火作业"一线三排"工作指引表

序号	工作规定	具体要求	落实"一线三排"情况					
			排查情况	未落实的处置情况				
				排序	排除			
					责任人	整改措施	整改时间	整改结果
1	方案要审批	应对动火作业全过程进行风险辨识，按规定制定动火作业方案和应急救援预案，并报送审批	已落实□ 未落实□					
		应按规定配备动火作业所涉及的设备设施和提出工艺处置措施	已落实□ 未落实□					
		应落实安全防火措施，拆除管线进行动火作业时，应先查明其内部介质及其走向，并根据所要拆除管线的情况制定安全防火措施	已落实□ 未落实□					
2	技术要交底	作业前应对作业人员进行安全教育培训，主要包括安全法律法规、安全管理规章制度、危险有害因素、操作规程、注意事项及安全措施、个体防护器具的使用、事故逃生及救助等内容	已落实□ 未落实□					
		应预先通知动火点所在生产调度部门及有关单位，对所有参与动火作业的人员进行技术交底，交代危险因素、防火和灭火措施	已落实□ 未落实□					
3	作业要规范	办理动火工作票，涉及两种或两种作业以上时，应执行相应作业的作业要求，并同时办理相应的作业审批手续	已落实□ 未落实□					
		动火执行人应戴防尘口罩；穿帆布工作服、工作鞋；戴工作帽、手套；上衣不应扎在裤子里；口袋有遮盖，脚面有鞋罩	已落实□ 未落实□					
		作业前应对作业现场及作业涉及的设备、设施、工器具等进行检查						
		作业前应配备消防器材和救援物资，设置警示标志，必要时设置警戒区域，满足作业现场应急需求	已落实□ 未落实□					
		进行动火分析。动火分析的监测点要有代表性，在较大的设备内动火，应对上、中、下各部位进行监测分析； 在较长的物料管线上动火，应在彻底隔绝区域内分段分析；在设备外部动火，应在不小于动火点10m范围内进行动火分析。 动火分析与动火作业间隔不得超过30min，如现场条件不允许，则不应超过60min；间隔或中断时间超过60min，应重新取样分析。 每日动火前均应进行动火分析。特殊动火作业期间应随时进行监测；使用便携式可燃气体检测仪或其他类似手段进行分析时，检测设备应经标准气体样品标定合格	已落实□ 未落实□					
		一律不准进行交叉作业	已落实□ 未落实□					
		作业前一律清除现场可燃物、易燃物	已落实□ 未落实□					

续表

序号	工作规定	具体要求	落实"一线三排"情况					
			排查情况	未落实的处置情况				
				排序	排除			
					责任人	整改措施	整改时间	整改结果
3	作业要规范	作业前一律检测可燃、爆炸性气体含量,保持作业现场通排风良好	已落实□ 未落实□					
		动火点周围或其下方的地面如有可燃物、空洞、窨井、地沟、水封等,应检查分析并采取清理或封盖等隔离措施;在有可燃物构件和使用可燃物做防腐内衬的设备内部进行动火作业时,应采取防火隔绝措施。凡在盛有或盛装过危险化学品的设备、管道等生产、储存设施及处于 GB 50016—2014《建筑设计防火规范(2018 版)》、GB 50160—2008《石油化工企业设计防火标准》(2018 年版)、GB 50074—2014《石油库设计规范》规定的甲、乙类区域的生产设备上动火作业,应将其与生产系统彻底隔离,并进行清洗、置换,分析合格后方可作业;因条件限制无法进行清洗、置换而确需动火作业时,要执行特殊动火作业的安全要求	已落实□ 未落实□					
		动火期间距动火点 30m 内不应排放可燃气体;距动火点 15m 内不应排放可燃液体;在动火点 10m 范围内及动火点下方不应同时进行可燃溶剂清洗或喷漆等作业	已落实□ 未落实□					
		使用气焊、气割动火作业时,乙炔瓶应直立放置,氧气瓶与之间距不应小于 5m,二者与作业地点间距不应小于 10m,并应设置防晒设施	已落实□ 未落实□					
		针对特殊动火作业,在生产不稳定的情况下不应进行带压不置换动火作业,应在正压条件下进行作业,严禁负压动火作业	已落实□ 未落实□					
		在生产、使用、储存氧气的设备上进行动火作业时,设备内氧含量不应超过 23.5%	已落实□ 未落实□					
		焊接工作结束或中断焊接工作时,应关闭氧气和乙炔气瓶、供电气路的阀门,确保气体不外漏;重新开始工作时,应再次确认没有可燃气体外漏时方可动火工作	已落实□ 未落实□					
		特殊动火作业和特殊设备操作人员应持证上岗	已落实□ 未落实□					
		动火作业应按动火等级实施分级管理,遇节日、假日或其他特殊情况,动火作业应升级管理	已落实□ 未落实□					
4	现场要监护	动火作业应有专人监护,必要时可请专职消防队到现场监护;监护人应由熟悉动火现场、安全技术和应急处置措施的人员担任;作业完成前,监护人不得离开监护岗位,如确需离开必须停止作业	已落实□ 未落实□					

续表

续表

序号	工作规定	具体要求	落实"一线三排"情况					
			排查情况	未落实的处置情况				
				排序	排除			
					责任人	整改措施	整改时间	整改结果
4	现场要监护	一级动火时，消防监护人、工作负责人、动火部门安监人员必须始终在现场监护；二级动火时，消防监护人、工作负责人必须始终在现场监护	已落实□ 未落实□					
		一级动火时，在首次动火前，各级审批人和动火工作票签发人均应到现场检查防火、灭火措施是否正确、完备；检测易燃、易爆气体含量或粉尘浓度的检测值是否合格，并在监护下做明火试验，满足可动火条件后方可动火	已落实□ 未落实□					
		动火作业过程中，每2h进行一次动火分析。动火分析合格标准为：当被测气体或蒸气的爆炸下限大于或等于4%时，其被测浓度不应大于0.5%（体积分数）；当被测气体或蒸气的爆炸下限小于4%时，其被测浓度不应大于0.2%（体积分数）	已落实□ 未落实□					
		发生危险情况或事故时必须立即停止动火，撤离人员，并通知当班班长及相关负责人，启动应急预案	已落实□ 未落实□					
5	验收要彻底	作业完毕应清理现场，及时撤离工具设备，清理废料、杂物、垃圾、油污	已落实□ 未落实□					
		作业完毕应恢复现场原状，恢复作业时拆移的安全设施的安全使用功能	已落实□ 未落实□					
		动火作业完毕，动火执行人、消防监护人、动火工作负责人应检查现场无残留火种，确认安全后离开	已落实□ 未落实□					

（5）未办理动火工作票不动火。

（6）盛装可燃液体、气体的容器、管道未进行清洗、通风，检测达不到要求不动火。

（7）压力容器未采取泄压措施不动火。

（8）动火点附近的可燃物和易燃、易爆物品未清除或安全距离达不到要求不动火。

（9）与动火点相连的管道、阀门或相邻层孔洞未采取封堵隔断安全措施不动火。

（10）附近有与明火作业相抵触的工种在作业时不动火。

（11）明知有危险且影响外单位安全时不动火。

四、动火作业隐患排查治理实例

1. 动火作业隐患排查治理实例1

动火作业隐患排查治理实例1见表2-29。

表 2-29 动火作业隐患排查治理实例 1

隐患排查	动火作业时，气瓶随意倒置，没有固定，且气瓶瓶身字样脱落 
隐患排序	一般隐患
违反标准	GB 26164.1—2010《电业安全工作规程　第 1 部分：热力和机械》 14.4　氧气瓶和乙炔气瓶的使用 14.4.5　氧气瓶应涂天蓝色，用黑颜色标明"氧气"字样；乙炔气瓶应涂白色，并用红色标明"乙炔"字样；氮气瓶应涂黑色，并用黄色标明"氮气"字样；二氧化碳气瓶应涂铝白色，并用黑色标明"二氧化碳"字样；其他气体的气瓶也均应按规定涂色和标字；气瓶在保管、使用中，严禁改变气瓶的涂色和标志，以防止层涂色脱落造成误充气。 14.4.9　使用中的氧气瓶和乙炔气瓶应垂直放置并固定起来，氧气瓶和乙炔气瓶的距离不得小于 5m
隐患排除	作业前应检查动火设备，气瓶标志应完整；使用中的气瓶应垂直放置并用专用支架固定 

2. 动火作业隐患排查治理实例 2

动火作业隐患排查治理实例 2 见表 2-30。

表 2-30 动火作业隐患排查治理实例 2

隐患排查	焊接时，将带电的绝缘电线搭在身上或踏在脚下 

续表

隐患排序	一般隐患
违反标准	GB 26164.1—2010《电业安全工作规程　第 1 部分：热力和机械》 14.2　电焊 14.2.18　不准将带电的绝缘电线搭在身上或踏在脚下；电焊导线经过通道时，应采取防护措施，防止外力损坏
隐患排除	作业人员不准将带电的绝缘电线搭在身上或踏在脚下，监护人应加强现场监护；电焊导线如经过通道时，应采取在导线上加盖板等防护措施

第十节　有限空间（锅炉补浇注料）作业

一、有限空间（锅炉补浇注料）作业概述

有限空间是指封闭或部分封闭，进口、出口受限但人员可以进入，未被设计为固定工作场所，通风不良，易造成有毒有害、易燃、易爆物质积聚或氧含量不足的空间。锅炉属于有限空间中的密闭设备类，见图 2-15。有限空间（锅炉补浇注料）作业指进入锅炉内进行锅炉补浇注料的作业。

图 2-15　电厂锅炉

有限空间具备以下特点：

（1）空间有限，与外界相对隔离。有限空间是一个有形的，与外界相对隔离的空间。

（2）进口、出口受限或进出不便，但人员能够进入开展有关工作。

（3）未按固定工作场所设计，人员只是在必要时进入有限空间进行临时性工作。有限空间在设计上未按照固定工作场所的相应标准和规范来考虑采光、照明、通风和新风量等要求，有限空间建成后，其内部的气体环境不能确保符合安全要求，人员只是在必要时进入，进行临时性工作。

（4）通风不良，易造成有毒有害、易燃、易爆物质积聚或氧含量不足。有限空间因封闭或部分封闭、进口、出口受限且未按固定工作场所设计，内部通风不良，容易造成有毒、有害、易燃、易爆物质积聚或氧含量不足，产生中毒、燃爆和缺氧风险。

二、有限空间（锅炉补浇注料）作业安全风险与隐患

有限空间（锅炉补浇注料）作业应重点防范中毒、缺氧窒息、燃爆等事故。

（一）方案未审批

（1）有限空间（锅炉补浇注料）作业前未制定作业方案，或方案未进行审批，擅自进行有限空间作业。

（2）制定的有限空间（锅炉补浇注料）作业方案内容不完善，未包含对作业场所和作业过程中可能存在的危险有害因素辨识，或未制定安全控制措施。

（3）作业前未编制有限空间作业安全事故专项应急预案或现场处置方案。

（4）有限空间（锅炉补浇注料）作业的承包单位不具备必要的安全生产条件。

（5）发包单位与有限空间（锅炉补浇注料）作业承包方未签订安全生产管理协议，未明确各自的安全生产职责。

（6）未建立有限空间管理台账并及时更新。

（二）安全技术未交底

（1）作业前未对有限空间作业分管负责人、安全管理人员、作业现场负责人、监护人员、作业人员、应急救援人员进行专项安全培训。

（2）作业现场负责人未对实施作业的全体人员进行安全交底，或交底内容不全。

（3）未进行有限空间（锅炉补浇注料）作业事故应急救援培训，或未按要求组织应急演练。

（三）作业不规范

（1）未按规定办理有限空间作业票。

（2）有限空间作业，未配备相应气体检测设备、呼吸防护用品、坠落防护用品、其他个体防护用品和通风设备、照明设备、通信设备以及应急救援装备等。

（3）作业前未对配备的安全防护设备、个体防护用品、应急救援装备、作业设备和用具进行检查，或未正确使用。

（4）检修工作前，没有把该锅炉与蒸汽母管、给水母管、排污母管、疏水总管、加药管等的联通处用堵板隔断；没有将该锅炉与各母管、总管间的阀门关严并上锁，没有挂上警告牌并打开门后疏水门。

（5）没有将电动机电源切断，并挂上警告牌。

（6）有限空间内盛装或残留的物料对作业存在危害时，未在作业前对物料进行清洗、清空或置换。

（7）有限空间作业前及作业过程中未进行有效的气体检测或监测；未遵守"先通风、再检测、后作业"原则。

（8）作业过程中未采取通风措施，保持空气流通。

（9）通风检测时间、检测指标等不符合国家标准或行业标准有关规定。

（10）作业现场未设置围挡设施，未设置符合要求的安全警示标志或安全告知牌。

（11）安全进口、出口未开启。

（12）存在交叉作业时，未采取避免互相伤害的有效措施。

（13）有限空间内未使用安全电压的照明灯具。

（四）现场监护不到位

（1）有空间作业时，外面未设专人监护；或监护人员擅离职守。

（2）作业现场负责人在未确认作业环境、作业程序、安全防护设备和个体防护用品、救援装备等情况下，就批准作业人员进入有限空间。

（3）作业过程中，监护人未对有限空间作业面进行实时监测；未确认作业过程中的持续通风情况。

（4）监护人员发现通风设备停止运转，有限空间内氧含量浓度低于规定限值，或有毒有害气体浓度高于规定限值时，未及时告知有限空间内的作业人员及时撤离。

（5）发现有限空间内人员晕倒等情况时，未佩戴有效的呼吸防护用品就盲目施救。

（五）验收不彻底

（1）作业完成后，未将设备和工具带离有限空间。

（2）作业完成后，未检查确认有限空间内外安全情况，便封闭有限空间。

（3）未解除作业前采取的隔离、封闭措施，未恢复现场环境。

（4）作业完成后，未清点有限空间内的人员。

三、有限空间（锅炉补浇注料）作业"一线三排"工作指引

（一）有限空间（锅炉补浇注料）作业"一线三排"工作指引图

有限空间（锅炉补浇注料）作业"一线三排"工作指引的主要内容，见图2-16。

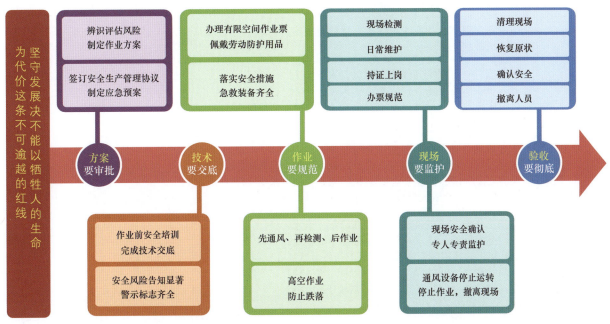

图 2-16 有限空间（锅炉补浇注料）作业"一线三排"工作指引图

（二）有限空间（锅炉补浇注料）作业"一线三排"工作指引表

有限空间（锅炉补浇注料）作业"一线三排"工作指引的具体要求，见表2-31。

表 2-31　　　　　　　　有限空间（锅炉补浇注料）作业"一线三排"工作指引表

序号	工作规定	具体要求	落实"一线三排"情况					
			排查情况	未落实的处置情况				
				排序	排除			
					责任人	整改措施	整改时间	整改结果
1	方案要审批	作业前应对作业环境进行安全风险辨识，分析存在的危险有害因素，提出管控措施	已落实□ 未落实□					
		根据辨识情况按规定编制作业方案，并按规定报送审批	已落实□ 未落实□					

序号	工作规定	具体要求	落实"一线三排"情况					
			排查情况	未落实的处置情况				
				排序	排除			
					责任人	整改措施	整改时间	整改结果
1	方案要审批	将有限空间作业发包的,承包单位应具备相应的安全生产条件,发包单位对发包作业安全承担主体责任;发包单位应与承包方签订安全生产管理协议或者在承包合同中明确各自的安全生产职责,发包单位应对承包单位的作业方案和实施的作业进行审批	已落实□ 未落实□					
		应制定有限空间作业安全事故专项应急预案或现场处置方案	已落实□ 未落实□					
2	技术要交底	作业前应对有限空间作业分管负责人、安全管理人员、作业现场负责人、监护人员、作业人员、应急救援人员进行专项安全培训,参加培训的人员应在培训记录上签字确认	已落实□ 未落实□					
		作业现场负责人应对实施作业的全体人员进行安全交底,告知作业内容、作业过程中可能存在的安全风险、作业安全要求和应急处置措施等;交底后,交底人与被交底人应签字确认	已落实□ 未落实□					
		检修工作前,应把该锅炉与蒸汽母管、给水母管、排污母管、疏水总管、加药管等的联通处用有尾巴的堵板隔断,或将该锅炉与各母管、总管间的严密不漏的阀门关严并上锁,然后挂上警告牌并打开门后疏水门;电动阀门还应将电动机电源切断,并挂上警告牌	已落实□ 未落实□					
3	作业要规范	根据辨识情况按规定办理有限空间作业票	已落实□ 未落实□					
		作业前应根据有限空间作业环境和作业内容,配备相应气体检测设备、呼吸防护用品、坠落防护用品、其他个体防护用品和通风设备、照明设备、通信设备以及应急救援装备等	已落实□ 未落实□					
		作业前应对安全防护设备、个体防护用品、应急救援装备、作业设备和用具进行检查,发现问题应立即修复或更换;当有限空间可能为易燃、易爆环境时,设备和用具应符合防爆安全要求	已落实□ 未落实□					
		存在可能危及有限空间作业安全的设备设施、物料及能源时,应采取封闭、封堵、切断能源等可靠的隔离(隔断)措施,并上锁挂牌或设专人看管,防止无关人员意外开启或移除隔离设施	已落实□ 未落实□					
		有限空间内盛装或残留的物料对作业存在危害时,应在作业前对物料进行清洗、清空或置换	已落实□ 未落实□					

序号	工作规定	具体要求	落实"一线三排"情况					
			排查情况	未落实的处置情况				
				排序	排除			
					责任人	整改措施	整改时间	整改结果
3	作业要规范	作业过程中,应保持有限空间出口、入口畅通	已落实□ 未落实□					
		存在交叉作业时,应采取避免互相伤害的措施	已落实□ 未落实□					
		有限空间内使用照明灯具电压不应大于36V;在积水、结露等潮湿环境的有限空间和金属容器中作业,照明灯具电压不应大于12V	已落实□ 未落实□					
		严格遵守"先通风、再检测、后作业"的原则;作业过程中应采取通风措施,保持空气流通,禁止采用纯氧通风换气	已落实□ 未落实□					
		通风检测时间不得早于作业开始前30min;检测指标包括氧浓度、易燃、易爆物质(可燃性气体、爆炸性粉尘)浓度、有毒有害气体浓度;检测应当符合相关国家标准或者行业标准规定	已落实□ 未落实□					
4	现场要监护	有限空间外应设有专人监护,监护人员应在有限空间外全程持续监护,不得擅离职守,并随时与有限空间内作业人员保持联络	已落实□ 未落实□					
		在确认作业环境、作业程序、安全防护设备和个体防护用品、救援装备等符合要求后,作业现场负责人方可批准作业人员进入有限空间	已落实□ 未落实□					
		作业过程中,应对有限空间作业面进行实时监测;如作业中断超过30min,作业人员再次进入有限空间作业前,应当重新通风、检测合格后方可进入	已落实□ 未落实□					
		作业过程中应持续进行通风	已落实□ 未落实□					
		如发现通风设备停止运转,有限空间内氧含量浓度低于或者有毒有害气体浓度高于国家标准或者行业标准规定的限值时,必须立即停止作业,清点作业人员,撤离作业现场;严禁盲目施救	已落实□ 未落实□					
5	验收要彻底	作业完成后,作业人员应将全部设备和工具带离有限空间,确保有限空间内无人员和设备遗留	已落实□ 未落实□					
		清理现场后,有限空间所在单位和作业单位共同检查有限空间内外,确认安全后方可封闭有限空间,解除作业前采取的隔离、封闭措施,恢复现场环境	已落实□ 未落实□					
		确认安全、清点人员后撤离作业现场	已落实□ 未落实□					

（三）有限空间（锅炉补浇注料）作业"一线三排"负面清单

（1）未经风险辨识不作业。

（2）未经通风和检测合格不作业。

（3）不佩戴劳动防护用品不作业。

（4）没有监护不作业。

（5）电气设备不符合规定不作业。

（6）未经审批不作业。

（7）未经培训演练不作业。

（8）无工作票和安全措施不作业。

四、有限空间（锅炉补浇注料）作业隐患排查治理实例

1. 有限空间（锅炉补浇注料）作业隐患排查治理实例 1

有限空间（锅炉补浇注料）作业隐患排查治理实例 1 见表 2-32。

表 2-32   有限空间（锅炉补浇注料）作业隐患排查治理实例 1

	有限空间（锅炉补浇注料）作业呼吸防护用具不符合要求
隐患排查	
隐患排序	较小隐患
违反标准	《应急管理部办公厅关于印发〈有限空间作业安全指导手册〉和 4 个专题系列折页的通知》（应急厅函〔2020〕299 号） 4.2.2　作业准备 10. 人员防护 气体检测结果合格后，作业人员在进入有限空间前还应根据作业环境选择并佩戴符合要求的个体防护用品与安全防护设备，主要有安全帽、全身式安全带、安全绳、呼吸防护用品、便携式气体检测报警仪、照明灯和对讲机等
隐患排除	配备符合要求的有限空间（锅炉补浇注料）作业呼吸防护用具 

2. 有限空间（锅炉补浇注料）作业隐患排查治理实例 2

有限空间（锅炉补浇注料）作业隐患排查治理实例 2 见表 2-33。

表 2-33 有限空间（锅炉补浇注料）作业隐患排查治理实例 2

隐患排查	有限空间（锅炉补浇注料）作业过程中未进行持续通风 
隐患排序	一般隐患
违反标准	《应急管理部办公厅关于印发〈有限空间作业安全指导手册〉和 4 个专题系列折页的通知》（应急厅函〔2020〕299 号） 4.2.3 安全作业 2. 实时监测与持续通风 除实时监测外，作业过程中还应持续进行通风
隐患排除	有限空间（锅炉补浇注料）作业过程中，应进行持续通风

3. 有限空间（锅炉补浇注料）作业隐患排查治理实例 3

有限空间（锅炉补浇注料）作业隐患排查治理实例 3 见表 2-34。

表 2-34 有限空间（锅炉补浇注料）作业隐患排查治理实例 3

隐患排查	有限空间（锅炉补浇注料）作业时，外面未设专人监护 
隐患排序	较小隐患
违反标准	《应急管理部办公厅关于印发〈有限空间作业安全指导手册〉和 4 个专题系列折页的通知》（应急厅函〔2020〕299 号） 4.2.3 安全作业 3. 作业监护 监护人员应在有限空间外全程持续监护，不得擅离职守，主要做好两方面工作： （1）跟踪作业人员的作业过程，与其保持信息沟通，发现有限空间气体环境产生不良变化或者发生安全防护措施失效和其他异常情况时，应立即向作业人员发出撤离警报，并采取措施协助作业人员撤离。 （2）防止未经许可的人员进入作业区域

续表

	有限空间（锅炉补浇注料）作业过程中，应安排监护人员在有限空间外全程持续监护，不得擅离职守
隐患排除	

第十一节 冷渣机捅渣作业

一、冷渣机捅渣作业概述

由于锅炉排出的炉渣具有大量的物理显热，如果炉渣不进行适当处理，不仅浪费能源，恶化现场运行条件，污染环境，同时处理炽热的炉渣和运输炉渣十分困难，因此，炉渣必须进行冷却。中、大容量的锅炉一般均布置有冷渣机，冷渣机是保证循环流化床锅炉安全高效运行的重要部件。锅炉运行过程中，部分炉渣会沉积于炉床底部，逐渐结焦，为保证锅炉正常运行，需要定期进行除渣作业。

（一）作业人员能力与防护

（1）担任捅渣工作的人员必须经过培训及训练，符合上岗要求。

（2）捅渣时，工作人员应戴手套，佩戴防护面罩、穿防烫伤工作服和长筒靴，并将裤脚套在靴外面，以防热灰进入靴内。

（3）个体防护用品必须具有生产许可证、产品合证。使用时应检查其外观完好、无破损。

（二）作业现场安全管理

（1）作业现场周边应装设固定的防护栏杆或设置警戒线，悬挂"当心烫伤"等安全警示标志牌。

（2）捅渣作业前应先通知运行人员，并在运行监盘处放上"正在除渣"标志，提醒运行人员合理调整运行方式，采用降负荷、投油稳燃等手段，使炉膛保持负压稳定运行。

（3）作业现场应有人员撤离通道，并选好炉风（粉）喷出、灰焦冲出时的躲避点。

（4）灰渣门应装设机械开闭装置。

（5）作业现场照明必须充足。

（三）作业行为安全管理

（1）捅渣用的工具（如铁耙、铁钩等），应完整、牢固，使用前应检查。

（2）当燃烧不稳定或有烟灰向外喷出时，禁止除渣；除渣时应适当提高燃烧室的负压。

（3）如果锅炉结焦严重，必须降低锅炉负荷，减少灰渣量。

（4）开启锅炉看火门、检查门、灰渣门时，人应站在门后，并选好向两旁躲避退路。

（5）灰渣门应有远距离机械开闭装置，应缓慢开启，以防灰渣突然冲出；开启灰渣门前，应先将灰渣斗内的灰渣用水浇透。禁止出红灰。

（6）捣碎灰渣斗内较大的渣块时，事先应做好安全措施；工作人员不应正对灰渣门，应站在灰渣门的一侧。

（7）需要人工处理堵渣时，使用的工具（铁耙、铁钩等）应完整、牢固，使用前应检查，用后应放在指定位置。

（8）捅下煤管或煤斗内的堵煤，要使用专用工具；捅下煤管堵煤时，不准用身体顶着工具或放在胸前用手推着工具，以防打伤；工具用毕，应立即取出；捅煤斗堵煤时，应站在煤斗上面的平台上进行，严禁进入煤斗站在煤层上捅堵煤。

（9）捅渣作业完毕后应通知运行人员。

二、冷渣机捅渣作业安全风险与隐患

冷渣机捅渣作业应重点防范灼烫、物体打击、机械伤害、高处坠落、中毒和窒息等事故，此外，由于冷渣机内存在噪声、粉尘、高温等不良环境因素，容易对作业人员身体健康造成危害，如高温季节进行捅渣作业，可能发生中暑。

（一）方案未审批

（1）作业前未对冷渣机捅渣作业现场、作业内容进行安全风险辨识，安全防控措施不全面。

（2）未编制捅渣作业方案和应急救援预案，或捅渣作业方案和应急救援预案未审批就开始作业。

（3）未针对捅渣作业提出相应安全措施，或安全措施不全面。

（4）捅渣作业人员作业技能不足。

（二）安全技术未交底

（1）作业前未对捅渣作业所有人员进行专项安全教育培训。

（2）未对参与捅渣作业的所有人员进行安全技术交底。

（3）作业现场未采取隔离防护措施。

（三）作业不规范

（1）作业前未办理工作票，未履行作业许可手续。

（2）作业区域未与运行区域进行隔离。

（3）作业前未通知运行人员。

（4）作业前未进行通风。

（5）作业人员未正确佩戴劳动防护用品。

（6）作业现场未配置消防器材。

（7）作业前未检查劳动防护用品、安全防护装备和应急装备等。

（8）作业前未与运行中的系统进行有效隔离（隔断），并挂牌或设专人看管，防止无关人员靠近作业。

（9）灰渣门两旁有杂物堵塞。

（10）现场无监护人。

（11）作业工具使用不当。

（12）作业完成后未通知运行人员。

（13）锅炉燃烧调整不稳定，炉膛压力波动大。

（四）现场监护不到位

（1）作业现场未设专人监护，或监护人中途离开现场。

（2）监护人未确认冷渣机与运行中的系统可靠隔离。

（3）监护人未确认现场工作环境符合要求。

（4）未监护作业人员是否正确佩戴劳动防护用品。

（5）通风设备停止作业时，未及时组织作业人员撤离现场。

（五）验收不彻底

（1）工作结束后，作业人员未清理作业现场杂物。

（2）工作结束后，有工具或杂物遗留在作业现场。

（3）工作结束后，未恢复现场原状。

三、冷渣机捅渣作业"一线三排"工作指引

（一）冷渣机捅渣作业"一线三排"工作指引图

冷渣机捅渣作业"一线三排"工作指引的主要内容，见图2-17。

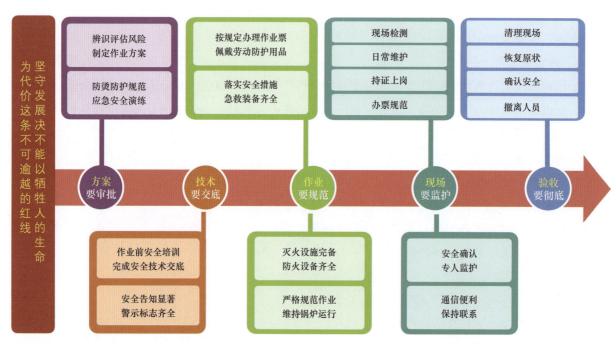

图 2-17 冷渣机捅渣作业"一线三排"工作指引图

（二）冷渣机捅渣作业"一线三排"工作指引表

冷渣机捅渣作业"一线三排"工作指引的具体要求，见表2-35。

表 2-35　　　　　　　　　冷渣机捅渣作业"一线三排"工作指引表

序号	工作规定	具体要求	落实"一线三排"情况					
			排查情况	未落实的处置情况				
				排序	排除			
					责任人	整改措施	整改时间	整改结果
1	方案要审批	作业前应对作业环境进行安全风险辨识，分析存在的危险有害因素，提出管控措施	已落实□ 未落实□					
		应根据辨识情况按规定编制作业方案，并按规定报送审批	已落实□ 未落实□					

续表

序号	工作规定	具体要求	落实"一线三排"情况					
			排查情况	未落实的处置情况				
				排序	排除			
					责任人	整改措施	整改时间	整改结果
1	方案要审批	捅渣作业人员应具备相应的安全生产条件；单位应对作业安全承担主体责任，对作业方案和实施的作业进行审批	已落实☐ 未落实☐					
		应制定冷渣机捅渣作业安全事故专项应急预案或现场处置方案	已落实☐ 未落实☐					
2	技术要交底	作业前应对冷渣机捅渣作业分管负责人、安全管理人员、作业现场负责人、监护人员、作业人员、应急救援人员进行专项安全培训，参加培训的人员应在培训记录上签字确认	已落实☐ 未落实☐					
		作业前，作业现场负责人应对实施作业的全体人员进行安全交底，告知作业内容、作业过程中可能存在的安全风险、作业安全要求和应急处置措施等；交底后，交底人与被交底人应签字确认	已落实☐ 未落实☐					
		作业现场周边应装设固定的防护栏杆或设置警戒线，设置"当心烫伤"等安全警示标志牌	已落实☐ 未落实☐					
3	作业要规范	应根据辨识情况按规定办理冷渣机捅渣作业票	已落实☐ 未落实☐					
		作业前应根据捅渣作业环境和作业内容，配备相应的气体检测设备、呼吸防护用品、烫伤防护用品、其他个体防护用品和通风设备、照明设备、通信设备以及应急救援装备等	已落实☐ 未落实☐					
		作业前应对安全防护设备、个体防护用品、应急救援装备、作业设备和用具进行检查，发现问题应立即修复或更换	已落实☐ 未落实☐					
		存在可能危及冷渣机捅渣作业安全的设备设施、物料及能源时，应采取封闭、封堵、切断能源等可靠的隔离（隔断）措施，并挂牌或设专人看管，防止无关人员靠近作业	已落实☐ 未落实☐					
		捅渣作业空间内盛装或残留的物料对作业人员存在危害时，应在作业前对物料进行清洗、清空或置换	已落实☐ 未落实☐					
		作业过程中，保持捅渣作业空间出口、入口畅通	已落实☐ 未落实☐					
		存在交叉作业时，采取避免互相伤害的措施	已落实☐ 未落实☐					
		作业过程中应采取通风措施，保持空气流通，禁止采用纯氧通风换气	已落实☐ 未落实☐					

序号	工作规定	具体要求	落实"一线三排"情况					
			排查情况	未落实的处置情况				
				排序	排除			
					责任人	整改措施	整改时间	整改结果
4	现场要监护	捅渣作业时应设有专人监护,监护人应始终在人孔门处进行监护,不得擅离职守	已落实□ 未落实□					
		在确认作业环境、作业程序、安全防护设备和个体防护用品、救援装备等符合要求后,作业现场负责人方可批准作业人员进行作业	已落实□ 未落实□					
		作业过程中,应对冷渣机捅渣作业过程进行实时监测	已落实□ 未落实□					
		发现通风设备停止运转、捅渣作业期间内氧含量浓度低于或者有毒有害气体浓度高于国家标准或者行业标准规定的限值时,必须立即停止作业,清点作业人员,撤离作业现场。严禁盲目施救	已落实□ 未落实□					
5	验收要彻底	作业完成后,作业人员应将全部设备和工具带离捅渣作业现场,确保无人员和设备遗留	已落实□ 未落实□					
		清理现场后,必须由现场监护人和工作负责人确认安全后,解除作业前采取的隔离、封闭措施,恢复现场环境	已落实□ 未落实□					
		确认安全,清点人员后撤离作业现场	已落实□ 未落实□					

（三）冷渣机捅渣作业"一线三排"负面清单

（1）未经风险辨识不作业。

（2）未经应急演练不作业。

（3）不佩戴劳动防护用品不作业。

（4）没有监护不作业。

（5）没有灭火设施不作业。

（6）未经审批不作业。

（7）未经培训演练不作业。

四、冷渣机捅渣作业隐患排查治理实例

1. 冷渣机捅渣作业隐患排查治理实例1

冷渣机捅渣作业隐患排查治理实例1见表2-36。

2. 冷渣机捅渣作业隐患排查治理实例2

冷渣机捅渣作业隐患排查治理实例2见表2-37。

3. 冷渣机捅渣作业隐患排查治理实例3

冷渣机捅渣作业隐患排查治理实例3见表2-38。

表 2-36	冷渣机捅渣作业隐患排查治理实例 1
隐患排查	捅渣作业时，工作人员正对灰渣门或用身体顶着工具捅渣 
隐患排序	一般隐患
违反标准	GB 26164.1—2010《电业安全工作规程　第 1 部分：热力和机械》 7.5　除灰、渣 7.5.9　捣碎灰渣斗内较大的渣块时，事先应做好安全措施；工作人员不应正对灰渣门，应站在灰渣门的一侧，斜着使用工具
隐患排除	捅渣作业时，工作人员应站在灰渣门的一侧，斜着使用工具，防止捅渣时造成人员烫伤 

表 2-37	冷渣机捅渣作业隐患排查治理实例 2
隐患排查	捅渣作业时，灰渣门旁堆放杂物，影响躲避通道 
隐患排序	一般隐患

续表

违反标准	GB 26164.1—2010《电业安全工作规程　第1部分：热力和机械》 7.5　除灰、渣 7.5.5　除灰地点和灰渣门旁的通道须明亮；灰渣门两旁应无障碍物，以便必要时工作人员向两旁躲避
隐患排除	捅渣作业时，灰渣门两旁应无障碍物 

表2-38　　　　　　　　　冷渣机捅渣作业隐患排查治理实例3

隐患排查	作业人员推运未熄灭的灰渣 
隐患排序	较小隐患
违反标准	GB 26164.1—2010《电业安全工作规程　第1部分：热力和机械》 7.5　除灰、渣 7.5.10　放入灰车内的灰渣，如尚未完全熄灭，应用水浇灭；不准推运灰渣尚未熄灭的灰车。掉落在除灰地点的灰渣应用水浇灭，并随时清除
隐患排除	对于未熄灭的灰渣，应用水浇灭后再推运，灰渣未熄灭时不得推运 

第十二节　煤场（卸煤）

一、煤场（卸煤）概述

火力发电厂的原煤卸车对于保障电厂原煤的正常生产供应至关重要。火力发电厂煤场卸煤作业主要是将通过铁路、公路、水路等方式送来的煤进行接卸；不同运送方式的来煤，其卸煤所使用的设备和卸煤方式也不相同。

（1）铁路来煤主要通过由拨车机、翻车机、迁车台、推车机、夹轮器、逆止器等组成的卸车系统进行卸煤。

（2）公路来煤设有专用的厂内汽车集煤站，并配有一条缝式卸煤沟，公路来煤采用自卸车或人工卸车进行卸煤。

（3）水路来煤通过卸船机进行卸煤。

煤场卸煤作业主要包括卸煤设备卸煤、人工卸煤、火车（汽车、船舶）余煤及杂物清理、煤块清理、翻卸区域清扫等。

二、煤场（卸煤）安全风险与隐患

煤场卸煤作业应重点防范触电、机械伤害、高处坠落、物体打击、火灾等事故，此外，由于煤场有噪声、粉尘等不良环境因素，存在职业健康危害。

（一）安全管理不到位

（1）承包单位资质和安全生产条件不符合。

（2）组织机构不健全。

（3）煤场卸煤安全生产管理制度不健全。

（4）未与承包单位签订安全生产管理协议或未明确安全生产管理职责。

（5）未明确安全投入保障、安全设施和施工条件、隐患排查与治理、安全教育与培训、应急救援、安全检查与考评等内容。

（6）承包安全生产管理人员资质不符合要求。

（7）特种设备作业人员未持证上岗。

（8）发包单位未将承包单位纳入本单位安全管理体系进行统一管理。

（9）发包单位未对承包单位提供煤场卸煤相关安全生产和应急救援资料。

（10）发包单位未对承包单位卸煤作业进行全过程监督。

（11）煤场卸煤作业安全生产考核机制不健全。

（12）未对承包单位作业人员进行入厂三级安全教育培训。

（13）作业前，未对所有相关人员进行安全技术交底。

（14）应急救援物资、装备准备不足。

（15）风险辨识、预控措施不到位。

（二）现场条件不符合规定

（1）煤场光线不好，照明不足。

（2）煤场消防设备配备不足，消防通路堵塞。

（3）煤场周边堆放易燃、易爆物品。

（4）煤场内煤堆底部与靠近煤堆的铁轨、非承重挡风墙、干煤棚、立柱支架等之间距离不足。

（5）卸煤沟或卸煤孔上箅子破损或无箅子。

（6）煤场地下敷设电缆、蒸汽管道、易燃或可燃液体（气体）管道。

（7）煤场运输通道不畅通、障碍物清理不及时。

（三）安全培训不到位

（1）煤场卸煤单位未对从业人员开展安全生产教育和培训。

（2）入厂后未对煤场卸煤人员进行三级安全教育。

（3）未定期组织应急预案演练。

（四）作业不规范

1. 铁运煤场（卸煤）

（1）作业人员入厂后，不戴或不正确佩戴安全帽。

（2）作业人员带病卸车或精神状态不佳或酒后作业。

（3）铁道与汽车道或人行道的交叉地点未设置"小心火车"的标示牌。

（4）铁道两侧的人行道堵塞。

（5）火车入厂后，车未挂钩，装卸人员打开门或从车底下钻过。

（6）机车未完全停止时，作业人员上下车辆，进行卸煤作业或跳车。

（7）机车在摘钩离开前，卸煤工人靠近车辆。

（8）列车未停稳或未确认列车制动可靠后，就进行卸煤作业。

（9）作业人员在铁道上或车底下休息，从车辆下面或两节车的中间穿过。

（10）作业人员抢道、钻车或从车厢间穿过，在轨道上、车底下、道档处停留。

（11）司机离开机车时，未将机车可靠制动，未将车门上锁。

（12）煤车摘钩、挂钩或启动前，调车人员未检查确认车底或各节车辆中间是否有人，就发令操作。

（13）厂内铁道或迁车台运行中，人员或车辆在火车两侧安全距离内行走。

（14）机车车辆经过人工采样平台（采样机）时，人工采样平台梯子（采样头）未收回。

2. 汽运煤场（卸煤）

（1）作业人员入厂后，不戴或不正确佩戴安全帽。

（2）作业人员带病卸车或精神状态不佳或酒后作业。

（3）运煤汽车在厂区道路、卸煤沟和煤场超速行驶。

（4）运煤汽车过磅时未熄火。

（5）运煤汽车靠近煤垛边缘和容易坍塌的部位，或抢道行车。

（6）运煤汽车未停稳前，作业人员登车卸煤。

（7）人工卸煤过程中，运煤汽车司机开动车辆。

（8）运煤汽车凭惯性卸煤。

（9）卸汽车煤时，在汽车行走中打开车厢挡板；或打开车厢挡板时，站在挡板打开后车内煤垛可能坍塌洒落区域。

（10）无关人员在推煤机、汽车装载机作业区域逗留。

（11）斗轮机、堆取料机运行时，运煤汽车进入斗轮机、堆取料机作业范围内卸煤。

（12）大雾等恶劣天气下，运煤汽车进入煤场卸煤。

（13）卸煤人员站在煤车上随车走动卸煤。

（14）卸煤人员指挥运煤汽车卸煤。

（15）汽车卸煤区与推煤机作业区界限不清晰，安全距离不足。

（16）人工式卸煤汽车和自卸式卸煤汽车在同时卸煤时安全距离不足。

（17）推煤、卸煤以及机械上煤交叉作业。

（18）采用汽车运煤时，重车与空车未分道行驶。

3. 水运煤场（卸煤）

（1）进入船舱清舱前，未采取防止人员中毒、窒息的措施。

（2）深型舱下舱前，未检测舱内有毒有害气体及粉尘浓度，未通风直接进入。

（3）煤船清舱人员未检查船舱内钢直梯，且两人同时上下舱。

（4）清舱人员上下船舱后，在作业舱口位置逗留。

（5）煤船清舱时乱扔清舱工具。

（6）船舱内作业人员未穿反光背心。

（7）作业人员在船舱内使用明火。

（8）卸煤机抓斗作业过程中舱内人员走动。

（9）夏季煤船清舱时，未采取防止清舱人员中暑的措施。

（10）船上作业人员未配备救生衣。

（11）巨浪、6级以上大风、暴雨雪、浓雾、雷电等恶劣天气时，进行煤船清仓作业。

（12）清舱机司机无特种作业操作资格证书。

（13）安装或拆卸吊具时，卸煤机司机未切断总电源。

（14）清舱人员与工作中的清舱机安全工作距离不足。

（15）清舱机和卸煤机在同一舱口内同时工作。

（16）清舱机快挡进车作业。

（17）在距清仓机停放位置2m区域内用抓斗抓煤。

（18）清舱指挥人员未向卸煤机司机指明清舱机停放的位置，卸煤机司机就操作卸煤。

（19）清舱机结束工作后未熄火停在平地时，在提起的推刀下进行检查或清洗工作。

（20）清舱机在上下坡时停车。

（21）斜坡超过25°时，清舱机横向上坡。

（22）清舱机上下超过35°的坡。

三、煤场（卸煤）"一线三排"工作指引

（一）煤场（卸煤）"一线三排"工作指引图

煤场（卸煤）"一线三排"工作指引的主要内容，见图2-18。

（二）煤场（卸煤）作业"一线三排"工作指引表

煤场（卸煤）"一线三排"工作指引的具体要求，见表2-39。

（三）煤场（卸煤）作业"一线三排"负面清单

（1）严禁将煤场卸煤作业发包给不具备相应资质的单位。

（2）未签订安全管理协议不作业。

（3）无监督不作业。

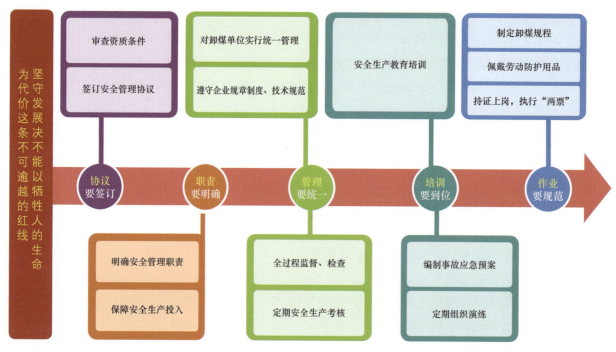

图 2-18 煤场(卸煤)"一线三排"工作指引图

表 2-39   煤场(卸煤)"一线三排"工作指引表

序号	工作规定	具体要求	落实"一线三排"情况					
				未落实的处置情况				
			排查情况	排序	排除			
					责任人	整改措施	整改时间	整改结果
1	协议要签订	应对外包单位进行安全资质及安全生产条件审查,禁止将煤场卸煤工程发包给不具备相应资质的单位	已落实□ 未落实□					
		应对项目部安全生产管理机构的设置,规章制度和操作规程的编制,安全教育培训,主要设备设施及主要负责人、安全生产管理人员、特种作业人员持证上岗等进行审查	已落实□ 未落实□					
		应签订安全管理协议	已落实□ 未落实□					
2	职责要明确	应明确各自的安全生产管理职责	已落实□ 未落实□					
		应明确安全投入保障、安全设施和施工条件、隐患排查与治理、安全教育与培训、应急救援、安全检查与考评等内容	已落实□ 未落实□					
		特种作业人员和特种设备作业人员应持证上岗	已落实□ 未落实□					
		安全管理人员应经培训考核合格后持证上岗	已落实□ 未落实□					

序号	工作规定	具体要求	排查情况	排序	责任人	整改措施	整改时间	整改结果
				落实"一线三排"情况				
					未落实的处置情况			
						排除		
3	管理要统一	应将煤场卸煤单位纳入本单位的安全管理体系，实行统一协调、管理，遵守企业规章制度和技术规范	已落实□ 未落实□					
		应向煤场卸煤单位提供卸煤工程安全生产和应急救援等资料	已落实□ 未落实□					
		煤场卸煤单位应按要求编制卸煤规程，并报送相关人员审批，并组织专家论证	已落实□ 未落实□					
		煤场卸煤单位应落实各项规章制度和安全操作规程，加强现场卸煤作业管理，定期排查并及时整治隐患	已落实□ 未落实□					
		应对煤场卸煤现场实施全过程监督检查	已落实□ 未落实□					
		应对煤场卸煤单位进行安全技术交底	已落实□ 未落实□					
		应及时、足额向煤场卸煤单位提供保障作业安全所需的资金，并监督煤场卸煤单位落实到位	已落实□ 未落实□					
		应健全煤场卸煤安全生产考核机制，并对承包单位进行安全生产考核	已落实□ 未落实□					
		发生事故后，事故现场有关人员应立即向煤场负责人报告；煤场负责人接到事故报告后，应立即如实地向电厂报告	已落实□ 未落实□					
		应按要求组织现场检查，及时整改发现的隐患和问题	已落实□ 未落实□					
4	培训要到位	入厂后应对煤场卸煤人员进行三级安全教育	已落实□ 未落实□					
		煤场卸煤单位应对从业人员开展安全生产教育和培训，保证卸煤人员掌握必需的安全生产知识和操作技能	已落实□ 未落实□					
		应制定机械事故应急预案与火灾事故应急预案，并将煤场卸煤单位编制的现场应急处置方案纳入本单位应急预案体系，并定期组织演练	已落实□ 未落实□					
		煤场实行总承包的，总包方应统一组织编制应急预案，应按应急预案要求，分别建立应急救援组织或者指定应急救援人员；配备救援设备设施和器材，并定期组织演练	已落实□ 未落实□					
5	作业要规范	现场作业人员必须佩戴相应的劳动防护用品，装载机人员持证上岗	已落实□ 未落实□					

续表

序号	工作规定	具体要求	落实"一线三排"情况						
			排查情况	未落实的处置情况					
				排序	排除				
					责任人	整改措施	整改时间	整改结果	
5	作业要规范	现场安全管理人员应对作业过程中所使用的工器具、设备、作业环境、安全防护措施、劳动防护用品进行检查,及时整改存在问题	已落实□ 未落实□						
		作业中,应按要求进行现场安全监护,及时发现、制止违章、违规行为	已落实□ 未落实□						
		作业过程中,杜绝违规作业、违规操作现象发生,人员之间应相互监督,确保人身安全	已落实□ 未落实□						
		作业结束后,应及时清点现场工器具数量,避免遗漏	已落实□ 未落实□						

（4）无工作票不作业。

（5）严禁违法分包转包。

（6）未经安全技术交底不作业。

（7）无操作证不作业。

（8）不佩戴劳动防护用品不作业。

（9）使用未经检验合格的特种设备不作业。

（10）严禁将火种带入煤场区域和使用明火灯具照明。

四、煤场（卸煤）作业隐患排查治理实例

1. 煤场（卸煤）作业隐患排查治理实例1

煤场（卸煤）作业隐患排查治理实例1见表2-40。

表2-40　　　　　　　　煤场（卸煤）作业隐患排查治理实例1

隐患排查	作业人员砸煤时未戴防护眼镜

续表

隐患排序	较小隐患
违反标准	GB 26164.1—2010《电业安全工作规程 第1部分：热力和机械》 5.3 储煤场 5.3.5 工人砸煤时应戴防护眼镜；砸煤时要注意站立位置，以防跌倒伤人
隐患排除	砸煤时，作业人员应戴防护眼镜 

2. 煤场（卸煤）作业隐患排查治理实例2

煤场（卸煤）作业隐患排查治理实例2见表2-41。

表2-41 煤场（卸煤）作业隐患排查治理实例2

隐患排查	卸煤作业时，卸煤沟或卸煤孔上没有盖算子 
隐患排序	较大隐患
违反标准	GB 26164.1—2010《电业安全工作规程 第1部分：热力和机械》 5.3 储煤场 5.3.3 卸煤沟或卸煤孔上应盖有坚固的算子，卸煤时不准拿掉；算子的网眼不宜大于200mm×200mm
隐患排除	卸煤时，卸煤沟或卸煤孔上必须有坚固的算子，作业人员才能进行作业

3. 煤场（卸煤）作业隐患排查治理实例 3

煤场（卸煤）作业隐患排查治理实例 3 见表 2-42。

表 2-42　　　　　　　　　煤场（卸煤）作业隐患排查治理实例 3

隐患排查	一辆煤车内同时进行机械卸煤和人工卸煤 
隐患排序	较大隐患
违反标准	GB 26164.1—2010《电业安全工作规程　第 1 部分：热力和机械》 5.3　储煤场 5.3.9　禁止在一量煤车内同时进行机械卸煤和人工卸煤；人工清扫车底的工作，应待卸煤机械离开车辆后始可进行
隐患排除	同一辆煤车，进行机械卸煤时，不得同时进行人工卸煤 

4. 煤场（卸煤）作业隐患排查治理实例 4

煤场（卸煤）作业隐患排查治理实例 4 见表 2-43。

表 2-43　　　　　　　　　煤场（卸煤）作业隐患排查治理实例 4

隐患排查	小推车推煤时，前车与后车安全距离不足 

续表

隐患排序	较小隐患
违反标准	GB 26164.1—2010《电业安全工作规程　第1部分：热力和机械》 5.3　储煤场 5.3.11　用小推车人工推煤或机车推煤时，前后车辆应保持一定的距离（不宜小于10m），禁止蹬上推煤车；煤车应有刹车装置，禁止使用损坏了的煤车。下煤坡道不准超过35°，煤车后不准有人员通过或停留，以免滑车伤人
隐患排除	使用小推车进行人工推煤时，前车与后车应保持至少10m安全距离

第十三节　汽轮机检修作业

一、汽轮机检修作业概述

燃煤火力发电汽轮机宜实行定期检修，汽轮机检修主要包括汽轮机本体检修；主汽阀、调速汽阀检修；调速、保安、润滑、顶轴、密封油系统检修；水泵、油泵、风机检修；液力偶合器检修；高压加热器、低压加热器、除氧器检修；凝汽器检修；其他压力容器、换热器检修；阀门检修；管道及支吊架检修；冷却塔检修；空冷凝汽器检修等。

（一）汽轮机本体检修工作

（1）汽轮机设备部件如汽缸及其附件、滑销、隔板、转子、动叶片、汽封、轴瓦、轴承箱、盘车装置等检查、测量、调整、研磨、修复、金属探伤检验等。

（2）与汽缸连接的管道焊接、高压导汽管的金属探伤检验等。

（3）汽轮机下缸移位检修。

（4）更换汽缸法兰螺栓超过总数的30%。

（5）汽缸喷嘴组、隔板（静叶片）更换。

（6）隔板主焊缝相控阵检查。

（7）转子动平衡，直轴。

（8）叶轮、整套联轴器螺栓、新轴瓦或重新浇铸乌金、轴承箱、整套盘车装置等更换。

（9）重装或整级更换叶片，叶片或叶片组的静频测试和调频。

（二）主汽阀、调速汽阀检修工作

（1）阀杆、汽封套或阀套、各种铰链连接件、阀芯与阀座、阀盖、阀体、杆、滤网、操纵座等的测量、检查、研磨、调整、修复、清理、金属探伤检验。

（2）阀门拆前、装后的行程测量。

（3）更换阀盖螺栓应超过30%。

（4）阀杆、阀芯、座、操纵座更换。

（5）阀体、阀座裂纹修复。

（三）调速、保安、润滑、顶轴、密封油系统检修工作

（1）调速、保安部套的检查、清理，配合间隙的测量、调整或更换，弹簧检查及弹簧紧力的调整。

（2）危急遮断器的动作转速测试与调整。

（3）调速、保安、润滑、密封油系统的油管接口、焊口、弯头的全面检查和金属检验。

（4）冷油器的清洗、打压查漏。

（5）滤网清理或更换滤芯。

（6）密封油系统、润滑油系统、顶轴油系统油压调节部套检查、清洗、调整。

（7）电磁阀、伺服阀校验与调整。

（8）油箱清理，油质过滤。

（9）蓄能器的检查、充压。

（10）油系统压力容器的试验与金属检验。

（11）更换新的调速、保安部套，更换冷油器的冷却管或更换新冷油器、更换全部润滑油或抗燃油。

（12）清洗全部油管道。

（四）水泵、油泵、风机检修工作

（1）泵体解体检修。

（2）拆换盘根（机械密封）。

（3）轴承、轴封、轴承室及附件等装置的检查、清理、测量、调整、修复、更换。

（4）叶轮（叶片）、导叶的叶片全面检查、金属探伤检验；密封环的密封间隙测量、调整。

（5）给水泵转子的动平衡检验和调整。

（6）齿轮泵、螺杆泵、滑片泵、罗茨泵、旋转活塞泵等容积泵的转子部件检查和配合间隙测量、修复。

（7）喷射泵的喷嘴清理、检查、修复；混合室的清理、检查。

（8）联轴器找中心。

（9）叶轮（叶片）、导叶、新主轴更换。

（五）液力偶合器检修工作

（1）调速机构部件清洗、检查。

（2）齿轮的检查。

（3）滚动轴承检查。

（4）混动轴承检查。

（5）主动轮、从动轮叶片的全面检查、金属探伤检验。

（6）油管道的焊口检查、修复。

（7）油箱清洗、滤油。

（8）冷油器的管束清洗、打压查漏。

（9）滤网的清洗或更换滤芯。

（10）联轴器找中心。

（11）齿轮更换。

（12）转子动平衡试验。

（六）高压加热器、低压加热器、除氧器检修工作

（1）高压加热器、低压加热器管束的查漏、清洗、更换。

（2）除氧器壳体、封头焊口金属检验。

（3）高压加热器、低压加热器水室清理检查。

（4）所有附件及除氧器喷嘴、填料检查、修复。

（5）法兰密封面清理、检查、研磨，更换密封垫片。

（6）高压加热器、低压加热器、除氧器进行定期试验和检验、化学检验。

（7）除氧水箱防腐处理。

（七）凝汽器检修工作

（1）凝汽器的查漏、抽管分析检查。

（2）凝汽器喉部检查、修复，底部支撑部件检查。

（3）阴极及阳极保护及衬胶防腐检查。

（4）附件的检查、修复

（5）凝汽器热井、二次滤网、管束清理与清洗。

（6）清洗装置的检查、修复。

（7）凝汽器管束更换。

（8）凝汽器水室防腐处理。

（八）其他压力容器、换热器检修工作

（1）壳体、封头的焊口金属检验。

（2）板式换热器的换热片清洗。

（3）轴封加热器疏水水封检查、查漏。

（九）阀门检修工作

阀门按用途分为关断用阀门，如闸阀、截止阀、蝶阀、旋塞阀及隔膜阀等；调节用阀门，如节流阀、压力调整阀、水位调整器及疏水器等；保护用阀门，如安全阀、止回阀等。阀门检修涉及的主要工作包括：

（1）拆装法兰。

（2）阀门解体。

（3）阀体、阀杆、阀芯、轴承、执行机构、传动装置、法兰、弹簧等部件的检查、清理、调整、修复。

（4）阀门、盘根、阀杆、阀芯、阀座、阀盖等更换。

（5）阀门焊接坡口打磨。

（十）管道及支吊架检修工作

（1）管道测厚、焊口、弯头金属检验。

（2）主蒸汽管道、循环水管道清理、检查，阴极、阳极保护及防腐检查。

（3）主蒸汽管道、再热蒸管道、给水管道及其三通、弯头、小口径管道的更换。

（4）高压、中压、低压道及管道附件大量更换。

（5）支吊架、支座、弹簧检查、调整或更换。

（6）循环水管道大面积防腐处理。

（十一）冷却塔检修工作

（1）水塔网架、填料、配水装置、喷嘴的检查、修复。

（2）内部管道检查、修复。

（3）出水滤网清理、检查、修复。

（4）步道、栏杆的检查、防腐处理。

（5）塔筒体的支撑防腐检查。

（6）回冷塔散热器及附件的全面检查、修复。

（7）冷水塔爬梯及顶部栏杆防腐。

（8）间冷塔散热片水冲洗。

（9）塔池的淤泥清理。

（10）填料、配水装置、喷嘴、间冷塔散热器更换。

（11）水塔筒体、支撑、内部管道防腐处理。

（十二）空冷凝汽器检修工作

（1）空冷凝汽器散热片、风机室的水冲洗。

（2）排汽装置、波纹膨胀节、辊嘴、风机的检查、调整、修复。

（3）滤网清理。

（4）散热片的更换。

二、汽轮机检修作业安全风险与隐患

汽轮机检修作业应重点防范触电、机械伤害、物体打击、高处坠落、灼烫、中毒和窒息、火灾等事故。

（一）方案未审批

（1）作业前未对汽轮机检修作业环境、作业过程进行安全风险辨识，安全防控措施不全面。

（2）未编制或未审批汽轮机检修作业方案，未编制或未审批检修文件包、质量管理手册；未编制或未审批技术措施、组织措施、安全措施。

（3）未编制或未审批应急救援预案。

（4）未针对汽轮机检修作业提出相应安全措施，或安全措施不全面。

（5）承包单位不具备安全生产条件，资质不符合要求。

（6）发包单位未与承包单位签订安全生产管理协议或未明确安全生产职责。

（7）未编制、审核检修现场定置管理图。

（二）安全技术未交底

（1）作业前未对汽轮机检修作业所有人员进行专项安全教育培训。

（2）未对参与汽轮机检修作业的所有人员进行安全技术交底。

（3）全体检修人员和有关管理人员未学习、考试检修文件包、质量管理手册。

（4）作业现场未采取隔离防护措施。

（三）作业不规范

1．一般安全风险与隐患

（1）新进人员参与作业或安排人员承担不能胜任的工作。

（2）作业人员的身体状况、精神状态不佳。

（3）作业人员酒后上岗。

（4）作业区域上部有落物可能。

（5）作业现场照明不充足。

（6）汽轮机检修前未做好与蒸汽母管、供热管道、抽汽系统等隔断措施，未设置警示标识。

（7）电动机电缆破损、接线盒脱落或电动机外壳接地不合格，电动机外壳带电等。

（8）转动部件及异物飞出打伤人、被转动机械绞住等。

（9）作业人员将手指放入螺栓孔内。

（10）汽轮机各疏水出口处无保护遮盖装置，放疏水时烫伤人。

（11）未经过有关主管领导批准且未得到值长同意，就在运行中的汽轮机上进行检修作业。

（12）对运行中的汽轮机的承压部件进行焊接、捻缝、紧螺丝时，未履行审批手续，未佩戴规定的防护用具。

（13）在起重机吊着的重物下边停留或通过。

（14）地面油污未及时清理。

（15）野蛮作业，拆下的部件随意丢放。

（16）脚手架上堆放物件时未固定，杂物未清理。

（17）高处作业上下抛掷物件、工器具。

（18）进入设备内部工作，通风不良，未设专人监护。

2. 揭开汽轮机汽缸大盖检修安全风险与隐患

（1）无专人指挥或多个负责人指挥。

（2）起吊前未对起重设备及工器具进行检查。

（3）起吊时，工作人员将头部或手伸入汽缸法兰接合面之间。

（4）工作人员在汽缸盖的下方工作。

（5）现场电线布置混乱。

（6）工作人员离开现场未切断电源。

（7）将带电的加热杆从一个螺栓孔移至另一个螺栓孔中。

（8）使用加热杆时敲击、碰撞。

3. 拆装轴承工作安全风险与隐患

（1）揭开和盖上轴承盖时，未将螺栓丝扣牢固地、全部旋进轴瓦盖的丝孔内。

（2）转动轴瓦或加装垫片未固定转动的轴瓦。

（3）轴瓦就位时用手拿轴瓦的边缘。

（4）起吊汽缸盖内的转子时，吊车的制动装置失效。

4. 装卸汽轮机转子安全风险与隐患

（1）钢丝绳的绑法不正确。

（2）未使起吊平衡，起吊时作业人员站在转子上。

（3）在吊起的隔板、隔板套、轴承盖、汽封套、轴瓦以及汽缸盖下面进行清理时，使用专用撑架。

（4）转动转子前没有先通知附近作业人员。

（5）用吊车转动转子时，作业人员站立在拉紧的钢丝绳的对面。

（6）站在汽缸水平接合面用手转动转子，作业人员戴线手套。

（7）人员或工具遗留在汽缸或凝汽器内。

（8）校转子动平衡时，工作场所周围未做隔离。

（9）进行高速校转子动平衡工作，拆装质量块时，未隔断汽源，未关闭自动主汽门或电动主汽门，或未切断电源。

（10）清理端部轴封、隔板轴封或其他带有尖锐边缘的零件时，作业人员未戴手套。

（11）在下汽缸中工作时，凝汽器喉部的孔和抽汽孔未用木板盖上。

（12）用高温给水或蒸汽冲洗冷油器时，作业人员未戴手套、面罩、围裙并着长靴，裤脚未套在靴外面。

（13）在对抗燃油系统进行检修时，现场通风不良。

（14）给水泵在解体拆卸螺丝前，进口、出口阀门未关严。

（四）现场监护不到位

（1）作业现场未设专人监护，或监护人中途擅自离开现场。

（2）监护人未确认检修现场安全隔离措施。

（3）未设专人监督、指挥起重设备。

（4）监护人未确认现场工作环境是否符合要求。

（5）未监护作业人员是否正确佩戴劳动防护用品。

（6）放射作业现场未确认隔离措施是否完善；放射作业前，未书面通知全厂所有人员放射作业的地点、时间。

（7）非电气人员进行电焊机一次线接线工作。

（8）动火作业前，未检查确认现场可燃物是否清理，是否配备灭火器材。

（9）通风设备停止运转或有限空间内氧气浓度不符合要求时，未及时组织作业人员撤离现场。

（五）验收不彻底

（1）工作结束后，有工具或杂物遗留在有限空间内。

（2）工作结束后，发包单位未检查确认有限空间是否安全就封闭有限空间。

（3）工作结束后，未恢复现场原状。

三、汽轮机检修作业"一线三排"工作指引

（一）汽轮机检修作业"一线三排"工作指引图

汽轮机检修作业"一线三排"工作指引的主要内容，见图2-19。

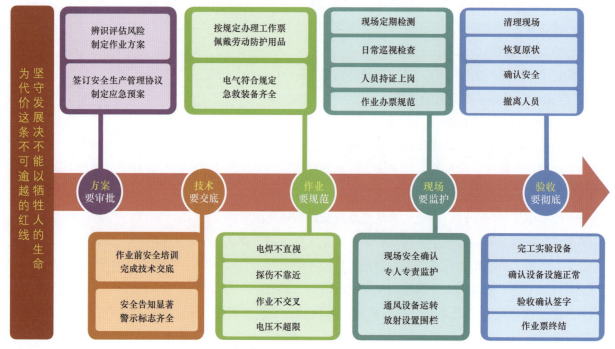

图2-19 汽轮机检修作业"一线三排"工作指引图

（二）汽轮机检修作业"一线三排"工作指引表

汽轮机检修作业"一线三排"工作指引的具体要求，见表2-44。

表2-44 汽轮机检修作业"一线三排"工作指引表

序号	工作规定	具体要求	落实"一线三排"情况					
			排查情况	未落实的处置情况				
				排序	排除			
					责任人	整改措施	整改时间	整改结果
1	方案要审批	作业前应对作业环境、作业过程进行安全风险辨识，分析存在的危险有害因素，提出管控措施	已落实☐ 未落实☐					
		根据辨识情况按规定编制作业方案，编制检修文件包、质量管理手册；编制批技术措施、组织措施、安全措施，并按规定报送审批	已落实☐ 未落实☐					
		将汽轮机检修作业发包的，承包单位应具备相应的安全生产条件，发包单位对发包作业安全承担主体责任；发包单位应与承包方签订安全生产管理协议或者在承包合同中明确各自的安全生产职责，发包单位应对承包单位的作业方案和实施的作业进行审批	已落实☐ 未落实☐					
		制定检修作业安全事故专项应急预案或现场处置方案	已落实☐ 未落实☐					
2	技术要交底	作业前应对汽轮机检修作业分管负责人、安全管理人员、作业现场负责人、监护人员、作业人员、应急救援人员进行专项安全培训，参加培训的人员应在培训记录上签字确认	已落实☐ 未落实☐					
		作业现场负责人应对实施作业的全体人员进行安全交底，告知作业内容、作业过程中可能存在的安全风险、作业安全要求和应急处置措施等；交底后，交底人与被交底人应签字确认	已落实☐ 未落实☐					
3	作业要规范	应根据辨识情况按规定办理具体的热力机械工作票	已落实☐ 未落实☐					
		作业前应根据有限空间作业环境和作业内容，配备相应的防护机械伤人、坠落防护用品、其他个体防护用品和通风设备、照明设备、通信设备以及应急救援装备等	已落实☐ 未落实☐					
		作业前应对安全防护设备、个体防护用品、应急救援装备、作业设备和用具进行检查，发现问题应立即修复或更换	已落实☐ 未落实☐					
		汽轮机检修前应用阀门与蒸汽母管、供热管道、抽汽系统等隔断，阀门应上锁并挂上"禁止操作，有人工作"警告牌；应将电动阀门的电源切断，并挂"禁止合闸，有人工作"警告牌。疏水系统应可靠地隔绝；对汽控阀门，也应隔绝其控制装置的汽源，并在进汽汽源门上挂"禁止操作，有人工作"警告牌	已落实☐ 未落实☐					

续表

序号	工作规定	具体要求	落实"一线三排"情况					
			排查情况	未落实的处置情况				
				排序	排除			
					责任人	整改措施	整改时间	整改结果
3	作业要规范	在受限空间作业,必须执行受限空间作业规定,开受限空间作业票;进入受限空间前必须检测有毒有害气体及氧气含量,禁止将氧气直接向内部输送,内部使用的电动工器具及照明电压等级不得超过12V,现场人员进口、出口必须有专人监护,并经查与内部人员保持联系,作业前必须落实安全措施	已落实□ 未落实□					
		有限空间内使用照明灯具电压不应大于36V;在积水、结露等潮湿环境的有限空间和金属容器中作业,照明灯具电压不应大于12V	已落实□ 未落实□					
		存在交叉作业时,应采取避免互相伤害的措施	已落实□ 未落实□					
		工作人员应佩戴合格劳动防护用品,非工作人员禁止直视弧光	已落实□ 未落实□					
		起重现场设置围栏和警示标语,禁止无关人员进入,禁止人员在吊物下行走或站立;起重操作及指挥人员应持证上岗,禁止多人指挥	已落实□ 未落实□					
		主变压器、启动备用变压器等高压设备的围栏,高压、低压配电室的门以及检修电源箱均加锁;所有电气设备双重名称应完整,现场临时电源应符合安全要求;所有工作人员应掌握触电急救及心肺复苏法,并定期进行模拟人培训	已落实□ 未落实□					
4	现场要监护	起重机械、机具应有特种设备管理和维护、定期检测,日常检查维护落实到位;应设专人负责起重设备安全管理,使设备处于安全状态	已落实□ 未落实□					
		放射源应按相关规定安全存放,放射作业前,应书面通知全厂所有人员放射现场工作地点、时间;工作现场禁止所有人员进入,放射现场应做好围栏、警示标语,并安装声光报警器,操作人员应持证上岗	已落实□ 未落实□					
		禁止非电气人员进行电焊机一次线接线工作,做到"一机一闸一保护";电焊机二次线与焊接物接线应规范,焊接作业现场应符合安全要求	已落实□ 未落实□					
		动火区域内焊接作业必须办理动火工作票,动火前应清理现场可燃物,动火现场应放置合适的灭火器材,动火作业必须设专人监护	已落实□ 未落实□					
		发现通风设备停止运转、有限空间内氧含量浓度低于或者有毒有害气体浓度高于国家标准或者行业标准规定的限值时,必须立即停止作业,清点作业人员,撤离作业现场,严禁盲目施救	已落实□ 未落实□					
		不定期检查施工人员安全帽,安全带的使用情况	已落实□ 未落实□					

续表

序号	工作规定	具体要求	落实"一线三排"情况					
			排查情况	未落实的处置情况				
				排序	排除			
					责任人	整改措施	整改时间	整改结果
5	验收要彻底	作业完成后，作业人员应将全部设备和工具带离有限空间，确保作业空间内无人员和设备遗留	已落实□ 未落实□					
		清理现场后，有限空间所在单位和作业单位应共同检查有限空间内外，确认安全后方可封闭有限空间，解除作业前采取的隔离、封闭措施，恢复现场环境	已落实□ 未落实□					
		确认安全、清点人员后撤离作业现场	已落实□ 未落实□					

（三）汽轮机检修作业"一线三排"负面清单

（1）未经风险辨识不作业。

（2）未持证上岗不作业。

（3）不佩戴劳动防护用品不作业。

（4）未布置安全措施不作业。

（5）作业人员精神状态差不作业。

（6）没有监护不作业。

（7）电气设备不符合规定不作业。

（8）未经审批不作业。

（9）未经培训不作业。

（10）作业环境不符合规定不作业。

（11）异常天气无专项安全措施不进行室外作业。

四、汽轮机检修作业隐患排查治理实例

1. 汽轮机检修作业隐患排查治理实例 1

汽轮机检修作业隐患排查治理实例 1 见表 2-45。

表 2-45　　　　　　　　汽轮机检修作业隐患排查治理实例 1

	作业完成后，有工具和杂物遗留在汽缸内
隐患排查	

隐患排序	较大隐患
违反标准	GB 26164.1—2010《电业安全工作规程　第 1 部分：热力和机械》 10.2　汽轮机的检修 10.2.8　盖上汽缸盖前，必须事先检查确实无人、工具和其他物件留在汽缸或凝汽器内，汽缸内各抽汽口、疏水孔堵塞的物品确认全部取出，方允许盖上
隐患排除	检修作业完毕，作业人员应清理现场，不得遗留工具、杂物或物件在汽缸内；盖上汽缸盖前，必须先检查确无人员、工具和其他物件在汽缸内，才能允许盖上 

2. 汽轮机检修作业隐患排查治理实例 2

汽轮机检修作业隐患排查治理实例 2 见表 2-46。

表 2-46　　　　　　　　　　　　汽轮机检修作业隐患排查治理实例 2

隐患排查	清理端部轴封、隔板轴封时，作业人员未戴手套
隐患排序	较小隐患
违反标准	GB 26164.1—2010《电业安全工作规程　第 1 部分：热力和机械》 10.2　汽轮机的检修 10.2.11　在清理端部轴封、隔板轴封或其他带有尖锐边缘的零件时，应佩戴手套

续表

隐患排除	作业人员在清理端部轴封、隔板轴封或其他带有尖锐边缘的零件时应佩戴手套,以免划伤手部 

3. 汽轮机检修作业隐患排查治理实例 3

汽轮机检修作业隐患排查治理实例 3 见表 2-47。

表 2-47 汽轮机检修作业隐患排查治理实例 3

隐患排查	汽轮机检修时,与蒸汽管道、供热管道等隔断阀门上未悬挂警告标示牌 
隐患排序	一般隐患
违反标准	GB 26164.1—2010《电业安全工作规程　第 1 部分:热力和机械》 10.1　基本规定 10.1.1　汽轮机在开始检修之前,应用阀门与蒸汽母管、供热管道、抽汽系统等隔断,阀门应上锁并挂上"禁止操作,有人工作"警告牌;应将电动阀门的电源切断,并挂"禁止合闸,有人工作"警告牌;疏水系统应可靠地隔绝;对汽控阀门,也应隔绝其控制装置的汽源,并在进汽汽源门上挂"禁止操作,有人工作"警告牌;检修工作负责人应检查汽轮机前蒸汽管确无压力后,方可允许工作人员进行工作
隐患排除	汽轮机检修前,应用阀门与蒸汽母管、供热管道、抽汽系统等隔断,且阀门应上锁并挂上"禁止操作,有人工作"警告牌,检修工作负责人应检查确认管道已隔断且安全警示标志已设置

4. 汽轮机检修作业隐患排查治理实例 4

汽轮机检修作业隐患排查治理实例 4 见表 2-48。

表 2-48　　　　　　　　　　　　汽轮机检修作业隐患排查治理实例 4

	汽轮机疏水出口处，没有保护装置
隐患排查	
隐患排序	一般隐患
违反标准	GB 26164.1—2010《电业安全工作规程　第 1 部分：热力和机械》 10.1.2　汽轮机各疏水出口处，应有必要的保护遮盖装置，防止放疏水时烫伤人
隐患排除	汽轮机各疏水出口处，应设置保护遮盖措施，以防放水时烫伤人 

第十四节　热电厂机组整套启动作业

一、热电厂机组整套启动作业概述

机组整套启动试运阶段是从炉、机、电等第一次联合启动时锅炉点火开始，到完成满负荷试运移交生产为止。

热电厂机组整套启动试运按空负荷试运、带负荷试运和满负荷试运三个阶段进行。热电厂机组整套启动试运前，应完成整套试运前条件确认并签证。热电厂机组整套启动试运期间，应完成所有空负荷、带负荷及满负荷整套启动试运项目。

（一）空负荷试运

空负荷试运是在机组分系统经分部试转合格后进行，主要包括：

（1）锅炉点火，按启动曲线进行升温、升压，投入汽轮机旁路系统。

（2）系统热态冲洗，空冷岛冲洗（对于空冷机组）。

（3）按启动曲线进行汽轮机启动。

（4）完成汽轮机空负荷试验。机组并网前，完成汽轮机超速保护（over speed protect controller, OPC）试验和电超速保护通道试验并投入保护。

（5）完成电气并网前试验。

（6）完成机组并网试验，带初负荷和暖机负荷运行，达到汽轮机制造商要求的暖机参数和暖机时间。

（7）暖机结束后，发电机与电网解列，立即完成汽轮机阀门严密性试验和机械超速试验；完成汽轮机维持真空工况下的惰走试验。

（8）完成锅炉蒸汽严密性试验和膨胀系统检查、锅炉安全门校验（对超临界及以上参数机组，主蒸汽系统安全门校验在带负荷阶段完成）和本体吹灰系统安全门校验。

（9）对于燃气—蒸汽联合循环机组，空负荷试运一般包括：机组启动装置投运试验、燃气轮机首次点火和燃烧调整、机组轴系振动监测、并网前的电气试验以及余热锅炉和主蒸汽管道的吹管等。

（二）带负荷试运

带负荷试运是在完成各项空负荷的基础上进行的，主要包括：

（1）机组分阶段带负荷直到带满负荷。

（2）完成规定的调试项目和电网要求的涉网特殊试验项目。

（3）按要求进行机组甩负荷试验，测取相关参数。

（4）对于燃气—蒸汽联合循环机组，带负荷试运一般包括：燃气轮机燃烧调整、发电机假同期试验、发电机并网试验、低压主蒸汽切换试验、机组超速保护试验、余热锅炉安全门校验等规定的调试项目和电网要求的涉网特殊试验项目。

（5）在条件许可情况下，宜完成机组性能试验项目中的锅炉最低负荷稳燃试验、自动快减负荷（runback，RB）试验。

（三）满负荷试运

1. 机组满负荷试运是在完成带负荷调试和甩负荷试验基础上进行，机组进入满负荷试运，应同时满足下列条件：

（1）发电机达到铭牌额定功率值。

（2）燃煤锅炉已断油，具有等离子点火装置的等离子装置已断弧。

（3）低压加热器、除氧器、高压加热器、静电除尘器、锅炉吹灰系统、脱硫、脱硝系统、凝结水精处理系统已投运。

（4）汽水品质已合格。

（5）热控保护、电气保护、电气自动装置投入率100%。

（6）热控自动装置投入率不小于95%、热控协调控制系统已投入，且调节品质基本达到设计要求。

（7）热控测点/仪表投入率不小于98%，指示正确率分别不小于97%。

（8）电气测点/仪表投入率不小于98%，指示正确率分别不小于97%。

（9）满负荷试运进入条件已经各方检查确认签证、总指挥批准。

（10）连续满负荷试运已报请调度部门同意。

2．宣布和报告机组满负荷试运结束，应同时满足下列条件：

（1）机组保持连续运行。300MW及以上的机组，连续完成168h满负荷试运行；300MW以下的机组一般分72h和24h两个阶段进行，连续完成72h满负荷试运行后，停机进行全面检查和消缺，消缺完成后再开机，连续完成24h满负荷试运行，如无必须停机消除的缺陷，亦可连续运行96h。

（2）汽水品质合格。

（3）机组满负荷试运期的平均负荷率不应小于90%额定负荷。

（4）热控保护、电气保护、电气自动装置投入率100%。

（5）热控自动装置投入率不小于95%、热控协调控制系统投入，且调节品质基本达到设计要求。

（6）热控测点/仪表投入率不小于99%，指示正确率分别不小于98%。

（7）电气测点/仪表投入率不小于99%，指示正确率分别不小于98%。

（8）机组各系统均已全部试运，并能满足机组连续稳定运行的要求，机组整套启动试运调试质量验收签证已完成。

（9）满负荷试运结束条件已经多方检查确认签证、总指挥批准。

二、热电厂机组整套启动作业安全风险与隐患

热电厂机组整套启动作业应重点防范触电、机械伤害、灼烫等事故。

（一）方案未审批

（1）未完成《机组整套启动调试大纲》的编写、审核与批准流程。

（2）作业前未对机组整套启动的全过程作业环境、作业条件进行安全风险辨识，安全防控措施不全面。

（3）未编制机组整套启动应急救援预案，或整套启动应急救援预案未经审批。

（4）整套启动前，未对投入设备和系统进行分部试运（包括调整试验），安全运行所需的自动及程控装置不具备投入条件。

（5）试运指挥部及各组人员职责分工不明确。

（6）调试项目经理和安全专职人员无相关资格证书，未持证上岗。

（二）安全技术未交底

（1）未对参加机组整套启动调试的所有人员进行相关安全培训。

（2）未对参与机组整套启动调试的所有人员进行安全技术交底。

（3）未先通知生产调度部门和相关单位。

（4）机组整套启动安全风险告知。

（三）作业不规范

（1）作业人员未正确佩戴劳动防护用品。

（2）作业人员不熟悉操作规程。

（3）消防系统投运异常。

（4）电缆和盘柜防火封堵不合格。

（5）生产现场道路堵塞，沟道和孔洞盖板不齐全，楼梯和步道扶手、栏杆缺损。

（6）试运区域未与运行或施工区域安全隔离，危险区域未设置警告标志。

（7）应到岗人员未到位。

（8）现场通信设备通信异常。

（9）机组整套启动调试期间，未认真执行操作票、工作票制度。

（10）调试用的专用工具、安全工器具、应急救援装备、记录表格和值班用具、备品配件等未提前备齐或不符合要求。

（11）调试用的试验与测量仪器、仪表检定不合格。

（12）检测仪器、调试工器具及其他生产必需品未备足、配齐。

（13）易燃、易爆化学品堆放安全距离不足，且标识不明显。

（14）试运设备、管道、阀门、开关、保护压板、安全标识牌等标识不全。

（15）试运现场的防冻、采暖、通风、照明或降温设施未全部投运。

（16）未完成机组整套试运前的质监检查。

（17）系统介质流向没有明确标志，阀门未挂牌。

（18）设备及各容器内整套启动前未彻底清理。

（19）设备及表计未清理干净，未挂牌、标注名称。

（20）管道冲洗和吹扫不合格。

（21）现场未张挂符合实际的系统图。

（22）整套启动试运前分部试运调试和调整的项目未全部完成。

（23）电机电缆破损、接线盒脱落或电机外壳接地不合格，电机外壳带电等。

（四）现场监护不到位

（1）作业现场未设专人监护，或监护人中途擅自离开现场。

（2）监护人未确认检修试运区域安全隔离措施。

（3）监护人未确认现场工作环境符合要求。

（4）未监护作业人员是否正确佩戴劳动防护用品。

（5）作业现场负责人未检查确认作业环境、作业程序、安全防护设备和个体防护用品等就开始作业。

（6）未按操作票和工作票规范组织作业。

（7）作业过程中发现异常情况未报告总指挥，擅自处理。

（五）设备运行不稳定

（1）未建立日常使用记录、维护保养记录、故障和事故记录等，或记录不完整。

（2）未制定设备异常情况应急处置方案。

（3）未组织相关人员培训学习机组设备操作规程。

三、热电厂机组整套启动作业"一线三排"工作指引

（一）热电厂机组整套启动作业"一线三排"工作指引图

热电厂机组整套启动作业"一线三排"工作指引的主要内容，见图 2-20。

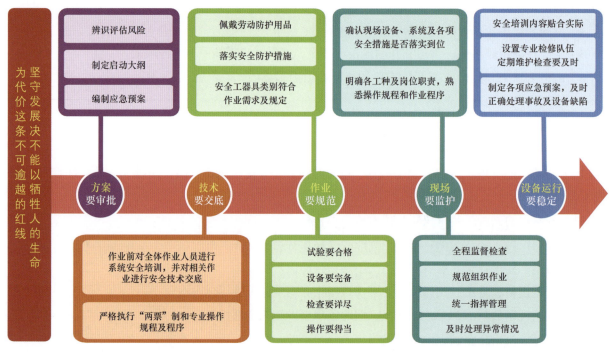

图 2-20 热电厂机组整套启动作业"一线三排"工作指引图

（二）热电厂机组整套启动作业"一线三排"工作指引表

热电厂机组整套启动作业"一线三排"工作指引的具体要求，见表 2-49。

表 2-49　　　　　热电厂机组整套启动作业"一线三排"工作指引表

序号	工作规定	具体要求	落实"一线三排"情况					
			排查情况	未落实的处置情况				
				排序	排除			
					责任人	整改措施	整改时间	整改结果
1	方案要审批	作业前应对作业环境、作业过程进行安全风险辨识，分析存在的危险有害因素，提出消除控制危害的措施	已落实□ 未落实□					
		应编制整套启动大纲、专项调试方案及措施，并经总指挥批准，并组织专家论证	已落实□ 未落实□					
		应制定机组整套启动应急预案	已落实□ 未落实□					
2	技术要交底	作业前应对现场管理人员、操作班组、作业人员等相关人员进行系统安全培训	已落实□ 未落实□					

续表

序号	工作规定	具体要求	落实"一线三排"情况					
			排查情况	未落实的处置情况				
				排序	排除			
					责任人	整改措施	整改时间	整改结果
2	技术要交底	作业现场负责人应对实施作业的全体人员进行安全交底,告知作业内容、作业过程中可能存在的安全风险、作业安全要求和应急处置措施等;交底后,交底人与被交底人应签字确认	已落实□ 未落实□					
		应预先通知生产调度部门及有关单位,对相关作业进行技术交底	已落实□ 未落实□					
3	作业要规范	作业前应对安全防护设备、个体防护用品、应急救援装备、作业设备和用具进行检查,发现问题应立即修复或更换;安全工器具和设备应符合安全要求	已落实□ 未落实□					
		作业前作业人员应对操作规程进行熟悉,作业过程中要严格按照操作规程中的要求进行操作	已落实□ 未落实□					
		作业前所有需要进行的试验均须试验合格,所有检查的项目应检查详尽,作业现场不留缺陷	已落实□ 未落实□					
4	现场要监护	在确认作业环境、作业程序、安全防护设备和个体防护用品等符合要求后,作业现场负责人方可批准作业人员开始作业	已落实□ 未落实□					
		机组整套启动过程中应全程监督检查,监护人不得擅离职守,监护人临时离开必须得到工作负责人的批准且有同等资质的监护人监护方可离开	已落实□ 未落实□					
		作业过程中应规范组织作业,严格按作业前开具的工作票和操作票作业,严格遵守"两票三制"	已落实□ 未落实□					
		作业过程中必须听从现场总指挥的命令,统一指挥管理	已落实□ 未落实□					
		如作业过程中发现异常情况,如参数变化剧烈、现场出现异常现象等,要及时向总指挥报告,在得到总指挥的处理方案时要及时处理异常情况	已落实□ 未落实□					
5	设备运行要稳定	应加强设备设施日常管理工作,并且要有出厂文件、日常使用记录、维护保养记录、故障和事故记录	已落实□ 未落实□					
		设备的维护保养应设置专业的检修队伍并定期对设备进行检查维护	已落实□ 未落实□					

续表

序号	工作规定	具体要求	落实"一线三排"情况					
			排查情况	未落实的处置情况				
				排序	排除			
					责任人	整改措施	整改时间	整改结果
5	设备运行要稳定	应制定设备异常情况应急预案,当设备发生异常情况时,能及时正确地对设备进行处置	已落实□ 未落实□					
		应加强操作规程的学习,深入了解设备的特性,保证设备安全稳定运行	已落实□ 未落实□					

(三)热电厂机组整套启动作业"一线三排"负面清单

(1)未经风险辨识不作业。

(2)人员分工不明确、未确认工作地点不作业。

(3)整套启动大纲、调试方案或措施以及应急预案不审批、不齐全不作业。

(4)未办理工作票和操作票不作业。

(5)未经请示调度并回复同意不作业。

(6)未进行安全与技术交底不作业。

(7)设备检查、系统试验、运行操作安全措施未充分落实不作业。

(8)人员无证或技能不合格不作业。

(9)使用的工器具未检验或电气设备不符合规定不作业。

(10)不佩戴劳动防护用品不作业。

四、热电厂机组整套启动作业隐患排查治理实例

1. 热电厂机组整套启动作业隐患排查治理实例1

热电厂机组整套启动作业隐患排查治理实例1见表2-50。

表2-50　　　　　　　　热电厂机组整套启动作业隐患排查治理实例1

	机组整套启动试运现场未准备临时消防器材
隐患排查	

续表

隐患排序	较大隐患
违反标准	DL/T 5437—2022《火力发电建设工程启动试运及验收规程》 5.3.2　整套启动试运的试运条件： 2）建筑、安装工程等现场工作应符合下列要求： Ⅱ 临时消防器材准备充足且摆放到位，消防验收合格具备投用条件
隐患排除	机组整套启动试运前，现场应放置充足的消防器材

2. 热电厂机组整套启动作业隐患排查治理实例2

热电厂机组整套启动作业隐患排查治理实例2见表2-51。

表2-51　　　　　　　　热电厂机组整套启动作业隐患排查治理实例2

隐患排查	机组整套启动试运前，电缆未做防火封堵
	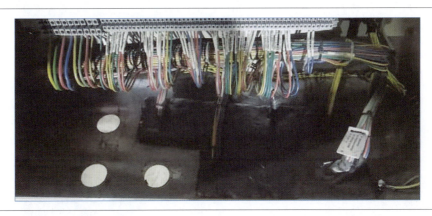
隐患排序	较大隐患
违反标准	DL/T 5437—2022《火力发电建设工程启动试运及验收规程》 5.3.2　整套启动试运的试运条件： 2）建筑、安装工程等现场工作应符合下列要求： Ⅵ 电缆和盘柜的挂牌和防火封堵工作完成并通过验收
隐患排除	机组整套启动试运前，应检查确认电缆防火封堵符合规定要求 

3. 热电厂机组整套启动作业隐患排查治理实例3

热电厂机组整套启动作业隐患排查治理实例3见表2-52。

表 2-52　　　　　　　　　热电厂机组整套启动作业隐患排查治理实例 3

	试运阀门安全标识不全
隐患排查	
隐患排序	较大隐患
违反标准	DL/T 5437—2022《火力发电建设工程启动试运及验收规程》 5.3.2　整套启动试运的试运条件： 5）启动试运期间的生产准备工作应符合下列要求： Ⅳ 试运设备、管道、阀门、开关、保护压板、安全标识牌等标识齐全
隐患排除	试运前，应检查试运设备、管道、阀门、开关、保护压板、安全标识牌等标识，保证各部位标识齐全

第十五节　热电厂汽包检修作业

一、热电厂汽包检修作业概述

热电厂汽包检修作业指对热电厂锅炉汽包进行检修的作业。汽包是水管锅炉中用以进行汽水分离和蒸汽净化，组成水循环回路并蓄存锅水的筒形压力容器，又称锅筒。

热电厂汽包检主要内容如下：

（一）汽包检修标准项目内容

（1）化学监督定性检查汽包内部腐蚀、结垢情况并清理。

（2）金属监督检查汽包内外壁环、纵焊缝，下降管及其他可见管管座角焊缝，人孔门加强圈焊缝和内部构件焊缝。

（3）检查汽水分离装置及附件的完整性、严密性和固定情况；检修汽水分离装置。

（4）检查、清理并疏通内部给水管、事故放水管、加药管、排污管、取样管和水位计、压力表的连通管。

（5）检查汽包活动支座、吊架、吊杆完好情况和接触情况。

（6）测量汽包中心线水平度及校验水位计零位。

（7）检修人孔门、密封面及其附件。

（二）汽包检修特殊项目内容

（1）更换汽水分离装置应超过 25%。

（2）拆卸保温层应超过 50%。

（3）汽包补焊、挖补及开孔。

二、热电厂汽包检修作业安全风险与隐患

热电厂汽包检修作业主要安全风险有中毒和窒息、灼烫、火灾、物体打击等。

（一）方案未审批

（1）热电厂汽包检修作业前未制定作业方案，或方案未进行审批。

（2）制定的汽包检修作业方案内容不完善，未包含对作业场所和作业过程中可能存在的危险有害因素辨识，或未制定安全控制措施。

（3）作业前未编制汽包检修作业安全事故专项应急预案或现场处置方案。

（4）汽包检修作业的承包单位不具备必要的安全生产条件。

（5）发包单位与汽包检修作业的承包方未签订安全生产管理协议，未明确各自的安全生产职责。

（二）安全技术未交底

（1）作业前未对汽包检修作业分管负责人、安全管理人员、作业现场负责人、监护人员、作业人员进行专项安全培训。

（2）作业现场负责人未对实施作业的全体人员进行安全交底，或交底内容不全。

（3）在汽包检修作业前未进行安全风险告知。

（三）作业不规范

（1）打开汽包人孔门前，该锅炉未按要求与各管道可靠地隔断，压力表指示不为零。检修锅炉与蒸汽母管、给水母管、排污母管、疏水总管、加药管等的联通处未有效隔断，与各母管、总管间的阀门未关严并上锁，未挂上警告牌。

（2）工作人员未戴着手套将人孔门打开，或打开时将脸靠近，可能发生烫伤事故。

（3）打开不带铰链的人孔门时，未在松螺丝前用绳子将人孔门系牢，可能发生人孔门掉落，造成物体打击事故。

（4）电动阀门未将电动机电源切断，未挂上警告牌。

（5）作业前未根据汽包检修作业环境和作业内容，配备相应的气体检测设备、呼吸防护用品、坠落防护用品、其他个体防护用品和通风设备、照明设备、通信设备以及应急救援装备等，或未检查配备的安全防护、应急救援用品和设备。

（6）进入汽包的工作人员，未穿专用工作服，未戴防毒防尘口罩。

（7）工作人员进入汽包前，未检查汽包内的温度，汽包内温度过高，可能引发灼烫、中暑等。

（8）进入汽包作业前，未遵守"先通风、再检测、后作业"的原则。

（9）通风检测时间或检测指标等不符合相关国家标准或者行业标准的规定。

（10）在汽包内工作的人员未根据身体情况，轮流工作与休息。

（11）汽包内放置电压超过24V的电动机；未使用安全电压的照明灯具。

（12）作业过程中未保持良好的通风，或在汽包内充氧作业。

（13）作业过程中，未保持有限空间出口、入口畅通。

（14）使用高压水清洗受热面工作开始前，未检查洗管器的电动机、水泵、电线和行灯是否完好；电动机外壳未接地。

（15）使用高压水洗管器清洗受热面管道时，未安排专人负责高压水阀门的开关工作，未按要求开关阀门，可能发生物体打击事故。

（16）采用化学清洗时，在清洗系统上进行明火作业和其他工作，或在加药处及锅炉顶部吸烟，可能引发火灾、爆炸等事故。

（17）充酸时焊口泄漏可能造成的设备或人身伤害。

（18）存在交叉作业时，未采取避免互相伤害的措施。

（四）现场监护不到位

（1）打开汽包人孔门时无监护人员。

（2）在汽包内工作时，在汽包外面无监护人员，或监护人员擅离职守。

（3）作业现场负责人在未确认作业环境、作业程序、安全防护设备和个体防护用品等情况下，就批准作业人员进入汽包。

（4）作业过程中，监护人未对有限空间作业面进行实时监测；未确认作业过程中的持续通风情况。

（5）监护人员发现通风设备停止运转，或有限空间内氧含量浓度低于或者有毒有害气体浓度高于国家标准或者行业标准规定的限值等情况时，未及时告知有限空间内的作业人员及时撤离。

（6）未佩戴有效防护用品，盲目进入有限空间施救。

（7）带入汽包内的工具及材料没有专人登记。

（五）验收不彻底

（1）作业完成后，未将设备和工具带离汽包；未确认人员是否留在汽包内。

（2）作业完成后，未检查确认汽包内外的安全情况，便封闭汽包门并加盖封条。

（3）未解除作业前采取的隔离、封闭措施，未恢复现场环境。

（4）作业完成后，未检查确认现场安全。

三、热电厂汽包检修作业"一线三排"工作指引

（一）热电厂汽包检修作业"一线三排"工作指引图

热电厂汽包检修作业"一线三排"工作指引的主要内容，见图2-21。

（二）热电厂汽包检修作业"一线三排"工作指引表

热电厂汽包检修作业"一线三排"工作指引的具体要求，见表2-53。

（三）热电厂汽包检修作业"一线三排"负面清单

（1）未经风险辨识不作业。

（2）人员分工不明确、未确认工作地点不作业。

（3）作业方案和应急预案不审批、不齐全不作业。

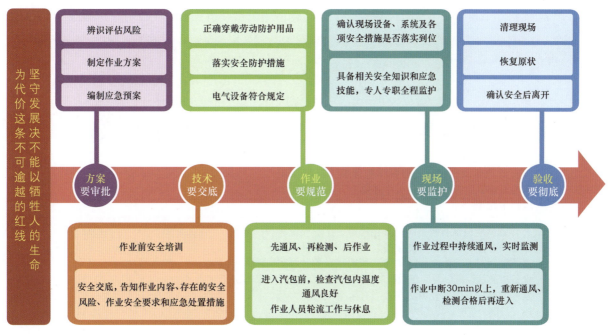

图 2-21 热电厂汽包检修作业"一线三排"工作指引图

表 2-53 热电厂汽包检修作业"一线三排"工作指引表

序号	工作规定	具体要求	落实"一线三排"情况					
				未落实的处置情况				
			排查情况	排序	排除			
					责任人	整改措施	整改时间	整改结果
1	方案要审批	作业前应对作业环境、作业过程进行安全风险辨识,分析存在的危险有害因素,提出消除控制危害的措施	已落实☐ 未落实☐					
		编制详细的作业方案,作业方案应经本单位相关人员审核和批准	已落实☐ 未落实☐					
		将检修作业发包的,承包单位应具备相应的安全生产条件,发包单位对发包作业安全承担主体责任;发包单位应与承包方签订安全生产管理协议或者在承包合同中明确各自的安全生产职责,发包单位应对承包单位的作业方案和实施的作业进行审批	已落实☐ 未落实☐					
		应制定有限空间作业安全事故专项应急预案或现场处置方案	已落实☐ 未落实☐					
2	技术要交底	应对有限空间(汽包检修)作业分管负责人、安全管理人员、作业现场负责人、监护人员、作业人员、应急救援人员进行专项安全培训,参加培训的人员应在培训记录上签字确认	已落实☐ 未落实☐					
		作业现场负责人应对实施作业的全体人员进行安全交底,告知作业内容、作业过程中可能存在的安全风险、作业安全要求和应急处置措施等;交底后,交底人与被交底人应签字确认	已落实☐ 未落实☐					

序号	工作规定	具体要求	落实"一线三排"情况					
			排查情况	未落实的处置情况				
				排序	排除			
					责任人	整改措施	整改时间	整改结果
3	作业要规范	打开汽包人孔门前,检修工作负责人必须按要求检查该锅炉应与各管道可靠地隔断,并检查压力表指示为零	已落实□ 未落实□					
		作业前应根据有限空间(汽包检修)作业环境和作业内容,配备气体检测设备、呼吸防护用品、坠落防护用品、其他个体防护用品和通风设备、照明设备、通信设备以及应急救援装备等,并进行检查,发现问题应立即修复或更换;当有限空间可能为易燃、易爆环境时,设备和用具应符合防爆安全要求	已落实□ 未落实□					
		存在可能危及有限空间(汽包检修)作业安全的设备设施、物料及能源时,应采取封闭、封堵、切断能源等可靠的隔离(隔断)措施,并上锁挂牌或设专人看管,防止无关人员意外开启或移除隔离设施	已落实□ 未落实□					
		检修工作前,应把该锅炉与蒸汽母管、给水母管、排污母管、疏水总管、加药管等的连通处用有尾巴的堵板隔断,或将该锅炉与各母管、总管间的严密不漏的阀门关严并上锁,然后挂上警告牌并打开门后疏水门;还应将电动机电源切断,并挂上警告牌	已落实□ 未落实□					
		汽包内盛装或残留的物料对作业存在危害时,应在作业前对物料进行清洗、清空或置换	已落实□ 未落实□					
		进入汽包的工作人员,应穿专用工作服,以防杂物落入炉管内	已落实□ 未落实□					
		工作人员进入汽包前,检修工作负责人应检查汽包内的温度,不宜超过40℃,并有良好的通风,在汽包内工作的人员应根据身体情况,轮流工作与休息	已落实□ 未落实□					
		工作人员应戴手套小心把人孔门打开,不可把脸靠近,以免被蒸汽烫伤,打开不带铰链的人孔门时,应在松螺丝前用绳子将人孔门系牢,以便稳妥地放在汽包内	已落实□ 未落实□					
		作业过程中,保持有限空间出口、入口畅通	已落实□ 未落实□					
		存在交叉作业时,采取避免互相伤害的措施	已落实□ 未落实□					
		严禁在汽包内充氧作业	已落实□ 未落实□					
		汽包内禁止放置电压超过24V的电动机,电压超过24V的电动机只能放在汽包外面使用	已落实□ 未落实□					

续表

序号	工作规定	具体要求	落实"一线三排"情况					
			排查情况	未落实的处置情况				
				排序	排除			
					责任人	整改措施	整改时间	整改结果
3	作业要规范	有限空间内使用照明灯具电压不应大于36V；在积水、结露等潮湿环境的有限空间和金属容器中作业，照明灯具电压不应大于12V	已落实□ 未落实□					
		严格遵守"先通风、再检测、后作业"的原则；作业过程中应采取通风措施，保持空气流通，禁止采用纯氧通风换气	已落实□ 未落实□					
		通风检测时间不得早于作业开始前30min；检测指标包括氧浓度、易燃、易爆物质（可燃性气体、爆炸性粉尘）浓度、有毒有害气体浓度。检测应当符合相关国家标准或者行业标准的规定	已落实□ 未落实□					
4	现场要监护	打开汽包人孔门时应有人监护	已落实□ 未落实□					
		在汽包内工作时，应有一人在汽包外面监护	已落实□ 未落实□					
		在确认作业环境、作业程序、安全防护设备和个体防护用品等符合要求后，作业现场负责人方可批准作业人员进入有限空间	已落实□ 未落实□					
		有限空间外应设有专人监护，监护人员应在有限空间外全程持续监护，不得擅离职守，并随时与受限空间内作业人员保持联络	已落实□ 未落实□					
		作业过程中，应对有限空间作业面进行实时监测。作业中断超过30min，作业人员再次进入清池作业（有限空间作业）前，应当重新通风、检测合格后方可进入	已落实□ 未落实□					
		作业过程中应持续进行通风	已落实□ 未落实□					
		发现通风设备停止运转、有限空间内氧含量浓度低于或者有毒有害气体浓度高于国家标准或者行业标准规定的限值时，必须立即停止作业，清点作业人员，撤离作业现场	已落实□ 未落实□					
5	验收要彻底	作业完成后，工作负责人应清点人数和工具，将全部设备和工具带离汽包内，确认无人员或工具留在汽包内时，方可离开作业现场	已落实□ 未落实□					
		清理现场后，发包单位和作业单位应共同检查汽包内外，确认安全后方可关闭汽包门，解除作业前采取的隔离、封闭措施，恢复现场环境	已落实□ 未落实□					
		确认安全后撤离作业现场	已落实□ 未落实□					

（4）未进行技术交底不作业。

（5）安全措施未落实不作业。

（6）人员无证或技能不合格不作业。

（7）使用的工器具未检验或电气设备不符合规定不作业。

（8）未正确穿戴劳动防护用品不作业。

（9）工作范围不确定不作业。

（10）现场没有专人监护不作业。

（11）未设置警示围栏和警示标示牌不作业。

（12）未将该锅炉与各管道可靠隔断不作业。

（13）完工后人员、工具未清点不离开。

（14）完工后现场未恢复不离开。

四、热电厂汽包检修作业隐患排查治理实例

1. 热电厂汽包检修作业隐患排查治理实例 1

热电厂汽包检修作业隐患排查治理实例 1 见表 2-54。

表 2-54　　　　　　　　　　　热电厂汽包检修作业隐患排查治理实例 1

隐患排查	在打开汽包人孔门以前，检修工作负责人未按要求检查该锅炉各管道的隔断，压力表指示不为零 
隐患排序	一般隐患
违反标准	GB 26164.1—2010《电业安全工作规程　第 1 部分：热力和机械》 8.5　受热面的清洗和汽包内部的检修 8.5.1　锅炉放水和冷却后，在打开汽包人孔门以前，检修工作负责人必须按 8.1.1 条的要求检查该锅炉应各管道可靠地隔断，并检查压力表指示为零
隐患排除	在打开汽包人孔门以前，检修工作负责人必须按 8.1.1 条的要求检查该锅炉应各管道可靠地隔断，并检查压力表指示为零 

2. 热电厂汽包检修作业隐患排查治理实例 2

热电厂汽包检修作业隐患排查治理实例 2 见表 2-55。

表 2-55　　　　　　　　　　　　热电厂汽包检修作业隐患排查治理实例 2

隐患排查	进入汽包的工作人员，未正确穿戴劳动防护用品，如未穿专用工作服、未佩戴呼吸防护用具 
隐患排序	一般隐患
违反标准	GB 26164.1—2010《电业安全工作规程　第 1 部分：热力和机械》 8.5　受热面的清洗和汽包内部的检修 8.5.4　进入汽包的工作人员，应穿专用工作服，以防杂物落入炉管内
隐患排除	进入汽包的工作人员，应正确穿戴劳动防护用品，如穿专用工作服、佩戴呼吸防护用具等 

3. 热电厂汽包检修作业隐患排查治理实例 3

热电厂汽包检修作业隐患排查治理实例 3 见表 2-56。

表 2-56　　　　　　　　　　　　热电厂汽包检修作业隐患排查治理实例 3

隐患排查	进入有限空间（汽包检修）作业前，未按要求进行气体检测
隐患排序	一般隐患

违反标准	《应急管理部办公厅关于印发〈有限空间作业安全指导手册〉和4个专题系列折页的通知》（应急厅函〔2020〕299号） 4.2.2　作业准备 7.初始气体检测 有限空间内气体浓度检测合格后方可作业
隐患排除	进入有限空间（汽包检修）作业前，按要求进行气体检测，气体浓度检测合格后方可作业 

第十六节　热电厂脱硫设备外保温检修作业

一、热电厂脱硫设备外保温检修作业概述

热电厂脱硫设备外保温检修指对热电厂二氧化硫吸收塔等设备外保温、外护板的腐蚀、脱落情况进行检查、检修的作业，确保保温材料完好、保温层外护板平整、拼缝严密，无腐蚀、缺失。热电厂脱硫设备外保温检修作业涉及高处作业，应遵守高处作业相关安全规定。

二、热电厂脱硫设备外保温检修作业安全风险与隐患

热电厂脱硫设备外保温检修作业应重点防范高处坠落、物体打击等事故。

（一）方案未审批

（1）热电厂脱硫设备外保温检修作业前未制定作业方案（含技术、安全、组织措施），或方案未进行审批。

（2）制定的热电厂脱硫设备外保温检修作业方案内容不完善，未包含对作业场所和作业过程中可能存在的危险有害因素辨识，或未制定安全控制措施。

（3）未办理高处作业工作票，未经过审核、签发擅自进行高处作业。

（4）作业前，未审查作业人员或外包检修单位的资质，高处作业无证上岗。

（5）作业前未编制高处作业安全事故专项应急预案或现场处置方案。

（二）安全技术未交底

（1）作业前未对热电厂脱硫设备外保温检修作业相关人员进行专项安全培训。

（2）作业现场负责人未对实施热电厂脱硫设备外保温检修作业的全体人员进行安全交底，或交底内容不全。

（3）作业前未对作业现场进行风险告知。

（三）作业不规范

（1）有职业禁忌的人员进行高处作业，如患有精神病、癫痫病及高血压、心脏病等；高处作业人员无证上岗。

（2）热电厂脱硫设备外保温检修作业作业人员未配备作业需要的安全带等劳动保护用品；或在使用前未进行检查；未正确佩戴、使用。

（3）作业人员未配备必要的应急物品和安全工器具；未对应急物品和安全工器具进行全面检查。

（4）热电厂脱硫设备外保温检修作业前，未按照要求设置安全警示牌并布置警戒线。

（5）作业前未按照施工要求进行安全检查，未确认安全防护设施等完好性。

（6）作业条件发生重大变化，未重新办理高处作业工作票。

（7）与其他作业交叉作业时，未采取必要的防护隔离措施，可能发生物体打击事故。

（8）检修涉及动火作业时，未办理相动火作业工作票。

（9）恶劣天气条件进行高处检修作业，如暴雨、大雾、六级以上大风等。

（10）高处检修作业使用的工具、材料、零件未装入工具袋，或易滑动、易滚动的工具、材料堆放在脚手架或检修平台上时，未采取防坠落措施，可能发生物体打击事故。

（11）高处检修作业，空中抛接工具、材料及其他物品，可能发生物体打击事故。

（12）涉及搭设脚手架作业时，未履行验收、批准程序。

（四）现场监护不到位

（1）热电厂脱硫设备外保温检修作业时，现场无专职安全监护人员。

（2）作业前未对现场安全措施执行情况进行检查确认。

（3）设置的专人监护人员擅离职守，或安全能力不足，不熟悉现场环境，不具备相关安全知识和应急技能。

（4）未给监护人员及高处作业人员配备相应通信、联络工具。

（5）检修作业现场发生事故，监护人员未做好自身防护盲目进行救援，扩大事故后果；或未将现场隔离，发生次生和衍生事故。

（6）进行动火作业时检测不到位。

（五）验收不彻底

（1）作业完成后，作业人员未将全部设备和工具带离现场，遗留在检修位置。

（2）作业完成后，未对作业场地清理，没有恢复原状。

（3）未检查确认现场安全就擅自离场。

三、热电厂脱硫设备外保温检修作业"一线三排"工作指引

（一）热电厂脱硫设备外保温检修作业"一线三排"工作指引图
热电厂脱硫设备外保温检修作业"一线三排"工作指引的主要内容，见图2-22。

（二）热电厂脱硫设备外保温检修作业"一线三排"工作指引表
热电厂脱硫设备外保温检修作业"一线三排"工作指引的具体要求，见表2-57。

（三）热电厂脱硫设备外保温检修作业"一线三排"负面清单
（1）未经风险辨识不作业。

（2）人员分工不明确、未确认工作地点不作业。

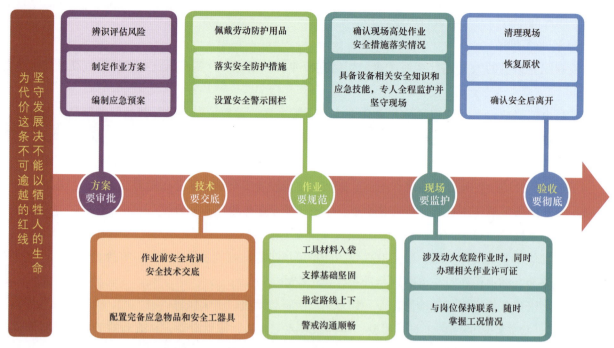

图 2-22 热电厂脱硫设备外保温检修作业"一线三排"工作指引图

表 2-57 热电厂脱硫设备外保温检修作业"一线三排"工作指引表

序号	工作规定	具体要求	落实"一线三排"情况					
			排查情况	未落实的处置情况				
				排序	排除			
					责任人	整改措施	整改时间	整改结果
1	方案要审批	作业前应对作业环境、作业过程进行安全风险辨识，分析存在的危险有害因素，提出消除控制危害的措施	已落实□ 未落实□					
		作业前，应审查作业资质并严格执行作业审批制度	已落实□ 未落实□					
		应完善高处作业应急预案，与当地医疗机构等建立联动机制	已落实□ 未落实□					
		高处作业应严格实施工作票制度	已落实□ 未落实□					
2	技术要交底	高处作业前必须经过严密的风险研判和技术交底工作，告知作业内容、作业安全要求和应急处置措施，严禁在未办理工作票或危险作业许可情况下进行施工作业	已落实□ 未落实□					
		作业人员应熟悉现场环境、未经过安全教育培训合格或不具备相关安全技能，不准进入现场施工作业	已落实□ 未落实□					
3	作业要规范	患有职业禁忌证和年老体弱、疲劳过度、视力不佳、酒后人员及其他健康状况不良者，不准高处作业	已落实□ 未落实□					

续表

序号	工作规定	具体要求	落实"一线三排"情况					
			排查情况	未落实的处置情况				
				排序	排除			
					责任人	整改措施	整改时间	整改结果
3	作业要规范	作业人员必须配备作业需要的安全带等劳动保护用品，必须在使用前进行检查，确认完好并正确使用和佩戴	已落实□ 未落实□					
		应配置完备应急物品和安全工器具；作业前必须对工器具进行全面检查，确认其安全性符合相关要求	已落实□ 未落实□					
		作业人员必须持证上岗	已落实□ 未落实□					
		若作业条件发生重大变化，应重新办理《高处作业证》	已落实□ 未落实□					
		作业人员进入现场应按照施工安全要求及《高处作业证》内容检查，确认安全措施落实到位的情况下进行施工作业	已落实□ 未落实□					
		检修作业区5m范围设置安全警示牌并布置警戒线，警示牌应挂在显著位置	已落实□ 未落实□					
		与其他作业交叉作业时，严禁上下垂直作业，应按指定的路线上下	已落实□ 未落实□					
		涉及动火作业时，应同时办理相关作业许可证	已落实□ 未落实□					
		如遇暴雨、大雾、六级以上大风等恶劣气象条件应停止高处作业	已落实□ 未落实□					
		在电气设备（线路）旁高处作业应符合安全距离要求，在采取地（零）电位或等（同）电位作业方式进行带电高处作业时，必须使用绝缘工具	已落实□ 未落实□					
		高处作业使用的工具、材料、零件必须装入工具袋、上下高处作业固定位置时不准空中抛接工具、材料及其他物品；易滑动、易滚动的工具、材料堆放在脚手架上时，应采取措施防止坠落	已落实□ 未落实□					
4	现场要监护	应由专职安全人员现场监督，未经允许不得进入作业场地	已落实□ 未落实□					
		作业过程中设置专人监护，监护人必须熟悉现场环境并检查确认现场安全措施落实到位，具备相关安全知识和应急技能，与岗位保持联系，随时掌握工况变化，并坚守现场	已落实□ 未落实□					
		高处作业应配备通信、联络工具，指定专人负责联系，并将联络相关事宜填入《高处作业证》安全防范措施补充栏内	已落实□ 未落实□					
		事故发生后，要及时如实报告	已落实□ 未落实□					

续表

序号	工作规定	具体要求	落实"一线三排"情况					
			排查情况	未落实的处置情况				
				排序	排除			
					责任人	整改措施	整改时间	整改结果
4	现场要监护	事故发生后,一定要在确保自身安全前提下进行救援,并将现场隔离,防止发生次生和衍生事故	已落实□ 未落实□					
5	验收要彻底	作业完成后,作业人员应将全部设备和工具带离现场,确保内无设备遗留在高处检修位置	已落实□ 未落实□					
		清理现场后,确认安全后撤离作业现场	已落实□ 未落实□					

（3）施工方案和应急预案不审批不作业。

（4）未进行技术交底不作业。

（5）安全措施未落实不作业。

（6）人员无证或技能不合格不作业。

（7）使用的工器具未检验不作业

（8）电气设备不符合规定不作业。

（9）不佩戴劳动防护用品不作业。

（10）五级以上强风、浓雾等恶劣天气不作业。

（11）现场没有专人监护不作业。

（12）未设置警示围栏和警示标示牌不作业。

四、热电厂脱硫设备外保温检修作业隐患排查治理实例

1. 热电厂脱硫设备外保温检修作业隐患排查治理实例1

热电厂脱硫设备外保温检修作业隐患排查治理实例1见表2-58。

表2-58　　　　　　　热电厂脱硫设备外保温检修作业隐患排查治理实例1

	热电厂脱硫设备外保温检修作业人员未正确佩戴安全带
隐患排查	

续表

隐患排序	一般隐患
违反标准	GB 26164.1—2010《电业安全工作规程 第 1 部分：热力和机械》 15 高处作业 15.1.7 在没有脚手架或在没有栏杆的脚手架上工作，高度超过 1.5m 时，必须使用安全带，或采取其他可靠的安全措施
隐患排除	热电厂脱硫设备外保温检修高处作业时，作业人员应正确佩戴安全带等防护用品

2. 热电厂脱硫设备外保温检修作业隐患排查治理实例 2

热电厂脱硫设备外保温检修作业隐患排查治理实例 2 见表 2–59。

表2-59 热电厂脱硫设备外保温检修作业隐患排查治理实例 2

隐患排查	热电厂脱硫设备外保温检修高处作业时，违规上下抛接工具、材料

隐患排序	一般隐患
违反标准	GB 26164.1—2010《电业安全工作规程 第 1 部分：热力和机械》 15 高处作业 15.1.12 不准将工具及材料上下投掷，要用绳系牢后往下或往上吊，以免打伤下方工作人员或击毁脚手架

隐患排除	热电厂脱硫设备外保温检修高处作业时，工具、材料要用绳系牢后往下或往上吊 

第十七节　热电厂烟囱检修作业

一、热电厂烟囱检修作业概述

热电厂烟囱检修作业指热电厂烟囱进行检查、维修、加固等，主要包括：烟囱内筒表面焊缝抽检及渗漏点焊接修复；内筒外侧基层面检查及渗漏点焊接或修补；烟囱加箍加固；烟囱内部爬梯加固修复；混凝土烟囱航标漆补刷；烟囱更换内衬；烟囱顶口修补；检修或更换避雷设施等工作。热电厂烟囱检修作业涉及高处作业和有限空间作业等，应遵守高处作业、有限空间相关安全规定。

二、热电厂烟囱检修作业安全风险与隐患

热电厂烟囱检修作业涉及高处作业、有限空间作业，应重点防范高处坠落、物体打击、中毒和窒息、火灾爆炸等事故。

（一）方案未审批

（1）热电厂烟囱检修作业前未制定作业方案，或方案未进行审批；擅自进行热电厂烟囱检修作业。

（2）热电厂烟囱检修作业前未编制技术措施、组织措施、安全措施，或方案未进行审批。

（3）未对作业场所和作业过程中可能存在的危险有害因素辨识，或未制定安全控制措施。

（4）作业前，未审查检修作业人员或外包检修单位的资质，高处作业无证上岗。

（5）作业前未编制热电厂烟囱检修安全事故专项应急预案或现场处置方案。

（二）安全技术未交底

（1）作业前未对电厂烟囱检修作业相关人员进行专项安全培训。

（2）作业现场负责人未对实施电厂烟囱检修作业的全体人员进行安全交底，或交底内容不全。

（3）作业前针对高处作业、有限空间作业未进行风险告知。

（三）作业不规范

（1）未办理高处作业票、有限空间作业票。

（2）有职业禁忌的人员进行高处作业，如患有精神病、癫痫病及高血压、心脏病等；高处作业人员无证上岗。

（3）热电厂烟囱检修作业作业人员未配备作业必要的劳动保护用品，如高处作业未佩戴安全带；进入烟囱有限空间作业，未配备相应的气体检测设备、呼吸防护用品、坠落防护用品、其他个体防护用品和通风设备、照明设备、通信设备以及应急救援装备等；或在使用前未进行检查；未正确佩戴、使用。

（4）作业人员未配备必要的应急物品和安全工器具；未对应急物品和安全工器具进行全面检查。

（5）未按照要求设置安全警示牌并布置警戒线。

（6）作业前未按照施工要求进行安全检查，未确认安全防护设施等完好性。

（7）涉及动火作业时，未办理动火作业票。

（8）作业条件发生重大变化，未重新办理《高处作业证》等。

（9）与其他作业交叉作业时，未采取必要的防护隔离措施，可能发生物体打击事故。

（10）恶劣天气条件进行高处检修作业，如暴雨、大雾、六级以上大风等。

（11）高处检修作业使用的工具、材料、零件未装入工具袋，或易滑动、易滚动的工具、材料堆放在脚手架或检修平台上时，未采取防坠落措施，可能发生物体打击事故。

（12）高处检修作业，空中抛接工具、材料及其他物品，可能发生物体打击事故。

（13）烟囱未设置固定爬梯，高出地面2.4m以上部分未设护圈；高百米以上的爬梯，中间未设休息平台；上爬梯未逐档检查爬梯是否牢固；上下爬梯未抓牢扶稳。

（14）进入烟囱内部进行检修作业前，没有将检修烟囱采取封闭、封堵、切断能源等可靠的隔离（隔断）措施，并上锁挂牌或设专人看管；未进行通风降温。

（15）有限空间（烟囱检修）作业前及作业过程中未进行有效的气体检测或监测。未遵守"先通风、再检测、后作业"的原则。

（16）有限空间（烟囱检修）作业过程中未采取通风措施，保持空气流通；采用纯氧通风换气。

（17）有限空间（烟囱检修）作业过程中，通风检测时间、检测指标等不符合相关国家标准或者行业标准有关规定。

（18）有限空间（烟囱检修）作业过程中，安全进口、出口未开启。

（19）有限空间（烟囱检修）作业未使用安全电压的照明灯具。

（四）现场监护不到位

（1）热电厂烟囱检修作业过程中，未设专人监护；或监护人员擅离职守。

（2）设置的专人监护人员安全能力不足，不熟悉现场环境，不具备相关安全知识和应急技能。

（3）未给监护人员及作业人员配备相应通信、联络工具。

（4）有限空间（烟囱检修）作业过程中，监护人未对有限空间作业面进行实时监测；未确认作业过程中的持续通风情况；发现问题未及时通知作业人员撤离。

（5）发现检修作业现场发生事故，监护人未及时如实报告。

（6）检修作业现场发生事故，监护人员未做好自身防护盲目进行救援，扩大事故后果；或未将现场隔离，发生次生和衍生事故。

（五）验收不彻底

（1）作业完成后，作业人员未将全部设备和工具带离现场，遗留在检修位置。

（2）作业完成后，未办理工作票注销手续，未解除作业前采取的隔离、封闭措施。

（3）作业完成后，未清理现场；未检查确认现场安全，便封闭烟囱检修门。

三、热电厂烟囱检修作业"一线三排"工作指引

（一）热电厂烟囱检修作业"一线三排"工作指引图

热电厂烟囱检修作业"一线三排"工作指引的主要内容，见图 2-23。

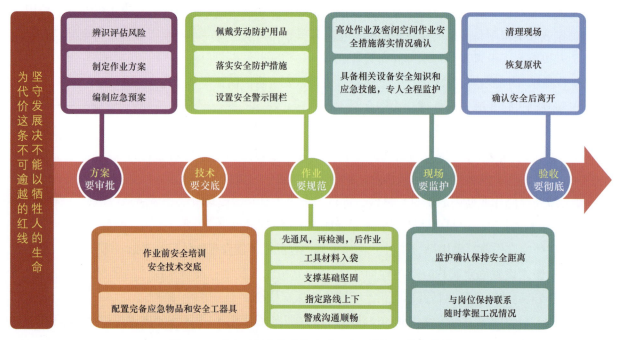

图 2-23　热电厂烟囱检修作业"一线三排"工作指引图

（二）热电厂烟囱检修作业"一线三排"工作指引表

热电厂烟囱检修作业"一线三排"工作指引的具体要求，见表 2-60。

表 2-60　　　　　　　　　热电厂烟囱检修作业"一线三排"工作指引表

序号	工作规定	具体要求	落实"一线三排"情况					
			排查情况	未落实的处置情况				
				排序	排除			
					责任人	整改措施	整改时间	整改结果
1	方案要审批	作业前应对作业环境、作业过程进行安全风险辨识，分析存在的危险有害因素，提出消除控制危害的措施	已落实□ 未落实□					
		作业前，审查作业资质并严格执行作业审批制度	已落实□ 未落实□					
		完善高处作业应急预案，与当地医疗机构等建立联动机制	已落实□ 未落实□					
		高处作业应严格实施工作票制度	已落实□ 未落实□					
2	技术要交底	高处作业前必须经过严密的风险研判和技术交底工作；严禁在未办理工作票或危险作业许可情况下进行施工作业	已落实□ 未落实□					

续表

序号	工作规定	具体要求	落实"一线三排"情况					
			排查情况	未落实的处置情况				
				排序	排除			
					责任人	整改措施	整改时间	整改结果
2	技术要交底	作业人员在应熟悉现场环境、未经过安全教育培训合格或不具备相关安全技能的情况下，不准进入现场施工作业	已落实□ 未落实□					
		与其他作业交叉作业时，严禁上下垂直作业，应按指定的路线上下	已落实□ 未落实□					
3	作业要规范	高处作业人员必须持证上岗	已落实□ 未落实□					
		作业人员必须配备符合作业需要的劳动保护用品，在使用前必须检查确认完好，并在作业中正确使用和佩戴	已落实□ 未落实□					
		高处作业人员必须且正确佩戴符合要求的安全带，不佩戴安全带不得进场作业	已落实□ 未落实□					
		患有职业禁忌证和年老体弱、疲劳过度、视力不佳、酒后人员及其他健康状况不良者，不准高处作业	已落实□ 未落实□					
		作业前必须对工器具进行全面检查，确认其安全性符合相关要求	已落实□ 未落实□					
		作业人员进入现场应按照施工要求进行施工，并依据《高处作业证》相关内容检查确认现场安全措施是否落实到位	已落实□ 未落实□					
		作业前必须切断设备动力电源，挂"禁止合闸"警示牌，并设专人监护	已落实□ 未落实□					
		作业前应根据有限空间（烟囱检修）作业环境和作业内容，配备气体检测设备、呼吸防护用品、坠落防护用品、其他个体防护用品和通风设备、照明设备、通信设备以及应急救援装备等	已落实□ 未落实□					
		严格遵守"先通风、再检测、后作业"原则；作业过程中应采取通风措施，保持空气流通，禁止采用纯氧通风换气	已落实□ 未落实□					
		在烟囱内部检查修作业过程中应持续进行通风	已落实□ 未落实□					
		通风检测时间不得早于作业开始前30min；检测指标包括氧浓度、易燃、易爆物质（可燃性气体、爆炸性粉尘）浓度、有毒有害气体浓度；检测应当符合相关国家标准或者行业标准的规定	已落实□ 未落实□					
		高处作业使用的工具、材料、零件必须装入工具袋，上下高处作业固定位置时不准空中抛接工具、材料及其他物品；易滑动、易滚动的工具、材料堆放在脚手架上时，应采取措施防止坠落	已落实□ 未落实□					

续表

序号	工作规定	具体要求	落实"一线三排"情况					
			排查情况	未落实的处置情况				
				排序	排除			
					责任人	整改措施	整改时间	整改结果
3	作业要规范	在电气设备（线路）旁高处作业应符合安全距离要求，在采取地（零）电位或等（同）电位作业方式进行带电高处作业时，必须使用绝缘工具	已落实□ 未落实□					
		如遇暴雨、打雷、大雾、六级以上大风等恶劣气象条件应停止高处作业	已落实□ 未落实□					
		若涉及动火、抽堵盲板等危险作业时，应同时办理相关作业许可证	已落实□ 未落实□					
		若作业条件发生重大变化，应重新办理《高处作业证》	已落实□ 未落实□					
4	现场要监护	作业过程中应设置专人监护，监护人必须熟悉现场环境并检查确认现场安全措施落实到位，具备相关安全知识和应急技能，与岗位保持联系，随时掌握工况变化，并坚守现场	已落实□ 未落实□					
		作业前监护人员应检查作业人员是否佩戴个人劳动防护用品，如安全帽、安全带等	已落实□ 未落实□					
		事故发生后进行救援时，一定要在确保自身安全的前提下进行救援，并将现场隔离防止发生次生和衍生事故	已落实□ 未落实□					
		发现通风设备停止运转、有限空间内氧含量浓度低于或者有毒有害气体浓度高于国家标准或者行业标准规定的限值时，必须立即停止作业，清点作业人员，撤离作业现场	已落实□ 未落实□					
		高处作业应配备通信、联络工具，指定专人负责联系，并将联络相关事宜填入《高处作业证》安全防范措施补充栏内	已落实□ 未落实□					
		事故发生后，要及时如实报告	已落实□ 未落实□					
5	验收要彻底	作业完成后，作业人员应将全部设备和工具带离现场，确保烟囱内无人员和设备遗留	已落实□ 未落实□					
		清理现场后，烟囱所在单位和作业单位共同检查烟囱内外，确认安全后方可封闭烟囱检修门，解除作业前采取的隔离、封闭措施，恢复现场环境	已落实□ 未落实□					
		确认安全后撤离作业现场	已落实□ 未落实□					

（三）热电厂烟囱检修作业"一线三排"负面清单

（1）未经风险辨识不作业。

（2）人员分工不明确、未确认工作地点不作业。

（3）施工方案和应急预案不审批、不齐全不作业。

（4）未进行技术交底不作业。

（5）安全措施未落实不作业。

（6）人员无证或技能不合格不作业。

（7）使用的工器具未检验或电气设备不符合规定不作业。

（8）不佩戴劳动防护用品不作业。

（9）六级以上强风、浓雾等恶劣天气不进行高处作业。现场没有专人监护不作业。

（10）未设置警示围栏和警示标示牌不作业。

（11）因需要临时拆除或变动安全防护措施时，事后未恢复保护措施不作业。

（12）有高处作业禁忌的人员禁止登高作业。

四、热电厂烟囱检修作业隐患排查治理实例

1. 热电厂烟囱检修作业隐患排查治理实例 1

热电厂烟囱检修作业隐患排查治理实例 1 见表 2-61。

表 2-61　　　　　　　　热电厂烟囱检修作业隐患排查治理实例 1

	热电厂烟囱检修高处作业人员未正确佩戴安全带
隐患排查	
隐患排序	一般隐患
违反标准	GB 26164.1—2010《电业安全工作规程　第 1 部分：热力和机械》 15　高处作业 15.1.7　在没有脚手架或者在没有栏杆的脚手架上工作，高度超过 1.5m 时，必须使用安全带，或采取其他可靠的安全措施
隐患排除	热电厂烟囱检修高处作业时，作业人员应正确佩戴安全带等防护用品

2. 热电厂烟囱检修作业隐患排查治理实例 2

热电厂烟囱检修作业隐患排查治理实例 2 见表 2-62。

3. 热电厂烟囱检修作业隐患排查治理实例 3

热电厂烟囱检修作业隐患排查治理实例 3 见表 2-63。

表2-62	热电厂烟囱检修作业隐患排查治理实例2
隐患排查	进入烟囱内部检修作业前,未切断设备动力电源,未挂"禁止合闸"警示牌 
隐患排序	一般隐患
违反标准	《应急管理部办公厅关于印发〈有限空间作业安全指导手册〉和4个专题系列折页的通知》(应急厅函〔2020〕299号) 4.2.2 作业准备 5.安全隔离 存在可能危及有限空间作业安全的设备设施、物料及能源时,应采取封闭、封堵、切断能源等可靠的隔离(隔断)措施,并上锁挂牌或设专人看管,防止无关人员意外开启或移除隔离设施
隐患排除	进入烟囱内部检修作业前,按要求切断相关设备动力电源,并挂"禁止合闸"警示牌 

表2-63	热电厂烟囱检修作业隐患排查治理实例3
隐患排查	进入有限空间(烟囱内部检修)作业,外面未设置专职监护人员
隐患排序	一般隐患
违反标准	《应急管理部办公厅关于印发〈有限空间作业安全指导手册〉和4个专题系列折页的通知》(应急厅函〔2020〕299号) 4.2.3 安全作业 3.作业监护 监护人员应在有限空间外全程持续监护,不得擅离职守

续表

隐患排除	进入烟囱内部检修作业前，外面应设置专职监护人员，监护人员应在有限空间外全程持续监护，不得擅离职守

第十八节　有限空间（水冷壁喷涂）作业

一、有限空间（水冷壁喷涂）作业概述

锅炉水冷壁是布置在锅炉炉膛内壁面上，主要用水冷却的受热面，也是锅炉的主要蒸发受热面。

锅炉的运行会产生气体，其中的化学物质对锅炉水冷壁管会造成一定的腐蚀，使管壁变薄，导致锅炉的有效承载能力下降，降低了锅炉使用的安全性，是锅炉安全运行的严重隐患，也会直接影响到锅炉的正常运行。

锅炉水冷壁喷涂的目的主要是为防止锅炉水冷壁受高温腐蚀，延长寿命。对水冷壁管进行喷涂防磨防腐涂层的处理，在受腐蚀的构件表面覆盖耐腐蚀的隔离层，使金属和这些介质隔开，进行表面防护。

有限空间（水冷壁喷涂）作业是指进入锅炉内进行水冷壁喷涂防腐材料的作业。

二、有限空间（水冷壁喷涂）作业安全风险与隐患

有限空间（水冷壁喷涂）作业应重点防范中毒和窒息、高处坠落、火灾、爆炸、物体打击等事故。

（一）方案未审批

（1）有限空间（水冷壁喷涂）作业前未制定作业方案（含技术、安全、组织措施），或方案未进行审批。

（2）制定的有限空间（水冷壁喷涂）方案内容不完善，未包含对作业场所和作业过程中可能存在的危险有害因素辨识，或未制定安全控制措施。

（3）作业前未编制汽包检修作业安全事故专项应急预案或现场处置方案。

（4）有限空间（水冷壁喷涂）作业的承包单位不具备必要的安全生产条件。

（5）发包单位与汽包检修作业的承包方未签订安全生产管理协议，未明确各自的安全生产职责。

（二）安全技术未交底

（1）作业前未对有限空间（水冷壁喷涂）作业分管负责人、安全管理人员、作业现场负责人、监护人员、作业人员、应急救援人员进行专项安全培训。

（2）作业现场负责人未对实施作业的全体人员进行安全交底，或交底内容不全。

（3）未对有限空间（水冷壁喷涂）作业安全管理人员、作业现场负责人、监护人员、作业人员进行风险告知。

（三）作业不规范

（1）有限空间（水冷壁喷涂）作业要根据风险辨识情况办理有限空间作业票。

（2）作业前未检查有限空间（水冷壁喷涂）作业环境和作业内容，配备相应的气体检测设备、呼吸防护用品、坠落防护用品、其他个体防护用品和通风设备、照明设备、通信设备以及应急救援装备等，或未检查配备的安全防护、应急救援用品和设备。

（3）当有限空间可能为易燃、易爆环境时，使用不符合防爆安全要求设备和用具。

（4）进行水冷壁喷涂作业前，未把该锅炉的烟道、风道、燃油系统、煤气系统、吹灰系统等与运行中的锅炉可靠地隔断；未将给粉机、排粉机、送风机、增压风机、回转式空气预热器等电源切断；未挂上禁止启动的警告牌。

（5）工作人员进入锅炉进行水冷壁喷涂作业前，未检查水冷壁的温度；温度过高，可能引发灼烫、中暑等。

（6）涉及高空作业未做好防止坠落、高空落物安全措施，可能发生高处坠落和物体打击。

（7）有限空间（水冷壁喷涂）作业前，未遵守"先通风、再检测、后作业"的原则。

（8）通风检测时间或检测指标等不符合相关国家标准或者行业标准的规定。

（9）作业过程中未保持良好的通风，或作业过程中使用纯氧进行通风。

（10）在燃烧室内工作如需要开动引风机以加强通风和降温时，未通知内部工作人员撤出。

（11）未使用安全电压的照明灯具。

（12）作业过程中，未保持有限空间出口、入口畅通。

（13）存在交叉作业时，未采取避免互相伤害的措施。

（四）现场监护不到位

（1）有限空间（水冷壁喷涂）作时，外面无监护人员，或监护人员擅离职守。

（2）作业现场负责人在未确认作业环境、作业程序、安全防护设备和个体防护用品等情况下，就批准作业人员进入有限空间。

（3）作业过程中，监护人未对有限空间作业面进行实时监测；未确认作业过程中的持续通风情况。

（4）监护人员发现通风设备停止运转，或有限空间内氧含量浓度低于或者有毒有害气体浓度高于国家标准或者行业标准规定的限值等情况时，未及时告知有限空间内的作业人员及时撤离。

（5）发生事故时，监护人员未佩戴有效防护用品，盲目进入有限空间施救。

（五）验收不彻底

（1）作业完成后，未将设备和工具带离有限空间；未确认人员是否留在有限空间内。

（2）作业完成后，未检查确认作业现场的安全情况，便关闭人孔门。

（3）未解除作业前采取的隔离、封闭措施，未恢复现场环境。

（4）作业完成后，未检查确认现场安全。

三、有限空间（水冷壁喷涂）作业"一线三排"工作指引

（一）有限空间（水冷壁喷涂）作业"一线三排"工作指引图

有限空间（水冷壁喷涂）作业"一线三排"工作指引的主要内容，见图2-24。

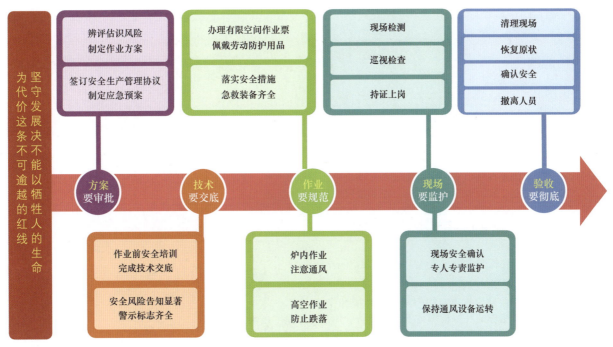

图 2-24　有限空间（水冷壁喷涂）作业"一线三排"工作指引图

（二）有限空间（水冷壁喷涂）作业"一线三排"工作指引表

有限空间（水冷壁喷涂）作业"一线三排"工作指引的具体要求，见表 2-64。

表 2-64　　　　　　　　有限空间（水冷壁喷涂）作业"一线三排"工作指引表

序号	工作规定	具体要求	落实"一线三排"情况					
			排查情况	未落实的处置情况				
				排序	排除			
					责任人	整改措施	整改时间	整改结果
1	方案要审批	作业前应对作业环境、作业过程进行安全风险辨识，分析存在的危险有害因素，提出管控措施	已落实□ 未落实□					
		应根据辨识情况按规定编制作业方案（含技术、安全、组织措施），并按规定报送审批	已落实□ 未落实□					
		将有限空间作业发包的，承包单位应具备相应的安全生产条件，发包单位对发包作业安全承担主体责任；发包单位应与承包方签订安全生产管理协议或者在承包合同中明确各自的安全生产职责，发包单位应对承包单位的作业方案和实施的作业进行审批	已落实□ 未落实□					
		应制定有限空间作业安全事故专项应急预案或现场处置方案	已落实□ 未落实□					
2	技术要交底	作业前应对有限空间作业分管负责人、安全管理人员、作业现场负责人、监护人员、作业人员、应急救援人员进行专项安全培训；参加培训的人员应在培训记录上签字确认	已落实□ 未落实□					

序号	工作规定	具体要求	落实"一线三排"情况					
			排查情况	未落实的处置情况				
				排序	排除			
					责任人	整改措施	整改时间	整改结果
2	技术要交底	作业现场负责人应对实施作业的全体人员进行安全交底，告知作业内容、作业过程中可能存在的安全风险、作业安全要求和应急处置措施等；交底后，交底人与被交底人应签字确认	已落实□ 未落实□					
3	作业要规范	应根据辨识情况按规定办理有限空间作业票	已落实□ 未落实□					
		作业前应根据有限空间作业环境和作业内容，配备相应的气体检测设备、呼吸防护用品、坠落防护用品、其他个体防护用品和通风设备、照明设备、通信设备以及应急救援装备等	已落实□ 未落实□					
		作业前应对安全防护设备、个体防护用品、应急救援装备、作业设备和用具进行检查，发现问题应立即修复或更换；当有限空间可能为易燃、易爆环境时，设备和用具应符合防爆安全要求	已落实□ 未落实□					
		存在可能危及有限空间作业安全的设备设施、物料及能源时，应采取封闭、封堵、切断能源等可靠的隔离（隔断）措施，并上锁挂牌或设专人看管，防止无关人员意外开启或移除隔离设施	已落实□ 未落实□					
		检修工作前，应把该锅炉的烟道、风道、燃油系统、煤气系统、吹灰系统等与运行中的锅炉可靠隔断，并与有关人员联系，将给粉机、排粉机、送风机、增压风机、回转式空气预热器等电源切断，并挂上禁止启动的警告牌	已落实□ 未落实□					
		有限空间内盛装或残留的物料对作业存在危害时，应在作业前对物料进行清洗、清空或置换	已落实□ 未落实□					
		作业过程中，应保持有限空间出口、入口畅通	已落实□ 未落实□					
		存在交叉作业时，应采取避免互相伤害的措施	已落实□ 未落实□					
		有限空间内使用照明灯具的电压应符合要求，在积水、结露等潮湿环境的有限空间和金属容器中作业，照明灯具电压应符合相应要求	已落实□ 未落实□					
		应严格遵守"先通风、再检测、后作业"的原则；作业过程中应采取通风措施，保持空气流通，禁止采用纯氧通风换气	已落实□ 未落实□					
		在燃烧室内工作如需要开动引风机以加强通风和降温时，须先通知内部工作人员撤出	已落实□ 未落实□					

续表

序号	工作规定	具体要求	落实"一线三排"情况					
			排查情况	未落实的处置情况				
				排序	排除			
					责任人	整改措施	整改时间	整改结果
3	作业要规范	通风检测时间不得早于作业开始前30min；检测指标包括氧浓度、易燃、易爆物质（可燃性气体、爆炸性粉尘）浓度、有毒有害气体浓度；检测应当符合相关国家标准或者行业标准规定	已落实☐ 未落实☐					
		作业过程中应持续进行通风	已落实☐ 未落实☐					
4	现场要监护	有限空间外应设有专人监护，监护人员应在有限空间外全程持续监护，不得擅离职守，并随时与有限空间内作业人员保持联络	已落实☐ 未落实☐					
		进入水冷壁内工作时，工作人员至少2人且外面必须有1名工作人员监护，所有工作人员必须进行登记	已落实☐ 未落实☐					
		在确认作业环境、作业程序、安全防护设备和个体防护用品、救援装备等符合要求后，作业现场负责人方可批准作业人员进入有限空间	已落实☐ 未落实☐					
		作业过程中，应对有限空间作业面进行实时监测；作业中断超过30min，作业人员再次进入有限空间作业前，应当重新通风、检测合格后方可进入	已落实☐ 未落实☐					
		发现通风设备停止运转、有限空间内氧含量浓度低于或者有毒有害气体浓度高于国家标准或者行业标准规定的限值时，必须立即停止作业，清点作业人员，撤离作业现场，严禁盲目施救	已落实☐ 未落实☐					
5	验收要交底	作业完成后，必须清点人员及工具，作业人员应将全部设备和工具带离有限空间，确保有限空间内无人员和设备遗留	已落实☐ 未落实☐					
		清理现场后，有限空间所在单位和作业单位共同检查有限空间内外，确认安全后立即关闭人孔门，解除作业前采取的隔离、封闭措施，恢复现场环境	已落实☐ 未落实☐					
		确认安全、清点人员后撤离作业现场	已落实☐ 未落实☐					

（三）有限空间（水冷壁喷涂）作业"一线三排"负面清单

（1）未经风险辨识不作业。

（2）未经通风和检测合格不作业。

（3）不佩戴劳动防护用品不作业。

（4）没有监护不作业。

（5）电气设备不符合规定不作业。

（6）未经审批不作业。

（7）未经培训不作业。

（8）未办理有限空间工作票不作业。

四、有限空间（水冷壁喷涂）作业隐患排查治理实例

1. 有限空间（水冷壁喷涂）作业隐患排查治理实例 1

有限空间（水冷壁喷涂）作业隐患排查治理实例 1 见表 2-65。

表 2-65　　　　　　　　有限空间（水冷壁喷涂）作业隐患排查治理实例 1

	有限空间（水冷壁喷涂）作业时，有限空间出口、入口被封堵
隐患排查	
隐患排序	一般隐患
违反标准	《应急管理部办公厅关于印发〈有限空间作业安全指导手册〉和 4 个专题系列折页的通知》（应急厅函〔2020〕299 号） 4.2.2　作业准备 4. 打开进口、出口 作业人员站在有限空间外上风侧，打开进口、出口进行自然通风
隐患排除	有限空间（水冷壁喷涂）作业时，应保持有限空间出口、入口畅通，以便内部作业内人员随时撤离

2. 有限空间（水冷壁喷涂）作业隐患排查治理实例 2

有限空间（水冷壁喷涂）作业隐患排查治理实例 2 见表 2-66。

表2-66　　　　　　有限空间（水冷壁喷涂）作业隐患排查治理实例2

	有限空间（水冷壁喷涂）作业时，外面未设置监护人员
隐患排查	
隐患排序	一般隐患
违反标准	《应急管理部办公厅关于印发〈有限空间作业安全指导手册〉和4个专题系列折页的通知》（应急厅函〔2020〕299号） 4.2.3　安全作业 3. 作业监护 监护人员应在有限空间外全程持续监护，不得擅离职守
隐患排除	有限空间（水冷壁喷涂）作业前，外面应设置专职监护人员，监护人员应在有限空间外全程持续监护，不得擅离职守 

第十九节　有限空间（清池）作业

一、有限空间（清池）作业概述

　　有限空间是指封闭或部分封闭、进口、出口受限但人员可以进入，未被设计为固定工作场所，通风不良，易造成有毒有害、易燃、易爆物质积聚或氧含量不足的空间。有限空间（清池）作业指进入喷水池或冷水塔的储水池内进行清理维护的作业。

二、有限空间（清池）作业安全风险与隐患

　　有限空间（清池）作业应重点防范中毒和窒息、淹溺、物体打击、高处坠落等事故。

（一）方案未审批

（1）有限空间（清池）作业前未制定作业方案（含技术、安全、组织措施），或方案未进行审批。

（2）未对作业场所和作业过程中可能存在的危险有害因素辨识，或未制定安全控制措施。

（3）作业前未编制有限空间（清池）作业安全事故专项应急预案或现场处置方案。

（4）有限空间（清池）作业的承包单位不具备必要的安全生产条件。

（5）发包单位与有限空间（清池）作业的承包方未签订安全生产管理协议，未明确各自的安全生产职责。

（二）安全技术未交底

（1）作业前未对有限空间（清池）作业分管负责人、安全管理人员、作业现场负责人、监护人员、作业人员、应急救援人员进行专项安全培训。

（2）作业现场负责人未对实施有限空间（清池）作业的全体人员进行安全交底，或交底内容不全。

（3）未对有限空间（清池）作业安全管理人员、作业现场负责人、监护人员、作业人员进行风险告知。

（三）作业不规范

（1）未按规定办理有限空间（清池）作业票。

（2）有限空间（清池）作业，未配备相应气体检测设备、呼吸防护用品、坠落防护用品、其他个体防护用品和通风设备、照明设备、通信设备以及应急救援装备等。

（3）作业前未对配备的安全防护设备、个体防护用品、应急救援装备、作业设备和用具未进行检查，或未正确使用。

（4）检修工作前，未采取封闭、封堵、切断能源等可靠的隔离（隔断）措施，未上锁挂牌或设专人看管。

（5）作业现场未设置围挡，在进口、出口周边显著位置未设置安全警示标志或安全告知牌；占道作业的，未在作业区域周边设置交通安全设施；夜间作业的作业区域周边位置未设置警示灯，人员未穿着高可视警示服。

（6）有限空间作业前及作业过程中未进行有效的气体检测或监测。未遵守"先通风、再检测、后作业"的原则。

（7）作业过程中未采取通风措施，保持空气流通；采用纯氧通风换气。

（8）通风检测时间、检测指标等不符合相关国家标准或者行业标准有关规定。

（9）作业现场未设置围挡进行防护，或作业现场未设置符合要求的安全警示标志或安全告知牌。

（10）安全进口、出口未开启。

（11）存在交叉作业时，未采取避免互相伤害的有效措施。

（12）有限空间内未使用安全电压的照明灯具。

（13）在池内水中工作时，如未使用安全带，未穿救生衣，可能发生高处坠落、淹溺事故。

（14）在运行中的水池内工作时，如违规靠近循环水泵的进水管口，或进入运行中的水沟内工作，可能发生淹溺等人身伤亡事故。

（15）检修喷水池的喷嘴时，如在配水管上行走，可能发生高处坠落事故。

（16）在水沟、水井、进水滤网及冷水塔水池周围等地点，如未装设栏杆、盖板等防护装置以及必要的照明，作业人员可能发生高处坠落、淹溺事故。

（17）放水检修水池或清除淤泥时，如工作人员站在隔墙下边，隔墙倒塌将引发物体打击事故。

（18）进入水塔内部工作时，如未注意塔筒内壁厚积的青苔等杂物落下，发生物体打击事故。

（19）进入机械通风塔内工作时，如未先切断风机电源，或未挂上"禁止合闸，有人工作"警告牌，未将风机叶轮制动；如机械通风塔运行时，未将通向风机的门关闭上锁，可能发生机械伤害事故。

（20）冬季清除水塔进风口和水池的积冰时，可能发生滑跌摔倒。

（21）检修冷水塔及间接空冷塔筒身时，地面四周未做好围栏，可能发生碎块落下伤人。

（22）检修冷水塔及间接空冷塔筒壁时，如工作人员未使用安全带，未佩戴安全帽，可能发生高处坠落事故。

（23）进入进水口的旋转滤网两侧防护罩里进行人工清理时，未使滤网停止运行，或未切断电源，挂上"禁止合闸，有人工作"警告牌，可能发生机械伤害事故。

（24）在空冷塔内工作时，如安全防护不到位，可能发生人员烫伤、高空坠落。

（四）现场监护不到位

（1）有限空间（清池）作业时，外面无监护人员，或监护人员擅离职守。

（2）作业现场负责人在未确认作业环境、作业程序、安全防护设备和个体防护用品等情况下，就批准作业人员进入有限空间。

（3）作业过程中，监护人未对有限空间作业面进行实时监测；未确认作业过程中的持续通风情况。

（4）监护人员发现通风设备停止运转，或有限空间内氧含量浓度低于或者有毒有害气体浓度高于国家标准或者行业标准规定的限值等情况时，未及时告知有限空间内的作业人员及时撤离。

（5）未佩戴有效防护用品，盲目进入有限空间施救。

（五）验收不彻底

（1）作业完成后，未将设备和工具带离水池；未确认人员是否留在池内。

（2）作业完成后，未检查确认有限空间内外的安全情况，便封闭有限空间。

（3）未解除作业前采取的隔离、封闭措施，未恢复现场环境。

（4）作业完成后，未检查确认现场安全。

三、有限空间（清池）作业"一线三排"工作指引

（一）有限空间（清池）作业"一线三排"工作指引图

有限空间（清池）作业"一线三排"工作指引的主要内容，见图2-25。

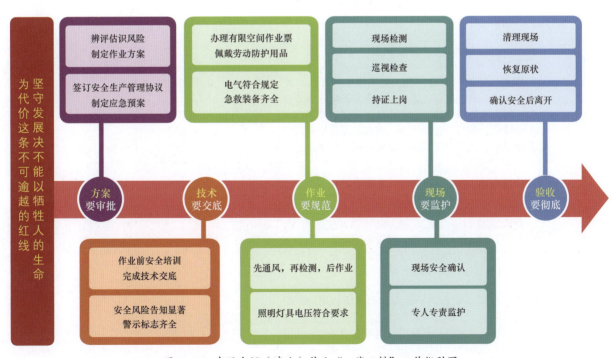

图2-25　有限空间（清池）作业"一线三排"工作指引图

（二）有限空间（清池）作业"一线三排"工作指引表

有限空间（清池）作业"一线三排"工作指引的具体要求，见表2-67。

表2-67　　　　　　　　　　　有限空间（清池）作业"一线三排"工作指引表

序号	工作规定	具体要求	落实"一线三排"情况					
			排查情况	未落实的处置情况				
				排序	排除			
					责任人	整改措施	整改时间	整改结果
1	方案要审批	作业前应对作业环境、作业过程进行安全风险辨识，分析存在的危险有害因素，提出管控措施	已落实□ 未落实□					
		应根据辨识情况按规定编制作业方案（含技术、安全、组织措施），并按规定报送审批	已落实□ 未落实□					
		将有限空间作业发包的，承包单位应具备相应的安全生产条件，发包单位对发包作业安全承担主体责任；发包单位应与承包方签订安全生产管理协议或者在承包合同中明确各自的安全生产职责，发包单位应对承包单位的作业方案和实施的作业进行审批	已落实□ 未落实□					
		应制定有限空间作业安全事故专项应急预案或现场处置方案	已落实□ 未落实□					
2	技术要交底	作业前应对有限空间作业分管负责人、安全管理人员、作业现场负责人、监护人员、作业人员、应急救援人员进行专项安全培训；参加培训的人员应在培训记录上签字确认	已落实□ 未落实□					
		作业现场负责人应对实施作业的全体人员进行安全交底，告知作业内容、作业过程中可能存在的安全风险、作业安全要求和应急处置措施等；交底后，交底人与被交底人应签字确认	已落实□ 未落实□					
		应在作业现场设置围挡，封闭作业区域，并在进口、出口周边显著位置设置安全警示标志或安全告知牌，占道作业的，应在作业区域周边设置交通安全设施；夜间作业的作业区域周边显著位置应设置警示灯，人员应穿着高可视警示服	已落实□ 未落实□					
3	作业要规范	应根据辨识情况按规定办理有限空间作业票	已落实□ 未落实□					
		作业前应根据有限空间作业环境和作业内容，配备相应的气体检测设备、呼吸防护用品、坠落防护用品、其他个体防护用品和通风设备、照明设备、通信设备以及应急救援装备等	已落实□ 未落实□					
		作业前应对安全防护设备、个体防护用品、应急救援装备、作业设备和用具进行检查，发现问题应立即修复或更换；当有限空间可能为易燃、易爆环境时，设备和用具应符合防爆安全要求	已落实□ 未落实□					

续表

序号	工作规定	具体要求	落实"一线三排"情况					
			排查情况	未落实的处置情况				
				排序	排除			
					责任人	整改措施	整改时间	整改结果
3	作业要规范	存在可能危及有限空间作业安全的设备设施、物料及能源时，应采取封闭、封堵、切断能源等可靠的隔离（隔断）措施，并上锁挂牌或设专人看管，防止无关人员意外开启或移除隔离设施	已落实☐ 未落实☐					
		有限空间内盛装或残留的物料对作业存在危害时，应在作业前对物料进行清洗、清空或置换	已落实☐ 未落实☐					
		作业过程中，应保持有限空间出口、入口畅通	已落实☐ 未落实☐					
		存在交叉作业时，应采取避免互相伤害的措施	已落实☐ 未落实☐					
		有限空间内使用照明灯具电压不应大于36V；在积水、结露等潮湿环境的有限空间和金属容器中作业，照明灯具电压不应大于12V	已落实☐ 未落实☐					
		严格遵守"先通风、再检测、后作业"的原则；作业过程中应采取通风措施，保持空气流通，禁止采用纯氧通风换气	已落实☐ 未落实☐					
		通风检测时间不得早于作业开始前30min；检测指标包括氧浓度、易燃、易爆物质（可燃性气体、爆炸性粉尘）浓度、有毒有害气体浓度，检测应当符合相关国家标准或者行业标准的规定	已落实☐ 未落实☐					
4	现场要监护	有限空间外应设有专人监护，监护人员应在有限空间外全程持续监护，不得擅离职守，并随时与有限空间内作业人员保持联络	已落实☐ 未落实☐					
		在确认作业环境、作业程序、安全防护设备和个体防护用品、救援装备等符合要求后，作业现场负责人方可批准作业人员进入有限空间	已落实☐ 未落实☐					
		作业过程中，应对有限空间作业面进行实时监测。作业中断超过30min，作业人员再次进入清池作业（有限空间作业）前，应当重新通风、检测合格后方可进入	已落实☐ 未落实☐					
		作业过程中应持续进行通风；当有限空间内进行清池作业时，应持续进行机械通风，禁止采用纯氧通风换气	已落实☐ 未落实☐					
		发现通风设备停止运转、有限空间内氧含量浓度低于或者有毒有害气体浓度高于国家标准或行业标准规定的限值时，必须立即停止作业，清点作业人员，撤离作业现场。严禁盲目施救	已落实☐ 未落实☐					

续表

序号	工作规定	具体要求	排查情况	排序	责任人	整改措施	整改时间	整改结果
5	验收要彻底	作业完成后，作业人员应将全部设备和工具带离有限空间，确保有限空间内无人员和设备遗留	已落实☐ 未落实☐					
		清理现场后，有限空间所在单位和作业单位应共同检查有限空间内外，确认安全后方可封闭有限空间，解除作业前采取的隔离、封闭措施，恢复现场环境	已落实☐ 未落实☐					
		确认安全、清点人员后撤离作业现场	已落实☐ 未落实☐					

表头合并说明：落实"一线三排"情况；未落实的处置情况；排除

（三）有限空间（清池）作业"一线三排"负面清单

（1）未经风险辨识不作业。

（2）未经通风和检测合格不作业。

（3）不佩戴劳动防护用品不作业。

（4）没有监护不作业。

（5）电气设备不符合规定不作业。

（6）未经审批不作业。

（7）未经培训演练不作业。

（8）未办理有限空间工作票不作业。

四、有限空间（清池）作业隐患排查治理实例

有限空间（清池）作业隐患排查治理实例见表2-68。

表2-68　　　　　　有限空间（清池）作业隐患排查治理实例

隐患排查	有限空间（清池）作业时，作业现场未设置围挡；有限空间进口、出口不通畅；外面未设置监护人员 

隐患排序	一般隐患
违反标准	《应急管理部办公厅关于印发〈有限空间作业安全指导手册〉和 4 个专题系列折页的通知》（应急厅函〔2020〕299 号） 4.2.2 作业准备 3. 封闭作业区域及安全警示 应在作业现场设置围挡，封闭作业区域，并在进口、出口周边显著位置设置安全警示标志或安全告知牌 4. 打开进口、出口 作业人员站在有限空间外上风侧，打开进口、出口进行自然通风。 4.2.3 安全作业 3. 作业监护 监护人员应在有限空间外全程持续监护，不得擅离职守
隐患排除	有限空间（清池）作业时，应在作业现场设置围挡，封闭作业区域，并在进口、出口周边显著位置设置安全警示标志或安全告知牌；保持有限空间出口、入口畅通，以便内部作业内人员随时撤离；外面应设置专职监护人员，监护人员应在有限空间外全程持续监护，不得擅离职守
隐患排除	

第三章 基建类作业"一线三排"工作指引

第一节 土方、基坑开挖作业

一、土方、基坑开挖作业概述

基坑是指为进行建（构）筑物地下部分的施工由地面向下开挖出的空间。

基坑土方开挖作业宜根据支护形式分别采用无围护结构的放坡开挖、有围护结构无内支撑的基坑开挖、有围护结构有内支撑的基坑开挖等开挖方式。

根据《住房城乡建设部办公厅关于实施〈危险性较大的分部、分项工程安全管理规定〉有关问题的通知》（建办质〔2018〕31 号）的规定，基坑工程中：①开挖深度超过 3m（含 3m）的基坑（槽）的土方开挖、支护、降水工程；②开挖深度虽未超过 3m，但地质条件、周围环境和地下管线复杂，或影响毗邻建、构筑物安全的基坑（槽）的土方开挖、支护、降水工程；都属于危险性较大的分部、分项工程。

而开挖深度超过 5m（含 5m）的基坑（槽）的土方开挖、支护、降水工程，属于超过一定规模的危险性较大的分部、分项工程。

以上基坑开挖作业均需要按照《危险性较大的分部、分项工程安全管理规定》的相关要求进行管理。

岩、土质场地建、构筑物的基坑开挖与支护，包括桩式和墙式支护、岩层或土层锚杆以及采用逆作法施工的基坑工程应符合 GB 50007—2011《建筑地基基础设计规范》的相关规定。

严寒地区的大型越冬基坑应评价各土层的冻胀性，并应对特殊土受开挖、振动影响以及失水、浸水影响引起的土的特性参数变化进行评估。

岩体基坑工程勘察除查明基坑周围的岩层分布、风化程度、岩石破碎情况和各岩层物理力学性质外，还应查明岩体主要结构面的类型、产状、延展情况、闭合程度、填充情况、力学性质等，特别是外倾结构面的抗剪强度以及地下水情况，并评估岩体滑动、岩块崩塌的可能性。

（一）土方开挖方式

1. 放坡开挖

（1）采用放坡开挖的基坑，应验算基坑边坡的整体稳定性；多级放坡应同时验算各级边坡和多级边坡的整体稳定性；基坑坡脚附近有局部深坑时，且坡脚与局部深坑的距离小于 2 倍深坑的深度，应按深坑的深度验算边坡稳定性。

（2）放坡开挖的基坑边坡坡度应根据土层性质、开挖深度确定，各级边坡坡度不宜大于 1 : 1.5，淤泥质土层中不宜大于 1 : 2.0；多级放坡开挖的基坑，坡间放坡平台宽度不宜小于 3.0m，且每级平台的宽度不应小于 1.5m。

（3）放坡开挖的基坑应采用降水等固结边坡土体的措施。单级放坡基坑的降水井宜设置在坡顶；多级放坡基坑的降水井宜设置在坡顶、放坡平台。降水对周边环境有影响时，应设置隔水帷幕。基坑边坡位于淤泥、暗浜、暗塘等较软弱的土层时，应进行土体加固。

（4）放坡开挖的基坑，边坡表面应按下列要求采取护坡措施：

1）护坡宜采用现浇钢筋混凝土面层，也可采用钢丝网水泥砂浆或钢丝网喷射混凝土等方式。

2）护坡面层宜扩展至坡顶和坡脚一定的距离，坡顶可与施工道路相连，坡脚可与垫层相连。

3）现浇钢筋混凝土和钢丝网水泥砂浆或钢丝网喷射混凝土护坡面层的厚度、强度等级及配筋情况应根据设计确定。

（5）放坡开挖的基坑，坡顶应设置截水明沟，明沟可采用铁栅盖板或水泥预制盖板。

2. 无内支撑的基坑开挖

（1）采用复合土钉支护的基坑开挖施工应符合下列要求：

1）隔水帷幕的强度和龄期应达到设计要求后方可进行土方开挖。

2）基坑开挖应与土钉施工分层交替进行，应缩短无支护暴露时间。

3）面积较大的基坑可采用岛式开挖方式，先挖除距基坑边 8 ~ 10m 的土方，再挖除基坑中部的土方。

4）应采用分层分段方法进行土方开挖，每层土方开挖的底标高应低于相应土钉位置，且距离不宜大于 200mm，每层分段长度不应大于 30m。

5）应在土钉养护时间达到设计要求后开挖下一层土方。

（2）采用水泥土重力坝式围护墙的基坑开挖施工应符合下列要求：

1）水泥土重力式围护墙的强度和龄期应达到设计要求后方可进行土方开挖。

2）开挖深度超过 4m 的基坑应采用分层开挖的方法；边长超过 50m 的基坑应采用分段开挖的方法。

3）面积较大的基坑宜采用盆式开挖方式，盆边留土平台宽度不应小于 8m。

4）土方开挖至坑底后应及时浇筑垫层，围护墙无垫层暴露长度不宜大于 25m。

3. 有内支撑的基坑开挖

（1）有内支撑的基坑开挖施工应根据工程地质与水文地质条件、环境保护要求、场地条件、基坑平面尺寸、开挖深度，选择以下几种支撑类型：

1）灌注桩排桩围护墙采用钢筋混凝土支撑。

2）型钢水泥土搅拌桩墙，宜采用钢筋混凝土支撑，狭长形的基坑采用型钢支撑。

3）板桩围护墙的结构形式，宜采用型钢支撑。

4）地下连续墙，宜采用钢筋混凝土支撑。

5）除上述支撑类型外，也有采用型钢支撑与钢筋混凝土支撑的组合类型。

（2）采用内支撑支护结构的深基坑石方开挖形式，可以分为明挖法和暗挖法（盖挖法）。

（3）对于基坑开挖深度超过 6m 或土质情况较差的基坑可以采用多道内支撑形式。

（4）多道内支撑基坑开挖遵循"分层支撑、分层开挖、限时支撑、先撑后挖"的原则，且分层厚度须满足设计工况要求，支撑与挖土相配合，严禁超挖；在软土层及变形要求较为严格时，应采用"分层、分区、分块、分段、抽条开挖，留土护壁，快挖快撑，先形成中间支撑，限时对称平衡形成端头支撑，减少无支撑暴露时间"等方式开挖。

（5）分层支撑和开挖的基坑上部可采用大型施工机械开挖，下部宜采用小型施工机械和人工挖土；在内支撑以下挖土时，每层开挖深度不得大于 2m，施工机械不得损坏和挤压工程桩及降水井。

（6）立柱桩周边 300mm 土层及塔吊基础下钢格构柱周边 300mm 土层须采用人工挖除，格构柱内土方由人工清除。

（二）开挖支护

（1）基坑支护结构是在建筑物地下工程建造时为确保土方开挖，控制周边环境影响在允许范围内的一种施工措施。设计中通常有两种情况，一种情况是在大多数基坑工程中，基坑支护结构是属于地下工程施工过程中作为一种临时性结构设置的，地下工程施工完成后，即失去作用，其工程有效使用期一般不超过两年；另一种情况是基坑支护结构在地下工程施工期间起支护作用，在建筑物建成后的正常使用期间，作为建筑物的永久性构件继续使用，此类支护结构的设计计算，还应满足永久结构的设计使用要求。

（2）基坑支护设计应确保岩土开挖、地下结构施工的安全，并应确保周围环境不受损害。

（3）基坑工程设计安全等级、结构设计使用年限、结构重要性系数，应根据基坑工程的设计、施工及使用条件按有关规范的规定采用。

（4）基坑支护结构设计应符合下列规定：

1）所有支护结构设计均应满足强度和变形计算以及土体稳定性验算的要求。

2）设计等级为甲级、乙级的基坑工程，应进行因土方开挖、降水引起的基坑内外土体的变形计算。

3）高地下水位地区设计等级为甲级的基坑工程，应按 GB 50007—2011《建筑地基基础设计规范》第 9.9 节规定进行地下水控制的专项设计。

二、土方、基坑开挖安全风险与隐患

（一）方案未审批

（1）作业前未对土方（含岩石，后同）、基坑开挖作业环境、场地、作业流程进行安全风险辨识，安全防控措施不全面；未出具本项工作安全风险评估报告。

（2）未根据辨识情况编制土方、基坑开挖专项施工方案，或专项施工方案未按规定报送审批就开始作业。

（3）将土方、基坑开挖作业发包给不具备相应安全生产条件和资质的单位。

（4）土方、基坑开挖作业发包单位对基坑开挖作业的安全未承担主体责任。

（5）土方、基坑开挖作业发包单位未与承包方签订安全生产管理协议，或未在承包合同中明确各自的安全生产职责。

（6）发包单位未与承运单位未签订安全生产管理协议或未明确安全生产职责。

（7）未制定土方、基坑开挖作业安全事故专项应急预案或现场处置方案。

（二）安全技术未交底

（1）土方、基坑开挖作业前，未对现场管理人员、监护人员、作业人员、应急救援人员等进行专项安全培训。

（2）大部件运输前，作业现场负责人未向实施作业的全体人员进行安全交底。

（3）未在作业现场设置围挡，封闭作业区域，并在进口、出口周边显著位置设置安全警示标志或安全告知牌。

（4）占道作业的，未在作业区域周边设置交通安全设施。

（5）夜间进行基坑开挖作业的，作业区域周边显著位置未设置警示灯，人员未穿着高可视警示服。

（三）作业不规范

（1）作业前，未根据土方、基坑开挖作业环境和作业内容，配备相应的边坡支撑防护设备、坠落防护用品、其他个体防护用品和通风设备、照明设备、通信设备以及应急救援装备等。

（2）作业前未对安全防护设备、个体防护用品、应急救援装备、机械施工设备、作业设备和用具进行安全检查。

（3）未做好施工区域内临时排水系统规划，防止临时排水破坏相邻建（构）筑物的地基和挖、填土方的边坡。

（4）未采取自上而下的开挖方法，采用掏空倒挖的施工方法进行土方开挖。

（5）土方挖掘施工区域未设围栏及安全警示标志。

（6）夜间进行土方、基坑开挖作业未设置足够的照明。

（7）在较深的地坑、地槽及井内进行土方挖掘作业时，未经常进行有毒气体的测定。

（8）在建筑物、电杆、铁塔、铁路、架空管道支架等附近进行土方挖掘作业时，未制定专项施工方案，未采取防护措施。

（9）土方挖掘施工前，未采取排水、降水措施防止上地下水渗入基坑。

（10）采用人工开挖时，作业人员相互之间未保持安全作业距离，且存在面对面作业的现象。

（11）施工人员使用专用工具提升坑内渣土时，未设专人负责，未经常检查吊具的牢固安全性。

（12）施工人员在基坑内向上运土时，未在边坡上挖设台阶或专用踏步梯。

（13）施工人员站在挡土板支撑上传递土方或在支撑上搁置传土工具。

（14）采用大型机械挖掘土方时，未对机械的停放、行走、运土方的方法和挖土分层深度等制定专项施工方案。

（15）机械土方开挖施工未采用"一机一指挥"的组织方式。

（16）机械开挖土方前，未对作业区域进行安全检查。

（17）机械开挖土方作业时，有作业人员进入机械作业范围内进行清理或找坡作业。

（18）大型机械进入基坑时未采取防止机身下陷的措施。

（19）土方、基坑开挖过程后应在保证安全的措施下清理基坑内的浮土。

（20）作业过程中，未保持土方、基坑开挖的出口、入口畅通。

（21）没有为作业人员设置上下基坑的可靠扶梯。

（22）作业人员在基坑内停留休息。

（23）基坑边坡顶上的施工机械，没有按边坡稳定性计算所规定的位置设置，超越规定位置或移向边坡的边缘。

（24）基坑挖出的土方没有按要求运至指定地点堆放；堆放位置与基坑边缘的安全距离没有按通过边坡稳定性计算确定，小于基坑深度的1.5倍。

（四）现场监护不到位

（1）夜间进行土方、基坑开挖作业未设专人监护。

（2）土方、基坑开挖外未设有专人监护，监护人员未在土方、基坑开挖外全程持续监护，监护过程擅离职守。

（3）未做好基坑及土方开挖过程中基坑内部及边缘的降、排水工作。

（4）土方、基坑开挖作业过程中未做到基坑边缘边坡的支护。

（五）验收不彻底

（1）作业完成后，现场作业人员未将全部设备和工具带离基坑及土方开挖现场。

（2）发包方和监理方没有共同在场对基坑及土方作业现场进行标高复核。

（3）未确保承包方提交相关验收资料齐全、完备。

三、土方、基坑开挖作业"一线三排"工作指引

（一）土方、基坑开挖作业"一线三排"工作指引图

土方、基坑开挖作业"一线三排"工作指引的主要内容，见图3-1。

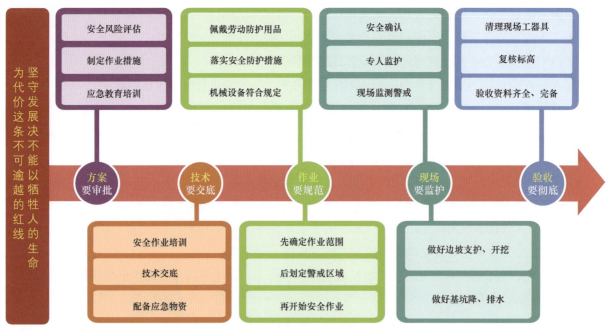

图 3-1　土方、基坑开挖作业"一线三排"工作指引图

（二）土方、基坑开挖作业"一线三排"工作指引表

土方、基坑开挖作业"一线三排"工作指引的具体要求，见表 3-1。

表 3-1　　　　　　　　　土方、基坑开挖作业"一线三排"工作指引表

序号	工作规定	具体要求	落实"一线三排"情况					
			排查情况	未落实的处置情况				
				排序	排除			
					责任人	整改措施	整改时间	整改结果
1	方案要审批	作业前应对作业过程、环境进行安全风险辨识，并出具本项工作安全风险评估报告	已落实□ 未落实□					
		应根据辨识情况按规定编制作业方案，并按规定报送监理等审批	已落实□ 未落实□					
		将土方、基坑开挖作业发包的，承包单位应具备相应的安全生产资格和作业条件，发包单位对发包作业安全承担主体责任，并要报建设单位认可；发包单位应与承包方签订安全生产管理协议或者在承包合同中明确各自的安全生产职责，发包单位应对承包单位的作业方案和实施的作业进行审批	已落实□ 未落实□					
		制定土方、基坑开挖作业安全事故专项应急预案或现场处置方案	已落实□ 未落实□					
2	技术要交底	作业前应对土方、基坑开挖作业分管负责人、安全管理人员、作业现场负责人、监护人员、作业人员、应急救援人员进行专项安全培训，参加培训的人员应在培训记录上签字确认	已落实□ 未落实□					

序号	工作规定	具体要求	落实"一线三排"情况					
			排查情况	未落实的处置情况				
				排序	排除			
					责任人	整改措施	整改时间	整改结果
2	技术要交底	建设单位应对相关管理人员进行基坑周边建、构筑物、地下管安排向承包线、地下设施及地下交通工程等进行交底	已落实□ 未落实□					
		作业现场负责人应对实施作业的全体人员进行安全交底,告知作业内容、作业过程中可能存在的安全风险、作业安全要求和应急处置措施等;交底后,交底人与被交底人应签字确认	已落实□ 未落实□					
		应在作业现场设置围挡,封闭作业区域,并在进口、出口周边显著位置设置安全警示标志或安全告知牌,占道作业的,应在作业区域周边设置交通安全设施;若需夜间作业的,作业区域周边显著位置应设置警示灯,人员应穿着高可视警示服	已落实□ 未落实□					
		每天作业前应召开班前(工前)会,对当天作业进行部署、安排,交代作业过程中存在的安全风险及需注意事项;作业后应召开班后会,对当天作业进行总结,指出作业过程中发生的不安全事件及存在的违章行为	已落实□ 未落实□					
3	作业要规范	开始作业前应根据土方、基坑开挖作业环境和作业内容,配备相应的边坡支撑防护设备、坠落防护用品、其他个体防护用品和通风设备、照明设备、通信设备以及应急救援装备等	已落实□ 未落实□					
		作业前应对安全防护设备、个体防护用品、应急救援装备、机械施工设备、作业设备和用具进行检查,发现问题应立即修复或更换	已落实□ 未落实□					
		存在可能危及土方、基坑开挖作业安全的设备设施、输电电缆时,应设置可靠的隔离(隔断)措施,并设专人看管,防止操作人员因视野受限产生安全隐患	已落实□ 未落实□					
		土方、基坑开挖过程后应在保证安全的措施下清理基坑内的浮土	已落实□ 未落实□					
		作业过程中,保持土方、基坑开挖的出口、入口畅通	已落实□ 未落实□					
		存在交叉作业时,应采取避免互相伤害的安全作业防护措施	已落实□ 未落实□					
4	现场要监护	在确认作业环境、作业程序、安全防护设备和个体防护用品、救援装备等符合要求后,作业现场负责人方可批准作业人员进入土方、基坑开挖	已落实□ 未落实□					

序号	工作规定	具体要求	落实"一线三排"情况					
			排查情况	未落实的处置情况				
				排序	排除			
					责任人	整改措施	整改时间	整改结果
4	现场要监护	大型基坑开挖时，为避免施工机械发生碰撞。两台及以上推土机在同一区域作业时，前后距离应大于8m，左右距离应大于1.5m；多台拖式铲运机同时作业时，前后距离不得小于10m；多台自行式铲运机同时作业时，前后距离不得小于6m，平行作业时两机间隔不得小于2m	已落实□ 未落实□					
		土方、基坑开挖外应设有专人监护，监护人员应在土方、基坑开挖外全程持续监护，不得擅离职守，并随时与土方、基坑开挖内作业人员保持联络	已落实□ 未落实□					
		应做好监督基坑及土方开挖过程中基坑内部及边缘的降、排水工作	已落实□ 未落实□					
		土方、基坑开挖作业过程中应该做到基坑边缘边坡的支护，避免发生坍塌的安全隐患	已落实□ 未落实□					
5	验收要彻底	作业完成后，现场作业人员应将全部设备和工具带离基坑及土方开挖现场，确保现场无人员和设备遗留	已落实□ 未落实□					
		应由发包方和监理方共同在场对基坑及土方作业现场进行复核标高和施工质量	已落实□ 未落实□					
		应确保承包方提交相关验收资料齐全、完备	已落实□ 未落实□					

（三）土方、基坑开挖作业"一线三排"负面清单

（1）现场人员不佩戴个人劳动防护用品不作业。

（2）土方、基坑作业没有现场专责监护不作业。

（3）电气设备、机械设备不符合规定不作业。

（4）工作方案、安全措施未经审批不作业。

（5）施工人员未经安全作业交底、应急培训演练不作业。

（6）严禁未明确作业班组任务分工和进入现场人员情况（人数、防护用品佩戴等）开展作业。

（7）现场操作人员未持证上岗不作业。

（8）基坑施工过程中不做边坡防护不作业。

（9）基坑、土方开挖边界未实施有效隔离不开展作业。

四、土方、基坑开挖作业隐患排查治理实例

1. 土方、基坑开挖作业隐患排查治理实例1

土方、基坑开挖作业隐患排查治理实例1见表3-2。

表 3-2　　　　　　　　　　　土方、基坑开挖作业隐患排查治理实例 1

	土方、基坑作业时，作业人员之间的横向间距小于 2m，且没有现场专责监护
隐患排查	
隐患排序	一般隐患
违反标准	DL 5009.3—2013《电力建设安全工作规程　第 3 部分：变电站》 4.1.1　一般规定 6　土石方挖掘时，作业人员之间，横向间距不小于 2m，纵向间距不小于 3m，挖掘出的土方应堆放在距坑边 1m 以外，高度不得超过 1.5m
隐患排除	土方挖掘作业时，应保证作业人员之间的横向间距不小于 2m，纵向间距不小于 3m

2. 土方、基坑开挖作业隐患排查治理实例 2

土方、基坑开挖作业隐患排查治理实例 2 见表 3-3。

表 3-3　　　　　　　　　　　土方、基坑开挖作业隐患排查治理实例 2

	土方、基坑开挖作业未设置围栏及安全警示标志
隐患排查	
隐患排序	一般隐患

续表

违反标准	DL 5009.3—2013《电力建设安全工作规程 第 3 部分：变电站》 4.1.1 一般规定 7 土石方挖掘施工区域应设围栏及安全警示标志，夜间应挂警示灯，围栏离坑边不得小于 0.8m
隐患排除	土方挖掘施工作业区域周围应设置围栏及安全警示标志，确保围栏离坑边的距离不小于 0.8m

第二节 高支模作业

一、高支模作业概述

高支模是高大模板支撑体系的简称。高大模板支撑系统是指建设工程施工现场混凝土构件模板支撑系统高度超过 8m，或搭设跨度超过 18m，或施工总荷载大于 15kN/m^2，或集中线荷载大于 20kN/m 的模板支撑系统。

根据《住房城乡建设部办公厅关于实施〈危险性较大的分部、分项工程安全管理规定〉有关问题的通知》（建办质〔2018〕31 号）的规定模板工程及支撑体系中的混凝土模板支撑工程：搭设高度 8m 及以上，或搭设跨度 18m 及以上，或施工总荷载（设计值）15kN/m^2 及以上，或集中线荷载（设计值）20kN/m 及以上的属于超过一定规模的危险性较大的分部、分项工程。

因此，高大模板支撑体系需要按照《危险性较大的分部、分项工程安全管理规定》的相关要求进行管理。

模板支撑体系由模板、次龙骨、主龙骨、带螺杆的 U 形托、支架以及底座组成，荷载由模板依次传给次龙骨、主龙骨、带螺杆的 U 形托、支架和底座，其中支架是最为主要的受力结构，绝大部分坍塌事故均由支架的失稳而导致；而在高大模板支撑体系中，模板、次龙骨、主龙骨等均由工人手工放置在相应的支撑构件和结构上，支点只能承受压力。

高支模作业是指高大模板支撑体系的搭设作业、使用和检查、混凝土浇筑作业以及模板拆除作业等。

二、高支模作业安全风险与隐患

（一）方案未审批

（1）未对高支模的作业环境、作业过程进行评估，未深入分析存在的危险因素，提出消除、控制危害的措施。

（2）未结合施工现场实际情况编制高大模板支撑体系的专项施工方案，或专项施工方案未通过施工单位审核和总监理工程师审查，或专项施工方案未由施工单位技术负责人审核签字、加盖单位公章，未由总监理工程师审查签字、加盖执业印章。

（3）高大模板支撑体系的专项施工方案未经过专家审查论证就开始施工作业。

（4）未制定高支模作业施工安全事故应急救援预案和现场处置方案。

（二）安全技术未交底

（1）高支模作业前未对现场管理人员、操作班组、作业人员进行安全培训。

（2）高大模板支撑系统搭设前，编制人员或者项目技术负责人未向施工现场管理人员进行方案交底。

（3）高支模施工现场管理人员未向作业人员进行安全技术交底。

（4）高支模作业安全交底内容没有包括施工工艺、材料、设备、工作流程、工作条件、安全技术措施，以及安全管理和应急处置措施等全部的内容，交底内容不全面。

（5）高支模施工作业现场没有配置应急救援器材和相关的设备。

（三）作业不规范

（1）搭设高大模板支撑架体的作业人员未取得建筑施工脚手架特种作业操作资格证书，其他相关施工人员未进行专业知识和技能的培训，未掌握相关知识。

（2）没有为施工作业人员配备安全帽、安全带、防滑鞋、安全网等防护用品。

（3）高支模作业人员未严格按规范、专项施工方案和安全技术交底书的要求进行操作。

（4）高大模板支撑系统的地基承载力未能满足方案设计要求。

（5）高支模作业遇松软土、回填土，未根据设计要求进行平整、夯实，未设置混凝土基础和采取排水措施，未按规定在模板支撑立柱底部采用具有足够强度和刚度的垫板。

（6）对于高大模板支撑体系，其高度与宽度相比大于2时，未加设保证整体稳定的构造措施。

（7）高大模板工程搭设的构造要求不符合相关技术规范和方案要求，支撑系统立柱接长进行了搭接。

（8）未按照要求设置扫地杆、纵横向支撑及水平垂直剪刀撑，未与主体结构的墙、柱牢固拉接。

（9）搭设高度2m以上的支撑架体未设置作业人员登高措施和操作平台及兜底平网。

（10）搭设的高处作业面未按有关规定设置安全防护设施。

（11）支模过程中如遇中途停歇，未将已就位模板或支架连接稳固，导致模板浮搁或悬空。

（12）模板支撑系统不是独立的系统，而是与物料提升机、施工升降机、塔吊等起重设备钢结构架体机身及其附着设施相连接。

（13）模板支撑系统与施工脚手架、物料周转料平台等架体相连接。

（14）高支模作业现场的模板、钢筋及其他材料等施工荷载未均匀堆置，未放平放稳。

（15）施工总荷载超过了模板支撑系统设计荷载要求。

（16）模板支撑系统在使用过程中，立柱底部有松动悬空的现象，有人任意拆除任何杆件，松动扣件的现象，或用作缆风绳的拉接等。

（17）高支模施工过程中未检查立柱底部基础是否回填夯实。未检查垫木是否满足设计要求。

（18）高支模脚手管壁厚度不符合要求或严重锈蚀、变形，扣件存在质量问题或扣件的坚固力矩不符合要求；立杆的对拉扣件没有交错布置，接头设置在同步内。

（19）高支模施工过程中未检查底座位置是否正确，立杆顶部悬臂长度和顶托螺杆伸出长度是否满足规范和方案要求。

（20）高支模施工过程中未检查立柱的规格尺寸和垂直度是否符合要求，导致出现偏心荷载。

（21）高支模施工过程中未检查安全网和各种安全防护设施是否符合要求。

（22）混凝土浇筑作业前，施工单位项目技术负责人、项目总监未确认检查现场是否具备混凝土浇筑的安全生产条件就开始浇筑混凝土。

（23）框架结构中，柱和梁板的混凝土浇筑顺序，没有按先浇筑柱混凝土，后浇筑梁板混凝土的顺序进行。

（24）浇筑过程没有按照专项施工方案要求，未确保支撑系统受力均匀，导致高大模板支撑系统失稳倾斜。

（25）高大模板支撑系统拆除前，未履行拆模审批签字手续。

（26）拆模前没有检查所使用的工具是否有效和可靠，扳手等工具没有装入工具袋或系挂在身上，未检查拆模场所范围内的安全措施。

（27）高大模板支撑系统的拆除作业采用上、下层同时拆除作业的方式，分段拆除的高度不符合要求。

（28）多人同时进行拆模操作时，没有明确分工、统一信号或行动。

（29）设有附墙连接的模板支撑系统，附墙连接没有随支撑架体逐层拆除，而是先将附墙连接全部或数层拆除后再拆支撑架体。

（30）高大模板支撑系统拆除时，将拆卸的杆件向地面抛掷，没有按规格分类均匀堆放。

（31）高大模板支撑系统拆除作业区没有设围栏，拆除作业范围内还有其他工种作业，未设专人负责监护。

（32）拆模中途停歇时，未将已松扣或已拆松的模板、支架等拆下运走。

（33）在大风地区或大风季节施工时，模板未设有抗风的临时加固措施。

（四）现场监护不到位

（1）高大模板支撑系统搭设、拆除及混凝土浇筑过程中，未安排专业技术人员进行现场指导，设专人负责安全检查。

（2）浇筑过程没有专人对高大模板支撑系统进行观测，相关管理人员没有进行现场旁站监督。

（3）监理单位没有对高大模板支撑系统的搭设、拆除及混凝土浇筑实施巡视专项检查。

（4）高支模作业现场的地面未设置围栏和警戒标志，未派专人看守。

（五）验收不彻底

（1）高大模板支撑体系搭设前，项目技术负责人没有组织对需要处理或加固的地基、基础进行验收。

（2）高大模板支撑系统的结构材料没有按照要求进行验收、抽检和检测。

（3）施工单位没有对进场的承重杆件、连接件等材料的产品合格证、生产许可证、检测报告进行复核。

（4）施工单位没有对承重杆件的外观、重量等物理指标进行抽检，或抽检数量不合格。

（5）采用钢管扣件搭设的高大模板支撑系统，没有对扣件螺栓的紧固力矩进行抽检，或抽查的数量不符合标准规范的要求。

（6）高大模板支撑系统搭设完成后，项目负责人没有组织验收，或参与验收的人员不符合相关规定的要求。

（7）高支模工程验收合格后，未在明显位置设置验收标识。

三、高支模作业"一线三排"工作指引

（一）高支模作业"一线三排"工作指引图
高支模作业"一线三排"工作指引的主要内容，见图3-2。

（二）高支模作业"一线三排"工作指引表
高支模作业"一线三排"工作指引的具体要求，见表3-4。

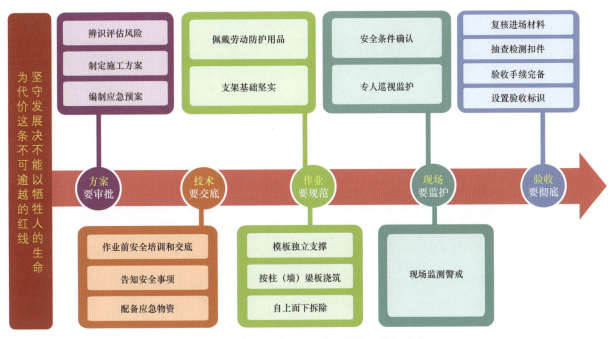

图 3-2 高支模作业"一线三排"工作指引图

表 3-4 高支模作业"一线三排"工作指引表

序号	工作规定	具体要求	落实"一线三排"情况					
			排查情况	未落实的处置情况				
				排除				
				排序	责任人	整改措施	整改时间	整改结果
1	方案要审批	应对作业环境、作业过程进行评估，分析存在的危险有害因素，提出消除、控制危害的措施	已落实□ 未落实□					
		应当在高支模危大工程施工前组织工程技术人员，根据国家和地方现行相关标准规范，结合施工现场实际情况编制专项施工方案；专家论证前专项施工方案应当通过施工单位审核和总监理工程师审查；专项施工方案应当由施工单位技术负责人审核签字、加盖单位公章，并由总监理工程师审查签字、加盖执业印章后方可实施	已落实□ 未落实□					
		应制定安全生产专项应急救援预案和现场应急处置方案	已落实□ 未落实□					
2	技术要交底	作业前应对现场管理人员、操作班组、作业人员进行安全培训	已落实□ 未落实□					
		高大模板支撑系统搭设前，编制人员或者项目技术负责人应当向施工现场管理人员进行方案交底，并由双方签字确认；施工现场管理人员应当向作业人员进行安全技术交底，并由双方和项目专职安全生产管理人员共同签字确认；交底内容应当包括施工工艺、材料、设备、工作流程、工作条件、安全技术措施，以及安全管理、专项应急预案和应急处置措施等	已落实□ 未落实□					

续表

序号	工作规定	具体要求	落实"一线三排"情况					
			排查情况	未落实的处置情况				
				排序	排除			
					责任人	整改措施	整改时间	整改结果
2	技术要交底	每天作业前召开班前（工前）会，应对当天作业进行部署、安排，交代作业过程中存在的安全风险及需注意事项；作业后召开班后会，应对当天作业进行总结，指出作业过程中发生的不安全事件及存在的违章行为	已落实□ 未落实□					
3	作业要规范	搭设高大模板支撑架体的作业人员应取得建筑施工脚手架特种作业操作资格证书，其他相关施工人员应掌握相应的专业知识和技能	已落实□ 未落实□					
		配备安全帽、安全带、防滑鞋、安全网等防护用品	已落实□ 未落实□					
		配置应急救援器材和设备	已落实□ 未落实□					
		搭设管理：高大模板支撑系统的地基承载力应能满足方案设计要求。如遇松软土、回填土，应根据设计要求进行平整、夯实，并设置混凝土基础和采取排水措施，按规定在模板支撑立柱底部采用具有足够强度和刚度的垫板；对于高大模板支撑体系，其高度与宽度相比大于2时，应加设保证整体稳定的构造措施；高大模板工程搭设的构造要求应当符合相关技术规范和方案要求，支撑系统立柱接长严禁搭接；应设置扫地杆、纵横向支撑及水平垂直剪刀撑，并与主体结构的墙、柱牢固连接；搭设高度2m以上的支撑架体应设置作业人员登高措施和操作平台及兜底平网；作业面应按有关规定设置安全防护设施；模板支撑系统应为独立的系统，禁止与物料提升机、施工升降机、塔吊等起重设备钢结构架体机身及其附着设施相连接；禁止与施工脚手架、物料周转料平台等架体相连接。总之，不同材料脚手架应按对应的国标技术规范要求进行搭设施工	已落实□ 未落实□					
		使用与检查：模板、钢筋及其他材料等施工荷载应均匀堆置，放平放稳。施工总荷载不得超过模板支撑系统设计荷载要求；模板支撑系统在使用过程中，立柱底部不得松动悬空，不得任意拆除任何杆件，不得松动扣件，也不得用作缆风绳的拉接；施工过程中检查项目应符合下列要求： （1）立柱底部基础应回填夯实，满足方案设计要求。 （2）垫木应满足设计要求。 （3）底座位置应正确，立杆顶部悬臂长度和顶托螺杆伸出长度应满足规范和方案要求。 （4）立柱的规格尺寸和垂直度应符合要求，不得出现偏心荷载；扣件坚固力矩符合规范要求。 （5）扫地杆、水平拉杆、剪刀撑等设置应符合方案要求，固定可靠。 （6）安全网和各种安全防护设施符合要求	已落实□ 未落实□					

续表

序号	工作规定	具体要求	落实"一线三排"情况					
			排查情况	未落实的处置情况				
				排序	排除			
					责任人	整改措施	整改时间	整改结果
3	作业要规范	混凝土浇筑：混凝土浇筑前，施工单位项目技术负责人、项目总监确认具备混凝土浇筑的安全生产条件后，签署混凝土浇筑令，方可浇筑混凝土；框架结构中，应按先浇筑柱混凝土，后浇筑梁板混凝土的顺序进行；浇筑过程应符合专项施工方案要求，并确保支撑系统受力均匀，大梁应分层浇筑厚度不大于0.4m，避免引起高大模板支撑系统的失稳倾斜	已落实□未落实□					
		拆除管理：高大模板支撑系统拆除前，项目技术负责人、项目总监应核查混凝土同条件试块强度报告，浇筑混凝土达到拆模强度后方可拆除，并履行拆模审批签字手续；高大模板支撑系统的拆除作业必须自上而下逐层进行，严禁上下层同时拆除作业，分段拆除的高度不应大于两层。设有附墙连接的模板支撑系统，附墙连接必须随支撑架体逐层拆除，严禁先将附墙连接全部或数层拆除后再拆支撑架体；高大模板支撑系统拆除时，严禁将拆卸的杆件向地面抛掷，应有专人传递至地面，并按规格分类均匀堆放	已落实□未落实□					
4	现场要监护	高大模板支撑系统搭设、拆除及混凝土浇筑过程中，应有专业技术人员进行现场指导，设专人负责安全检查；如发现险情，立即停止施工并采取应急措施，排除险情后，方可继续施工	已落实□未落实□					
		浇筑过程应有专人对高大模板支撑系统进行观测，发现有松动、变形等情况，必须立即停止浇筑，撤离作业人员，并采取相应的加固措施	已落实□未落实□					
		监理单位应对高大模板支撑系统的搭设、拆除及混凝土浇筑实施巡视专项检查和旁站监督，发现安全隐患应责令整改	已落实□未落实□					
		地面设置围栏和警戒标志，并派专人看守，严禁非操作人员进入作业范围	已落实□未落实□					
5	验收要彻底	搭设完成后，由项目负责人组织验收，验收人员应包括： （1）总承包单位和分包单位技术负责人或授权委派的专业技术人员、项目负责人、项目技术负责人、专项施工方案编制人员、项目专职安全生产管理人员及相关人员。 （2）监理单位项目总监理工程师及专业监理工程师。验收合格，经相关人员签字后，方可进入后续工序的施工	已落实□未落实□					
		高支模工程验收合格后，应在明显位置设置验收标识牌	已落实□未落实□					

续表

序号	工作规定	具体要求	落实"一线三排"情况					
			排查情况	未落实的处置情况				
				排序	排除			
					责任人	整改措施	整改时间	整改结果
5	验收要彻底	应对进场材料的合格证、许可证、检测报告进行复核	已落实□ 未落实□					
		应对扣件螺栓的紧固力矩进行抽查检测	已落实□ 未落实□					

（三）高支模作业"一线三排"负面清单

（1）严禁施工场所未实施有效隔离开展作业，严禁未明确作业班组任务分工和进入现场人员情况（人数、防护用品佩戴等）开展作业，严禁作业现场未设置专职安全监督员开展作业。

（2）超过一定规模的模板支架专项施工方案未按规定组织专家论证的禁止搭设。

（3）超过一定规模的模板支架专项施工方案未按规定验收禁止浇筑。

（4）模板支撑系统禁止与物料提升机、施工升降机、塔吊等起重设备、钢结构架体机身及其附着设施相连接，禁止与施工脚手架、物料周转料平台等架体相连接。

（5）禁止使用管径和壁厚度不符合要求、严重锈蚀、变形的脚手管进行搭设高支模。

（6）六级风以上（含六级）天气，原则上禁止浇筑。

（7）浇筑期间未对高支模支撑系统进行监控量测的，禁止进一步施工。

（8）严禁上下层同时拆除作业，分段拆除的高度不应大于两层设有附墙连接的模板支撑系统，附墙连接必须随支撑架体逐层拆除，严禁先将附墙连接全部或数层拆除后再拆支撑架体。

（9）高支模拆除时，严禁将拆卸的杆件向地面抛掷。

四、高支模作业隐患排查治理实例

高支模作业隐患排查治理实例见表3-5。

表3-5　　　　　　　　　　高支模作业隐患排查治理实例

隐患排查	高支模支撑架扫地杆缺失较多

续表

隐患排序	较大隐患
违反标准	*JGJ/T 429—2018*《建筑施工易发事故防治安全标准》 4.6.3 满堂钢管支撑的构造应符合下列规定： 4 水平杆应按步距沿纵向和横向通长连续设置，不得缺失。在立杆底部应设置纵向和横向扫地杆，水平杆和扫地杆应与相邻立杆连接牢固
隐患排除	高支模混凝土浇筑前、施工过程中和拆除支撑架前均应有相关人员对支撑系统进行检查，防止水平杆和扫地杆缺失

第三节　风电大部件运输作业

一、风电大部件运输作业概述

电力大件是指电源和电网建设生产中的大型设备和构件，其外形尺寸和质量符合下列条件之一：

（1）长度大于 14m 或宽度大于 3.5m 或高度大于 3m，且不可解体或变形。

（2）质量在 20t 以上。

风电场工程大部件包括塔筒、叶片、机舱和主变压器等。

大件设备运输前，应编制大件设备装车、运输、卸车专项方案并严格执行审批程序。方案内容主要包括项目概况、编制依据、组织机构、作业方法、资源配置、安全、质量、工期及环境保护措施等。风电大部件运输工作流程参照 DL/T 1071—2014《电力大件运输规范》执行。

（一）风电大部件运输

1. 塔筒运输要求

（1）运输前应核算运输车辆的承载能力，并根据运输路线核算运输过程中在特定路况下的稳定。

（2）运输前，应采取防止塔筒变形的措施。

（3）运输前，应将筒体固定牢靠，在明显部位标上质量、重心位置及警示标志。

（4）塔筒的涂层及结合面应有相应的保护措施。

（5）运输时，塔筒的底端应始终朝向牵引车车头方向。

（6）露天存放及运输时，应采取防腐蚀措施。

2. 叶片运输要求

（1）叶片和轮毂运输前，应使用专用的工装或支架将叶片固定在车板上，且专用工装或支架也应固定在车板上。

（2）叶片与车板之间，不能放置非固定物体，以免活动物体在运输中将叶片和轮毂损坏。

（3）叶片运输时，应悬挂反光警示牌和警示标志牌。

（4）运输装卸过程中，应对叶片的薄弱部位、螺栓和配合面应加以特别保护。

（5）叶片运输前要事先了解沿途输电线路高度状况，以防出现意外事故。

3. 机舱运输要求

（1）运输前，应核算运输车辆的承载能力。

（2）机舱装卸过程中，起吊、卸放应平缓有序。

（3）应设计机舱专用工装，且工装应固定牢固。

（4）机舱运输过程中应避免机舱内设备进水或受腐蚀介质侵蚀而受损。

4．主变压器运输要求

主变压器运输根据 DL/T 5840—2021《电气装置安装工程 电力变压器、油浸电抗器、互感器施工及验收规范》有关规定执行，并符合下列要求：

（1）运输前，应核算运输车辆的承载能力。

（2）运输前，起吊变压器应平缓有序，变压器的重心与运输工具中轴线重合。

（3）固定工装应牢固。

（4）运输过程中应控制运输工具的速度，转弯时逐步调整，保持运输工具行驶平稳，不应有严重冲击和振动。

（5）变压器运输过程中加速度绝对值要求小于 $3g$。

（6）变压器装车后，应每天固定时间检查两次变压器氮气压力表，并做好记录。

（7）车辆每运行 2h 或 50km 左右，应在宽阔的安全地带停车检查车辆状况和绑扎加固状况。

（二）风电大部件存放

风电大部件存放场地根据现场地形地质条件、风电机组的布置和运输条件进行设置，场地满足设备的装卸和安全要求。场地存放方式有两种：一种是风机吊装机位场地较大时，可以直接运输至风机吊装场地现场卸车，现场设专人看护；另一种是风机吊装平台场地较小，一般选择道路运输方便、场地平整、与风电场距离适中的区域集中存放。

二、风电大部件运输安全风险与隐患

风电大部件运输应重点防范起重伤害、车辆伤害、物体打击等事故。

（一）方案未审批

（1）作业前未对风电大部件运输作业环境、场地、作业流程进行安全风险辨识，安全防控措施不全面。

（2）未编制风电大部件运输专项施工方案，或专项施工方案未经审查就开始作业。

（3）承运单位未制订风电大部件运输应急预案，或未建立应急处理体系。

（4）承运单位不具备安全生产条件，或不具有相应等级的电力大件运输资质。

（5）发包单位未与承运单位未签订安全生产管理协议或在合同中未明确双方的应承担安全生产职责。

（二）安全技术未交底

（1）大部件运输、到场卸车前，未对现场管理人员、作业人员等进行安全培训。

（2）大部件运输前、到场卸车前，施工方案编制人员或者运输车队负责人未向施工现场管理人员进行方案交底。

（3）施工现场管理人员未向运输人员、现场作业人员进行安全技术交底。

（4）作业现场未配置应急救援器材和设备。

（三）作业不规范

（1）施工人员未持证上岗。

（2）现场作业人员未正确佩戴劳动防护用品。

（3）施工前未检查确认运输车辆、起重吊装机械和绑扎工器具性能和安全状况。

（4）对有防潮、防震、限速等特殊要求的大件设备，未装监测仪器，未采取防护措施。

（5）大件设备超载、偏载、集重、偏重。

（6）大件设备与载货平台接触处未设置防滑、防磨损措施。

（7）大件设备运输车辆未按方案中规定的路线和要求行驶。

（8）运输时快速起步、急剧转向、紧急制动等。

（9）人货混载。

（10）沿途穿过空中线缆时未减速行驶，与电力线路的安全距离不足。

（11）夜间行驶，大件运输车辆未做灯光警示。

（12）施工现场道路不平整，不满足车组安全通行要求。

（13）恶劣气候，或夜间照明不足、视线不清情况下，进行电力大件装卸作业。

（14）未经许可，擅自变化大部件顶升、吊装、顶推、牵拉作业部位。

（15）大件设备绑扎不牢固，偏拉斜吊。

（四）现场监护不到位

（1）大部件装卸作业未设专人指挥和安全监护。

（2）大部件装卸现场未采取隔离警戒措施。

（3）现场安全负责人未对运输全过程进行安全监督，未及时纠正违章作业。

（五）设备防护不到位

（1）大部件未采用专用工装或配套支架固定。

（2）大部件的摆放位置影响其他工作顺利开展。

（3）大部件未做好防雨、防潮、防磕碰等防护措施。

（六）事故报告不及时

（1）事故发生后，未及时上报。

（2）事故发生后，抢险救援不及时，或未做好善后处理措施。

三、风电大部件运输作业"一线三排"工作指引

（一）风电大部件运输作业"一线三排"工作指引图

风电大部件运输作业"一线三排"工作指引主要内容，见图3-3。

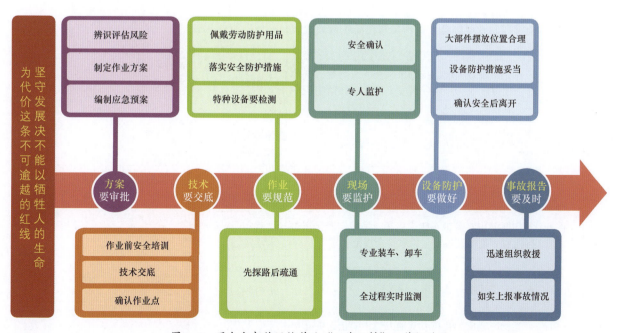

图3-3 风电大部件运输作业"一线三排"工作指引图

（二）风电大部件运输作业"一线三排"工作指引表

风电大部件运输作业"一线三排"工作指引的具体要求，见表3-6。

表3-6　　　　　　　　　　风电大部件运输作业"一线三排"工作指引表

序号	工作规定	具体要求	排查情况	排序	责任人	整改措施	整改时间	整改结果
			落实"一线三排"情况					
				未落实的处置情况				
					排除			
1	方案要审批	应对作业环境进行评估，分析存在的风险及危险有害因素和隐患，提出消除、控制措施	已落实□ 未落实□					
		应当在危大工程施工前组织工程技术人员，根据国家和地方现行相关标准规范，结合作业现场实际情况编制专项作业方案；专家论证前专项作业方案应当通过作业单位审核和总监理工程师审查；专项作业方案应当由作业单位技术负责人审核签字、加盖单位公章，并由总监理工程师审查签字、加盖执业印章后方可实施	已落实□ 未落实□					
		制定专项应急救援预案和现场应急处置方案	已落实□ 未落实□					
2	技术要交底	作业前应对现场管理人员、作业人员进行安全培训	已落实□ 未落实□					
		大部件运输前，作业方案编制人员或者运输车队负责人应当向作业现场管理人员进行方案交底，并由双方签字确认；作业现场管理人员应当向作业人员进行安全技术交底，并共同签字确认；交底内容应当包括作业内容、设备、工作流程、工作条件、安全技术措施，以及安全管理和专项应急救援预案和现场应急处置方案等	已落实□ 未落实□					
		作业班负责人应主持好班前会、班后会，交代安全注意事项和总结一天安全情况，并落实班中安全监督工作	已落实□ 未落实□					
3	作业要规范	作业人员应持证上岗，佩戴防护用品	已落实□ 未落实□					
		配置应急救援器材和设备	已落实□ 未落实□					
		作业前应对运输车辆、吊车、吊带、转运车进行检查，确保设备安全可靠符合规范要求	已落实□ 未落实□					
		运输过程中车辆应按规定要求限速、匀速行驶，避免摇晃、急刹车、突然加速	已落实□ 未落实□					
		运输车辆应禁止搭载其他人员，禁止人货混载	已落实□ 未落实□					

序号	工作规定	具体要求	落实"一线三排"情况					
			排查情况	未落实的处置情况				
				排序	排除			
					责任人	整改措施	整改时间	整改结果
3	作业要规范	装卸和运输过程遇见异常情况,应立即汇报运输负责人,确定解决方案	已落实□ 未落实□					
		前后两辆引导车应负责引导车辆通行	已落实□ 未落实□					
4	现场要监护	装卸过程应有专人监督,押运,装卸现场应设置警戒线	已落实□ 未落实□					
		安全管理人员全程跟踪,确保安全施工	已落实□ 未落实□					
5	设备防护要做好	大部件的摆放位置应合理,方便其他工作开展,要使用配套的支架进行存放	已落实□ 未落实□					
		设备摆放好后应做好防护工作,避免设备受潮、磕碰、丢失	已落实□ 未落实□					
		应定期进行巡视检查	已落实□ 未落实□					
6	事故报告要及时	若发生生产安全事故,应在1h内如实上报,并及时上报重大事项	已落实□ 未落实□					
		发生事故时应迅速组织抢险救援,做好善后处理工作,配合调查处理	已落实□ 未落实□					

(三)风电大部件运输作业"一线三排"负面清单

(1)禁止违章指挥从业人员或者强令从业人员违章、冒险作业,禁止作业人员违章作业。

(2)禁止无证驾驶和酒后驾驶运输车辆,操作特种设备。

(3)禁止超速,危险驾驶。

(4)禁止拖拉、撞击、暴力拆卸大部件。

(5)禁止使用未经检测的吊带、特种设备。

(6)禁止恶意阻塞交通,拒不让行。

(7)禁止瞒报、迟报事故。

四、风电大部件运输作业隐患排查治理实例

1. 风电大部件运输作业隐患排查治理实例1

风电大部件运输作业隐患排查治理实例1见表3-7。

表 3-7　　　　　　　　　　　风电大部件运输作业隐患排查治理实例 1

风机运输过程中转弯速度过快造成叶片损坏	
隐患排查	
隐患排序	较大隐患
违反标准	DL/T 1071—2014《电力大件运输规范》 9.2.3.1　公路运输工艺及要求。 公路运输工艺及要求如下： a）电力大件运输车辆应严格按照方案中规定的路线和要求行驶。 d）严格遵照方案要求控制行驶速度，途中宜保持匀速行驶，应避免快速起步、急剧转向和紧急制动，长距离下坡应采取降温措施，保证运输车辆制动性能良好
隐患排除	电力大件运输过程必须严格执行方案中规定的速度行驶，遇到弯道前事先减速

2. 风电大部件运输作业隐患排查治理实例 2

风电大部件运输作业隐患排查治理实例 2 见表 3-8。

表 3-8　　　　　　　　　　　风电大部件运输作业隐患排查治理实例 2

变压器在运输途中没有绑扎，易发生设备损坏事故	
隐患排查	
隐患排序	一般隐患

违反标准	DL/T 1071—2014《电力大件运输规范》 9.2　运输实施 9.2.2.5　电力大件与载货平台接触处应铺设防滑材料，根据电力大件情况选择合适规格的绑扎钢丝绳、手拉葫芦、卸扣、绞绳、绞筒、橡胶垫、钢质挡块、木方等，采用合理的方式进行绑扎固定，以避免侧翻和滑移。 9.2.3.1　公路运输工艺及要求。 g）运输途中适时安排停车检查，着重检查车况及监测仪表数据、电力大件绑扎情况，发现异常应及时处理
隐患排除	变压器装车时要认真固定方式符合方案要求，途中也应定期检查变压器绑扎符合要求

第四节　风机吊装及电装作业

一、风机吊装及电装作业概述

风电机组吊装及电气设备安装作业内容主要包括塔底电气设备安装、塔架吊装、机舱吊装、叶轮组装、叶轮吊装、风电机组内电气安装等。

（一）塔底电气设备安装

（1）塔底电气设备安装前应检查安装平台水平度。

（2）塔底电气设备安装的风电机组应与底端塔架连续安装，特殊情况下不能连续安装的，应采用防风、防雨、防尘措施。

（3）进行塔底电气设备安装时，应使用吊车将塔底电气设备支架吊入基础环内，调平支架。

（4）将塔底电气设备吊至底部平台支架上方，由安装人员将其安放在底部平台上使用螺栓固定。

（5）吊索的固定应采用设备顶部吊环；无吊环设备吊索的固定采用四角主要承力结构，吊索的长度应保持一致，采取防止设备柜体变形损坏的措施。

（6）吊绳被拉紧时，不应用手接触起吊部位。

（7）禁止人员和车辆在起重作业半径内停留。

（二）塔架吊装

塔架吊装分为底段塔筒安装和第二、三、四段塔架安装。

底段塔筒吊装时，起吊前应检查塔架在运输过程中是否有面漆损伤、变形等情况。必要时在清洗完工后补漆或采取其他必要措施；检查无误后，用专用吊具固定在底段塔架的上、下法兰上；两台吊车在专业指挥人员的指挥下，配合将底端塔架竖直；塔架下法兰面不能接触地面。

按底段塔架吊装工序依次完成第二、三、四段塔架吊装工作。塔架吊装时，应注意以下事项：

（1）塔架安装之前，必须完成机组基础验收，其基础环水平度、混凝土强度、接地电阻等必须满足技术要求。

（2）起吊塔架时，应平稳，保证塔架直立后下端处于水平位置，并至少有一根导向绳导向。

（3）塔架就位时，工作人员不应将身体部位伸出塔架之外。

（4）底部塔架安装完成后应立即与接地网进行连接，其他塔架安装就位后应立即连接引雷导线。

（5）每段塔架安装后应检查其安装位置和垂直度，塔架中心线的垂直度应满足设计要求。

（6）塔架间爬梯、安全滑轨的等附件连接应满足制造厂家要求。

（7）在塔架安装过程中，应安装临时防坠装置；如无临时防坠装置，攀爬塔架时应使用双钩安全绳进行交替固定。

（8）进入机组安装面应注意尚未安装的平台盖板形成的孔洞，当心坠落，应及时标识并在安装盖板时采取防坠落措施。

（三）机舱吊装

机舱吊装前应检查检测机舱罩表面是否有污物和磨损，电缆捆扎要牢固，测风装置、航空灯和避雷针等附件安装应正确；机舱吊具安装应符合风机设备厂家要求。

正式起吊机舱前首先要进行机舱调平试吊，试吊合格后方可正式吊装。起吊时保持均匀提升速度，机舱起吊高处塔架顶部法兰面时开始机舱和塔架对接，机舱和塔架对接时应缓慢而平稳，避免机舱与塔架之间发生碰撞。机舱与塔架对接后，用液压力矩扳手按十字对称先紧固对角螺栓，然后顺序拧紧结构架内圈机舱与最上段法兰连接的螺栓，螺栓力矩紧固参照塔架力矩紧固方法执行。机舱与塔架固定连接螺栓达到技术要求的紧固力矩后，方可松开吊钩、移除吊具。

（四）叶轮组装

叶片和轮毂应放置在不影响吊装施工的指定地点；叶轮组装前，应检查轮毂和叶片在运输过程中是否有面漆损伤、变形等情况；轮毂不要提前拆除防尘罩，避免风沙等进入轮毂内；安装所有必要的部件，清理连接叶片和轮毂的法兰；叶片连接螺栓、螺母、垫片按照设计要求正确安装，螺栓紧固参照塔架力矩紧固方法执行。

叶轮在地面组装完成未起吊前，应可靠固定，以免发生倾覆、移位。

（五）叶轮吊装

叶轮吊装时，应使用经检验合格的吊具。

（1）叶轮吊装时，应由主吊车吊起两个叶片专用吊具，辅助吊车吊起第三个叶片专用吊具，水平吊起。

（2）叶轮安装应分别在主吊叶片的叶尖各配备一根导向绳，导向绳通过叶尖护袋固定到叶尖处，导向绳长度和强度应足够，并应有足够的人员拉紧导向绳，保证起吊方向。

（3）叶轮起吊前轮毂内部不应遗留有杂物，内外应清理干净。

（4）叶轮安装应采取措施避免辅吊脱钩后叶轮出现上张角，辅吊的吊具应有防止叶片损伤的保护措施。

（5）起吊变桨距机组叶轮时，叶片应处于顺桨位置，并可靠锁定。

（6）叶轮吊离地面约 1.5m 时，应清理轮毂主轴法兰螺孔。

（7）移除吊具时，轮毂与机舱的高强度螺栓力矩应达到风机设备厂家的要求。

（六）风电机组内电气安装

电气安装一般采取流水作业方式，塔架安装好后立即进行塔架内电气安装，吊装好机舱后马上进行机舱内电气安装。以便利用电力驱动风力发电机组的一些装置，为风力发电机组的安装提供方便。电气安装应注意以下事项：

（1）风机电缆及其附件到达现场后，应及时进行检查，并符合要求。

（2）风机安装时，电缆线裁剪长度应考虑在终端头与接头附近留有预留长度，截断处应采用防水绝缘胶布进行密封处理。

（3）电缆出入盘柜、孔洞均应进行防火封堵和刷防火涂料。

（4）塔架内母线槽安装前应检查塔架内安装螺柱的同心度，母线槽不得受潮和变形，绝缘应良好。

（5）母线槽安装时应保持段间连接装置表面清洁，调整母线槽同心度，进行连接接头器螺栓的紧固，连接器螺栓紧固后应进行标记。

（6）母线槽固定支架的连接应在母线槽接头器紧固后进行。

（7）母线槽两端应通过电缆接线箱与电缆连接。

（8）电气接线和电气连接应可靠。

（9）风力发电机组组装时，应标明发电机转向及出线端的相序，并在第一次通电前检查相序是否正确；电缆头安装完成并绑扎成形后，应悬挂电缆牌。

（10）电气系统、防护系统、监控系统、照明系统、接地系统的安装应符合设计要求，保证连接安全、可靠，不得随意改变连接方式。

（11）母线和导电或带电的连接件按规定使用时，不应发生过热、松动或造成其他危险的变动。

（12）铺设电缆之前应认真检查电缆支架是否牢固，然后放电缆使其就位。

（13）控制柜就位：控制柜安装于钢筋混凝土基础上，应在吊下段塔架时预先就位；控制柜固定于塔架下段下平台上的，可在放电缆前后从塔架工作门抬进就位。

（14）机舱至塔架底部控制柜的电力电缆及控制电缆应按厂家要求和 GB 50168—2018《电气装置安装工程电缆线路施工及验收标准》规定进行安装，应采取有效措施防止由于振动引起的电缆摆动和机组偏航时产生的绞缆。

（15）各部位接地系统应安全、可靠。

二、风机吊装及电装作业安全风险与隐患

风机吊装及电装作业应重点防范起重伤害、物体打击、高处坠落、车辆伤害、其他伤害等事故。

（一）方案未审批

（1）施工单位未对风机吊装作业过程进行风险辨识，安全防控措施不全。

（2）施工单位未建立风险清单，或风险清单未经过施工单位、监理单位、建设单位三方审核。

（3）未编制风机吊装及电装作业专项施工方案，或专项施工方案未进行专家论证，未经监理单位和建设单位审批。

（4）吊车资质未审核。

（5）人员资质未审核。

（6）工具检验报告、合格证及校准报告未审核。

（二）安全技术未交底

（1）作业前，未对现场管理人员、吊装、电装作业人员进行安全培训。

（2）作业前，未向所有参加吊装和电装作业的工作人员进行安全和技术交底。

（3）每天班前会和班后会未对当天作业过程中的安全风险进行交底和总结。

（三）作业不规范

（1）作业人员身体不适仍参加吊装及电装作业。

（2）作业人员未持证上岗。

（3）作业人员未正确佩戴劳动防护用品，或劳动防护用品不合格。

（4）未履行作业许可手续，作业前未办理危大工程作业票。

（5）作业前未全面检查吊装辅助机械、工/器具、吊/索具、施工照明用具等安全使用条件。

（6）机组吊装施工现场未设置隔离警戒措施。

（7）作业过程中，未经批准擅自更改吊装方案。

（8）起吊重心不稳的设备。

（9）吊装指挥人员不在吊装现场。

（10）起重机械工作期间，人员在吊臂下逗留。

（11）作业中发现安全隐患未排除仍继续作业。

（12）风力发电机组安装时，单人进行作业。

（13）设备吊装就位后，螺栓力矩未达到工艺要求之前吊车松钩。

（14）塔架吊装完成后未及时安装塔架间接地线。

（15）叶轮组装时，未采取固定措施。

（16）暂停作业时，将吊物、吊索／具停留在空中。

（17）暂停作业时，吊装作业中未形成稳定体系的部分未采取固定措施。

（18）人员随设备一起起吊。

（19）人员或车辆在起重作业半径内停留。

（20）吊绳被拉紧时，用手接触起吊部位。

（21）电缆制线时，使用的刀具刀口伤人。

（四）现场监护不到位

（1）风机吊装现场未进行三方旁站监督。

（2）吊装作业前，未做安全检查确认。

（3）吊装现场未设置专职安全员监护。

（五）验收不彻底

（1）机组安装完成后，机组未处于旋转状态。

（2）机组安装完成后，未检查机组电位连接情况。

（3）吊装作业后，起重机械未回转至指定位置，操作手柄电源未关闭，或操作室的门未锁好。

（4）作业完成后，工器具、物料、包装或废弃物遗留在风电机组内。

（5）吊索／具随意露天存放。

（6）作业完成后，未清理施工现场卫生。

三、风机吊装及电装作业"一线三排"工作指引

（一）风机吊装及电装作业"一线三排"工作指引图
风机吊装及电装作业"一线三排"工作指引的主要内容，见图3-4。

（二）风机吊装及电装作业"一线三排"工作指引表
风机吊装及电装作业"一线三排"工作指引的具体要求，见表3-9。

（三）风机吊装及电装作业"一线三排"负面清单

（1）未经风险辨识不作业。

（2）无方案、方案未经过审批不作业。

（3）人员未经安全培训、未进行安全技术交底、未召开班前（工前）、班后会不作业。

（4）现场作业人员身体不适、情绪不稳定不作业。

（5）危大工程未经签准不作业。

（6）雷雨、大雪、大雾、雷电、沙尘、能见度低、环境温度在 –20 ~ 40℃以外等恶劣天气不作业。

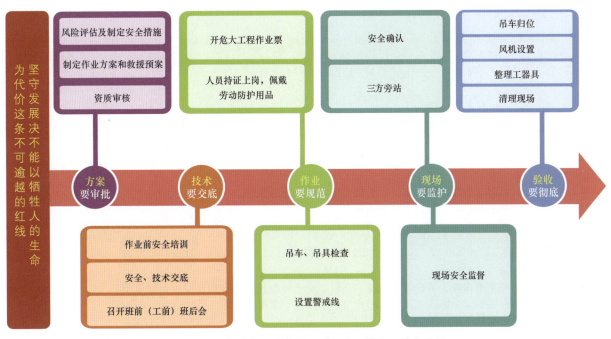

图 3-4　风机吊装及电装作业"一线三排"工作指引图

表 3-9　　　　　　　　　　风机吊装及电装作业"一线三排"工作指引表

序号	工作规定	具体要求	落实"一线三排"情况					
			排查情况	未落实的处置情况				
				排序	排除			
					责任人	整改措施	整改时间	整改结果
1	方案要审批	由施工单位对作业过程存在风险进行辨识，提出控制措施，形成风险清单（包括风险及相应控制措施），通过施工单位、监理单位、建设单位三方审核	已落实□ 未落实□					
		应当在作业前，根据国家和地方现行相关标准规范，结合现场实际情况编制风机吊装、抬吊、夜间施工等专项施工方案，方案由施工单位编制、校核、审核、批准后，组织专家进行论证；合格后，报监理单位和业主审批；作业中，未经批准，不应更改吊装方案。吊装方案中应包含但不限于以下内容：① 封面、目录；② 编制依据；③ 工程概况；④ 主要吊装参数；⑤ 吊装工艺方法；⑥ 吊装计算文件；⑦ 吊装平面和立面布置图；⑧ 吊装组织体系；⑨ 职业健康和安全保证体系及措施；⑩ 环境保护体系及措施；⑪ 质量保证体系及措施；⑫ 吊装应急预案；⑬ 吊装进度计划；⑭ 资料性附录	已落实□ 未落实□					
		吊车资质审核：使用登记证（履带吊）、年检报告、合格证、保险齐全，司机持有相应资格证书	已落实□ 未落实□					
		人员资质审核：审核作业人员身份证、保险、体检报告；相关证件（指挥证、司索证、电工证、登高证、焊工、驾照）齐全；作业人员年龄要求：男性小于或等于55 周岁，女性小于或等于45 周岁	已落实□ 未落实□					
		工器具审核：检查工器具齐全性、配套性、查看合格证、鉴定证书、使用期限、检验报告及相应工器具（力矩扳手、液压泵等）的校准报告	已落实□ 未落实□					

序号	工作规定	具体要求	落实"一线三排"情况					
			排查情况	未落实的处置情况				
				排序	排除			
					责任人	整改措施	整改时间	整改结果
2	技术要交底	作业前应对现场管理人员、吊装、电装班组作业人员进行安全培训,培训内容包括安全规章制度、危险有害因素、操作规程、注意事项及安全措施、个人防护器具的使用、事故逃生及救助等	已落实□ 未落实□					
		作业前,建设单位、监理单位、风机厂家应向施工单位所有作业人员进行安全技术交底,交代作业过程中存在的安全风险及需落实的安全防护措施,讲解吊装、电装工作方案	已落实□ 未落实□					
		每天作业前应召开班前(工前)会,对当天作业进行部署、安排,交代作业过程中存在的安全风险及需注意事项;作业后应召开班后会,对当天作业进行总结,指出作业过程中发生的不安全事件及存在的违章行为	已落实□ 未落实□					
3	作业要规范	进行作业许可,办理危大工程作业票,施工单位、监理单位、建设单位相关人员审核现场各项安全措施落实情况	已落实□ 未落实□					
		吊装作业前,基础、平台、接地电阻应验收合格,确保符合风力发电机组吊装要求;吊装单位应对高强度螺栓进行送检,检验记录各项指标合格后方可投入使用	已落实□ 未落实□					
		人员持证上岗(证书随身携带或电子版手机留存);所有人员正确有效佩戴劳动防护用品,使用前,对安全工器具进行检查	已落实□ 未落实□					
		主吊检查:主吊组装完毕后,应按照 TSGQ 7015—2016《起重机械定期检验规则》和 GB/T 22415—2008《起重机对试验载荷的要求》进行检查、验收、试吊,保证各项检验指标符合要求后投入使用,且试吊合格后方可正式吊装	已落实□ 未落实□					
		吊具、吊带检查:吊装前对吊具、吊带等辅助工具进行检查,保证合格后方可投入使用	已落实□ 未落实□					
		设置警戒线;无关人员及设备禁止入内,起重机械工作期间,人员禁止在吊臂下停留	已落实□ 未落实□					
		吊装作业前,应提前了解天气信息;塔架、机舱、叶轮、叶片等部件吊装时,风速不应高于该机型规定;未明确相关吊装风速的,风速超过 8m/s 时,不宜进行叶片吊装;风速超过 10m/s 时,不宜进行塔架、机舱、轮毂、发电机等设备吊装作业	已落实□ 未落实□					

续表

序号	工作规定	具体要求	落实"一线三排"情况					
			排查情况	未落实的处置情况				
				排序	排除			
					责任人	整改措施	整改时间	整改结果
3	作业要规范	设备吊装就位后，螺栓力矩在达到工艺要求之前，吊车不应松钩；暂停作业时，对吊装作业未形成稳定体系的部分，应采取临时固定措施；暂停作业时，不应将吊物、吊篮、吊/锁具悬在空中；临时用电、焊接、明火作业时应采取可靠安全措施，做好安全警示标识，保证安全；吊装作业区有带电设备时，起重设施和吊物、缆风绳等与带电体应保持安全距离；吊装时采用的临时缆绳应由非导电材料制成，并确保强度	已落实□ 未落实□				
		现场起重作业严格执行"十不吊"原则：禁止人员随起吊物起吊；指挥人员应唯一并始终在现场；通过声音放大器、播放器、对讲机等途径保证指挥信号可靠传达作业所有人员；吊装作业人员应按照吊装指挥信号进行操作，指挥信号不明确时，不应进行吊装作业；登塔前，应确认有防止人员高处坠落的措施后可登塔，正确使用双钩和安全绳；作业过程中禁止单独作业；两人及以上不应同时攀爬同一塔架，且通过平台后立即关闭平台盖板；风力发电机组设备对接时，不应将任何物品和身体任何部位伸进对接面；使用电动工器具，使用前应检查线路无破损，绝缘应良好，使用的电动工器具要有可靠的接地保护，并装剩余电流动作保护器	已落实□ 未落实□				
		塔架吊装完成后应及时安装塔架间接地线；顶端塔筒安装完成后，应立即进行机舱安装，如遇特殊情况，不能完成机舱安装，人员离开时必须将塔筒门关闭，并采取将塔架顶部封闭等防止塔架摆动措施	已落实□ 未落实□				
		起吊机舱时，起吊点应确保无误，在吊装中必须保证有一名作业人员在塔架平台协助工作；机舱和塔架对接时缓慢而平稳，避免机舱与塔架之间碰撞；完成机舱安装，人员撤离现场时，应恢复顶部盖板并关闭机舱所有窗门	已落实□ 未落实□				
		塔下叶轮组装时，应采取固定措施防止叶轮倾覆；叶片吊装前，应检查叶片引雷线连接良好，叶片各接闪器至根部引雷线阻值不大于该机组规定值；叶轮在地面组装完成不能立即起吊时，应将叶片变桨至水平零度位置，并将叶片可靠固定；起吊变桨距机组叶轮时，叶片桨距角必须处于顺桨状态，并可靠锁定；起吊叶轮和叶片时至少有两根导向绳，导向绳长度和强度应足够；应有足够的人员拉紧导向绳，保证起吊方向；叶轮和机舱对接时，严禁身体从机舱头部孔洞探出舱外	已落实□ 未落实□				
		电装时，电缆接头制作过程中，使用割刀时注意刀口朝向和人员站位，严禁将刀口对人，防止伤人；电缆轴吊至敷设位置时，注意钢丝绳吊点位置，吊物下严禁站人	已落实□ 未落实□				

续表

序号	工作规定	具体要求	落实"一线三排"情况					
			排查情况	未落实的处置情况				
				排序	排除			
					责任人	整改措施	整改时间	整改结果
4	现场要监护	吊装过程中，风机厂家、监理方、建设方三方相关人员在场，进行现场旁站，监督整个作业安全开展	已落实□ 未落实□					
		吊装现场应设置专职安全员	已落实□ 未落实□					
		吊装过程中，指挥人员应唯一并始终在现场	已落实□ 未落实□					
		吊装作业区有带电设备时，起重设施和吊物、缆风绳等与带电体的最小安全距离不得小于 GB 26860—2011《电力安全工作规程发电厂和变电站电气部分》规定，并应设专人监护	已落实□ 未落实□					
5	验收要彻底	机组安装完成后，应将刹车系统松闸，使机组处于旋转状态	已落实□ 未落实□					
		机组安装完成后，应测量和核实机组叶片根部至底部引雷通道电阻值是否符合技术规定，检查机组等电位连接是否异常	已落实□ 未落实□					
		吊装作业后，起重机械应回转至指定位置、方向，吊钩起升至指定高度；所有操作手柄归零后方可关闭总电源，防止下次开机后的误操作；操作室门应锁好，无关人员不应进入	已落实□ 未落实□					
		吊装作业后，工 / 器具应整理好并妥善存放于工具箱内；吊 / 索具应仔细检查、维护，如有损坏不应继续使用，应及时更换，应分类存放在指定位置，不应露天随意放置	已落实□ 未落实□					
		吊装作业后，清理好工作场所卫生，并做好防护	已落实□ 未落实□					
		建设单位、监理单位、施工单位、风机厂家四方共同检查螺栓、施工工艺、安全设施、卫生等符合要求并在验收单签字	已落实□ 未落实□					

（7）特殊工种作业人员无作业证不作业。

（8）吊车及吊具、吊带、锁具等工具作业前未检查不作业。

（9）违反起吊作业"十不吊"原则不作业。

（10）现场存在安全隐患不作业。

（11）吊装塔架和机舱时 10min 平均风速大于 12m/min、安装叶轮时 10min 平均风速大于 8m/min 时不作业。

（12）吊物与带电线路小于规定的安全距离时不作业。

四、风机吊装及电装作业隐患排查治理实例

风电大部件运输作业隐患排查治理实例见表 3-10。

表 3-10 风电大部件运输作业隐患排查治理实例

隐患排查	仅向参加吊装和电装作业的工作人员进行口头安全技术交底
隐患排序	一般隐患
违反标准	DL 5009.1—2014《电力建设安全工作规程 第 1 部分：火力发电（传统印刷）》 4.12.5 大型设备吊装应符合下列规定： 1 吊装超高、超重、受风面积较大的大型设备时应制定专项施工方案，必要时应论证。 2 大型设备吊装前应办理安全施工作业票，交底人和作业人员应签字。 4.12.1 通用规定： 1 作业前应进行安全技术交底，交底人和作业人员应全部签字
隐患排除	应在培训室用纸质形式将专项施工方案向每位相关员工进行交底，确保大家各自职责清楚后，分别签名

第五节 主变压器安装作业

一、主变压器安装作业概述

主变压器安装作业包括施工前准备、器身检查、附件安装、绝缘油处理等。

（一）施工前准备

主变压器安装前应依据安装使用说明书编写安全施工措施，并进行交底；设备附件、施工机具、储油罐等应放置在指定位置；设备顶部应设水平安全绳或增设临时扶手，或搭设脚手架，用于固定高空作业人员的安全带（绳）；设备顶部应及时用面纱等物品擦洗，保证顶部无油污水迹，防止人员滑倒。

（二）器身检查

变压器到达现场后，对于制造厂或建设单位要求，以及变压器、电抗器运输和装卸过程中冲击加速度值大于 3g 或三维冲击记录仪出现异常情况时，应进行器身检查；检查时，场地四周应清洁，并应根据现场情况设置防尘措施。变压器身检查方式有内部检查、吊罩及吊芯检查。

1. 内部检查

直接进入油箱内部进行器身检查时，排氮前任何人不得进入箱体内部；注油排氮时，任何人不得在排气孔处停留；箱体内含氧量未达到 18% 时，人员不得进入；变压器身检查，应由制造厂技术人员完

成，内部检查人员不宜超过 3 人，作业人员应穿无纽扣、无口袋且无任何金属挂件的专用工作服、耐油防滑靴，清洁手套等专用防护用品，带入的工具应拴绳、登记、清点，严防工具及杂物遗留在器身内。

进入变压器、电抗器内部作业时，通风和照明（应使用安全电压照明或手电筒）条件应良好，并设专人监护；内部检查过程中，必须向箱体内持续补充露点低于 -40℃ 的干燥空气，含氧量不得低于 18%，箱体内相对湿度不应大于 20%，补充干燥空气的速率应符合产品技术文件要求。

2. 吊罩、吊芯检查

钟罩起吊前，应拆除临时固定支撑，以及与钟罩相连的内部部件，移开外罩并放置在干净垫木上，再开始检查工作；外罩法兰螺栓应对称均匀地松紧，吊罩时四周均应设专人监护，钟罩吊装时应起落平稳，外罩不得碰及芯部任何部位；充氮的变压器、电抗器吊罩检查时，变压器身应在空气中暴露 15min 以上，待氮气充分扩散后再进行检查。

吊芯检查时，不得将芯子叠放在油箱上，应放在干净支垫物上；在放松起吊绳索前，不得在芯子上进行任何工作；检查大型变压器、电抗器芯子时，应搭设脚手架，严禁攀登引线木架上下；如用梯子上下时，不应直接靠在线圈或引线上。

检查完毕后宜用合格的绝缘油对器身进行冲洗；冲洗时不得触及引出线端头裸露部分；油箱底部不得有遗留杂物及残油。

（三）附件安装

变压器、电抗器附件安装主要包括储油柜、套管、冷却装置、气体继电器及测量表计、测温装置、高压电缆出线装置、压力释放装置、散热器等组件。附件吊装时，起重机械选择应满足吊装需求，吊车工作位置选择在平稳坚固的地面，支腿牢固；起重指挥与起重机械操作人员应事先进行指挥信号的沟通；指挥人员发出的指挥信号必须清晰、准确，能够有效与起重机械操作人员沟通。

组件起吊前应检查起重设备及其安全装置，起吊大件或不规则组件时，应在吊件上拴牢固的控制拉线；倾斜式套管吊装时，应按照其安装位置，调整吊装角度，套管进入主变压器本体时应缓慢进入，防止瓷套碰撞受损。

附件安装时，如需用两台起重机吊运同一负载时，指挥人员应双手分别指挥各台起重机以确保同步。部件绑扎时应根据各台起重机的允许起重量按比例分配负荷；抬吊过程中，各台起重机的吊钩钢丝绳应保持垂直，升降行走应保持同步；各台起重机所承受的载荷不得超过各自额定起重能力的 80%。

在高处作业部位工作时，应使用高空作业车等可靠的作业平台，严禁人员攀爬绝缘子作业。

（四）绝缘油处理

绝缘油应采用真空滤油装置进行净化过滤，现场应配备存放废油的储油罐，所采用的储油罐及油管，均应清洗干净，检查合格。净化过滤过程中所有滤油装置、储油罐、金属油管、电源箱均应可靠接地。

二、主变压器安装作业安全风险与隐患

主变压器安装作业应重点防范起重伤害、物体打击、车辆伤害、触电、高处坠落、中毒和窒息、火灾等事故。

（一）方案未审批

（1）施工单位未对主变压器安装作业过程进行风险辨识，安全防控措施不全。

（2）施工单位未建立风险清单，或风险清单未经过施工单位、监理单位、建设单位三方审核。

（3）未编制安装方案，或安装方案未经厂家、安装单位、监理单位、建设单位同时核准。

（4）吊车资质未审核。

（5）人员资质未审核。

（6）工具、设备合格证、检验报告未审核。

（二）安全技术未交底

（1）作业前，未对现场管理人员、安装作业人员进行安全培训。

（2）作业前，未向所有参加安装作业的工作人员进行安全和技术交底。

（3）每天班前会和班后会未对当天作业过程中的安全风险进行交底和总结。

（三）作业不规范

1．准备工作

（1）作业人员身体不适仍参加安装作业。

（2）作业人员未持证上岗。

（3）作业人员未正确佩戴劳动防护用品，或劳动防护用品不合格。

（4）未履行作业许可手续，作业前未办理主变压器安装作业票。

（5）主变压器安装现场未设置隔离警戒措施。

（6）作业过程中，未经批准擅自更改吊装方案。

（7）起重指挥和操作人员未经专门技术培训。

（8）作业前未全面检查吊装辅助机械、工/器具、吊/索具、施工照明用具等安全使用条件。

2．器身检查安全风险及隐患

（1）未进行排氮，作业人员就进入箱体内部检查。

（2）排氮时，人员站在排气孔处停留。

（3）油箱内部氧气含量未达到18%以上时，进入内部检查。

（4）环境不符合要求时，进行内部检查。

（5）内部检查过程中，未办理受限空间作业票，未派专人监护，一人在变压器身内操作。

（6）内部检查过程中，未持续补充干燥空气。

（7）检查完毕后，未清理杂物，工具遗留在箱体内部。

（8）检查人员出器身后，未封闭器身上部人孔盖板。

（9）起吊重心不稳的设备。

（10）吊装指挥人员不在吊装现场。

（11）人员站在起吊物下。

（12）钟罩起吊前，未拆除临时固定支撑、四周紧固螺栓全取下。

（13）器身上部的压紧垫块移位、松动。

（14）器身定位件及绝缘件受损、变形及松动。

（15）屏蔽接地、紧固件松动。

（16）在变压器器身上工作不系安全带。

3．附件安装安全风险及隐患

（1）冷却装置安装前未进行密封试验，或未将残油排尽。

（2）高压电缆轴线歪斜。

（3）套管有裂纹、损伤或变形。

（4）压力释放装置安装时，法兰对接面未进行清洁，密封差。

（5）器身顶盖上闲置的测温探头安装孔未密封。

（6）变压器、电抗器本体电缆无保护措施。

（7）作业人员攀爬绝缘子作业。

（8）高处作业人员使用较大工具时，未系保险绳，或随意抛掷物品。

4. 绝缘油处理安全风险及隐患

（1）绝缘油处理过程中，外壳或绕组未接地，无防静电火花的措施，或现场未配备消防器材。

（2）绝缘油处理过程中，与易燃、易爆物品安全距离不足。

5. 高压试验安全风险及隐患

（1）没有办理工作票。

（2）试验现场没有安全警示和安全提示，并无专人把守。

（3）未能按试验方案进行试验，降低标准。

（4）非试验人员误入试验现场，发生人身伤害。

（四）现场监护不到位

（1）安装作业时，未进行三方旁站监督。

（2）进入变压器内部作业时，监护人员未检查确认含氧量是否达标。

（3）允许一人在变压器内部作业。

（4）安装作业过程中，未及时清理主体、安装面及附近区域卫生。

（五）验收不彻底

（1）安装完毕后，未清理现场卫生。

（2）安装完毕后，工具或杂物留在箱体内部。

（3）安装完毕后，未经厂家、安装单位、监理单位、建设单位四方同时验收确认就进行交接。

三、主变压器安装作业"一线三排"工作指引

（一）主变压器安装作业"一线三排"工作指引图

主变压器安装作业"一线三排"工作指引的主要内容，见图3-5。

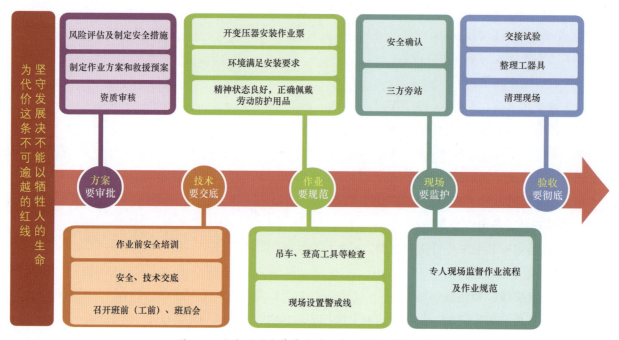

图3-5 主变压器安装作业"一线三排"工作指引图

（二）主变压器安装作业"一线三排"工作指引表

主变压器安装作业"一线三排"工作指引的具体要求，见表 3-11。

表 3-11　　　　　　　　　主变压器安装作业"一线三排"工作指引表

序号	工作规定	具体要求	落实"一线三排"情况					
			排查情况	未落实的处置情况				
				排序	排除			
					责任人	整改措施	整改时间	整改结果
1	方案要审批	应由安装单位对作业过程进行风险辨识，提出控制措施，形成风险清单（包括风险及相应控制措施），通过施工单位、监理单位、建设单位三方审核	已落实□ 未落实□					
		安装工作启动前，主变压器厂家应与安装单位现场负责人一起制定并确认整体安装方案，包括安全措施、组织措施、技术措施及安装方案、应急预案；方案须经厂家、安装单位、监理单位、建设单位审核、批准	已落实□ 未落实□					
		吊车资质审核：使用登记证（履带吊）、年检报告、合格证、保险齐全，司机持有相应资格证书	已落实□ 未落实□					
		人员资质审核：对作业人员身份证、保险、体检报告进行审核；相关证件（电工证、登高证）齐全；作业人员年龄要求：男性小于或等于55周岁，女性小于或等于45周岁	已落实□ 未落实□					
		工具、设备审核：审核工具、设备合格证、检验报告	已落实□ 未落实□					
2	技术要交底	作业前应对现场管理人员、安装班组作业人员进行安全培训，培训内容包括安全规章制度、危险有害因素、操作规程、注意事项及安全措施、个人防护器具的使用、事故逃生及救助等	已落实□ 未落实□					
		作业前，建设单位、监理单位、主变压器厂家应向施工单位所有作业人员进行安全、技术交底，交代作业过程中存在的安全风险及需落实的安全防护措施，讲解安装工作方案，提醒安装过程中注意事项	已落实□ 未落实□					
		每天作业前应召开班前（工前）会，对当天作业进行部署、安排，交代作业过程中存在的安全风险及需注意事项；作业后应召开班后会，对当天作业进行总结，指出作业过程中发生的不安全事件及存在的违章行为	已落实□ 未落实□					
3	作业要规范	进行作业许可，办理主变压器安装作业票，施工方、监理单位、建设单位相关人员应对现场各项安全措施落实情况进行审核	已落实□ 未落实□					
		所有作业人员应精神状态良好，正确有效佩戴劳动防护用品，登高作业必须戴安全帽、系安全带；使用前，应对安全工器具进行检查	已落实□ 未落实□					

序号	工作规定	具体要求	落实"一线三排"情况					
			排查情况	未落实的处置情况				
				排序	排除			
					责任人	整改措施	整改时间	整改结果
3	作业要规范	直接进入油箱内部进行器身检查时,排氮前任何人不得进入箱体内部;注油排氮时,任何人不得在排气孔处停留;箱体内含氧量未达到18%时,人员不得进入;变压器身检查,应由制造厂技术人员完成,内部检查人员不宜超过3人,作业人员应穿无纽扣、无口袋且无任何金属挂件的专用工作服、耐油防滑靴,清洁手套等专用防护用品,带入的工具应拴绳、登记、清点,严防工具及杂物遗留在器身内	已落实□ 未落实□				
		打开变压器箱顶部或侧面法兰时,为防止变压器本体和绝缘件受潮,安装环境满足下列要求:①无雨、雪、大雾和风沙;②变压器身暴露在空气中的时间规定:空气相对温度不大于65%,16h,空气相对温度不大于75%,12h;③器身温度不应低于周围环境温度,否则应采取器身加热措施,可采用真空滤油机循环加热,使器身温度高于周围空气温度5℃以上	已落实□ 未落实□				
		吊车检查:作业前,应对吊车吊钩、防脱钩、钢丝绳、限位器等各部件进行检查,禁止带病作业	已落实□ 未落实□				
		吊具、吊带检查:作业前,应对吊具、吊带等辅助工具进行检查,保证合格后方可投入使用	已落实□ 未落实□				
		设置警戒线;无关人员及设备禁止入内,起重机械工作期间,人员禁止在吊臂下停留	已落实□ 未落实□				
		组件在储存期间,应保证相应部位密封完好,在安装前才能拆除相应组件的封板	已落实□ 未落实□				
		需起吊作业时,注意起吊点的选择;起吊本体前必须确认吊索与铅垂线的夹角不宜大于30°,否则起吊时必须使用平衡梁;升降过程中应采取防护措施,防止千斤顶翻倒或变压器倾斜	已落实□ 未落实□				
		在手孔内安装作业之前,应先将紧固工具通过白布带绑扎在手腕上,以防工具坠落至油箱内	已落实□ 未落实□				
		压力释放阀能承受真空,在抽真空时不需要拆除;在进行正压试验时,需要关闭压力释放阀的蝶阀或安装限制工装	已落实□ 未落实□				
		温度控制器安装时,不能撕、拉、挤压或弯曲毛细管,不能用毛细管提拉油面温度控制器或绕组温度控制器	已落实□ 未落实□				
		在线监测系统传感器不能承受真空,必须变压器真空注油之后安装;如果变压器需要抽真空,必须先关闭安装传感器的阀门,然后再拆除传感器	已落实□ 未落实□				

续表

序号	工作规定	具体要求	落实"一线三排"情况					
			排查情况	未落实的处置情况				
				排序	排除			
					责任人	整改措施	整改时间	整改结果
4	现场要监护	安装过程中主变压器厂家、监理方、建设方等三方相关人员应在场,进行现场旁站,监督整个作业安全开展	已落实□ 未落实□					
		进行排氮(油)后,才可进入变压器进行检查。要求变压器内部含氧量达到18%以上,否则不能进入变压器内,强行进入会引起昏迷或死亡;严禁一人在油箱内操作	已落实□ 未落实□					
		变压器泄漏率测试110kV及以上电压等级真空度133Pa以下,抽真空时间不应少于24h;抽真空过程中应持续观察油箱是否变形,其最大值不得超过油箱壁厚的两倍	已落实□ 未落实□					
		安装过程中应保持变压器主体、安装面及附近区域清洁干净,对相应组件、接口及时进行清理	已落实□ 未落实□					
5	验收要彻底	安装完成后,应整理工器具及设备包装、材料等杂物,清理工作现场安装过程中泄漏的变压器油,保证工完、料净、场地清	已落实□ 未落实□					
		建设单位、监理单位、施工单位、主变压器厂家四方共同检查油位、密封、法兰连接、附件安装、卫生等符合要求并在验收单签字	已落实□ 未落实□					
		进行交接试验,应保证各项试验数据合格	已落实□ 未落实□					

(三)主变压器安装作业"一线三排"负面清单

(1)未经风险辨识不作业。

(2)无方案、方案未经过审批不作业。

(3)人员未安全培训、未进行安全技术交底、未召开班前(工前)、班后会不作业。

(4)未经许可不作业。

(5)天气、环境条件不允许不作业。

(6)特殊工种作业人员无作业证不作业。

(7)劳动防护未到位不作业。

(8)吊车及吊具、吊带、锁具等工具作业前未开展检查不作业。

(9)违反起吊作业"十不吊"原则不作业。

(10)现场存在安全隐患不作业。

(11)油箱内含氧量未达到18%以上时,不进油箱作业。

(12)受限空间不办票和无人监护不作业。

(13)登高作业不系好安全带不作业。

四、主变压器安装作业隐患排查治理实例

主变压器安装作业隐患排查治理实例见表 3–12。

表 3–12 　　　　　　　　　　　　主变压器安装作业隐患排查治理实例

隐患排查	登高作业没有系安全带，易发生高处坠落
隐患排序	一般隐患
违反标准	DL 5009.1—2014《电力建设安全工作规程　第 1 部分：火力发电》 4.10　高风险作业 4.10.1　高处作业应符合下列规定：8 高处作业应系好安全带，安全带应挂在上方的牢固可靠处
隐患排除	变压器器身上作业属于登高作业，必须系好安全带后才允许作业

第六节　履带吊拆装作业

一、履带吊拆装作业概述

履带吊即履带起重机，指采用履带行走的，可以配置立柱（塔柱），能在带载或不带载情况下沿无轨路面运行，且依靠自重保持稳定的臂架起重机。履带吊拆装作业指履带吊安装与拆卸作业。

二、履带吊拆装作业安全风险与隐患

履带吊拆装作业应重点防范起重伤害、物体打击、高处坠落、其他伤害等事故。

（一）方案未审批

（1）履带吊拆装作业前未制定作业方案，或作业方案未进行审批。

（2）履带吊拆装作业方案制定前，未对作业环境进行评估，分析存在的危险有害因素和隐患；未提出相应的消除、控制措施。

（3）作业前未编制履带吊拆装作业安全事故专项应急预案或现场处置方案。

（4）起重量 600kN 及以上的起重设备安装前，未根据国家和地方现行相关标准规范，结合施工现场实际情况编制危大工程专项施工方案；方案未按要求通过施工单位审核和总监理工程师审查；未组织专家论证。

（二）安全技术未交底

（1）履带吊拆装作业前未对现场管理人员、作业人员进行专项安全培训。

（2）履带吊拆装前，施工方案编制人员或者拆装负责人未向施工现场管理人员进行方案交底；施工现场管理人员未向作业人员进行安全技术交底，或交底内容不全。

（三）作业不规范

1．准备工作安全风险及隐患

（1）履带吊的安装与拆卸前未作施工计划；或起重作业计划不能保证安全操作，未充分考虑到各种危险因素。

（2）安装单位未取得国家有关部门颁发的相应类型和等级的起重机安装资质。

（3）履带吊在安装前，未按规定向特种设备安全监督管理部门进行书面告知。

（4）从事安装与拆卸工作的作业人员配备不足，或无证上岗。

（5）安装与拆卸之前，未仔细检查起重机各部件、液压与电气系统等的现状是否符合要求；发现缺陷和安全隐患，未及时校正与消除。

（6）使用有安全隐患、未经检测合格的或不在有效期内的机具。

（7）未配置相应的安全防护用品、应急救援器材和设备等。

（8）施工前对工器具、吊车、吊带、转运车等未进行安全检查。

（9）安装与拆卸之前，未设置警戒线。

2．安装、拆卸通用作业安全风险及隐患

（1）安装与拆卸未严格按照作业指导书分步骤进行。

（2）吊车底部未铺垫钢板，可能发生履带吊倾覆。

（3）吊车组装完成后未进行荷载试验，吊装时可能发生起重伤害。

（4）吊车组装完成后未接地，可能发生触电。

（5）履带吊支腿未打开，或支腿下方无护板，可能发生履带吊倾覆。

（6）未按时对设备进行安全检查，不能及时发现设备缺陷和隐患，可能发生设备故障和人身伤亡事故。

（7）恶劣天气条件进行履带吊安装、拆卸作业。

（8）当作业地点存在或出现不适宜作业的环境情况时，未停止履带吊安装、拆卸作业。

3．安装作业安全风险及隐患

（1）在起重条件许可时，未进行部件地面拼装工作，增加高处作业，从而增加了高处坠落的风险。

（2）安装过程中，吊装的部件未连接稳固，可能造成物体打击事故。

（3）带有自安装装置的履带起重机安装时未采用自安装工艺，会增加安装人员人身伤亡事故风险。

（4）在起重机被交付使用之前，未保证起重机的安全防护装置功能正常，就投入使用。

（5）整机安装完成后，未按规定进行检测就投入使用，可能发生设备损坏、人身伤亡事故。

4．拆卸作业安全风险及隐患

（1）拆装过程中施工人员未正确使用穿戴安全绳、安全帽、防滑鞋等，可能发生高处坠落事故。

（2）主杆拆装过程下方，有人员穿行、停留，可能发生物体打击事故。

（3）拆卸时未将起重机停放到拆卸方案指定的位置。

（4）拆卸过程中，随意切割钢构件、螺栓、钢丝绳等，可能造成物体打击或设备损坏。

（5）起吊拆除的部件时，未确认已解除连接，可能发生起重伤害。

（6）拆卸时未确保摆放部件、起吊部件、剩余构件的安全稳定，可能发生坍塌、物体打击事故。

（7）拆卸过程中，零部件丢失、损坏。

（8）夜晚作业时，照明不足。

（9）高处作业未严格执行有关安全规定，造成高处坠落、物体打击等。

（四）现场不监护

（1）履带吊拆装过程未设置专人监督，或监督人员擅离职守。

（2）安全管理人员未全程跟踪。

（五）验收不彻底

（1）履带吊拆装完成后，未确认设备零件摆放位置是否合理。

（2）履带吊拆装完成后，未确认设备防护措施完好性。

（3）履带吊拆装完成后，未对现场进行安全、检查和确认。

（六）事故报告不及时

（1）发生生产安全事故时，未及时如实上报。

（2）发生事故时，未迅速组织抢险救援，做好善后处理工作；未配合事故调查处理。

三、履带吊拆装作业"一线三排"工作指引

（一）履带吊拆装作业"一线三排"工作指引图

履带吊拆装作业"一线三排"工作指引的主要内容，见图 3-6。

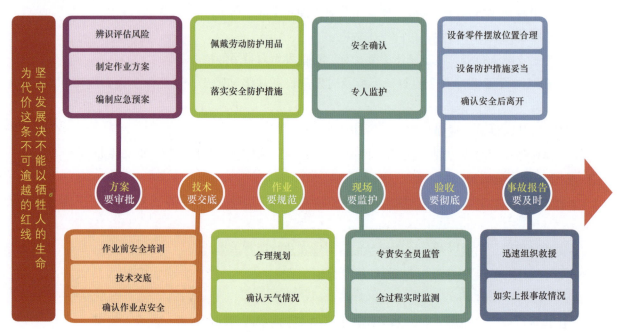

图 3-6 履带吊拆装作业"一线三排"工作指引图

（二）履带吊拆装作业"一线三排"工作指引表

履带吊拆装作业"一线三排"工作指引的具体要求，见表 3-13。

（三）履带吊拆装作业"一线三排"负面清单

（1）禁止违章指挥从业人员或者强令从业人员违章、冒险作业。

表 3-13　　　　　　　　　　　履带吊拆装作业"一线三排"工作指引表

序号	工作规定	具体要求	排查情况	未落实的处置情况				
				排序	排除			
					责任人	整改措施	整改时间	整改结果
1	方案要审批	应对作业环境进行评估，分析存在的风险及危险有害因素和隐患，提出消除、控制措施	已落实☐ 未落实☐					
		应当在危大工程施工前组织工程技术人员，根据国家和地方现行相关标准规范，结合施工现场实际情况编制专项施工方案；专家论证前专项施工方案应当通过施工单位审核和总监理工程师审查；专项施工方案应当由施工单位技术负责人审核签字、加盖单位公章，并由总监理工程师审查签字、加盖执业印章后方可实施	已落实☐ 未落实☐					
		应制定专项应急救援预案和现场应急处置方案	已落实☐ 未落实☐					
2	技术要交底	作业前应对现场管理人员、作业人员进行安全培训	已落实☐ 未落实☐					
		履带吊拆装前，施工方案编制人员或者拆装负责人应当向施工现场管理人员进行方案交底，并由双方签字确认；施工现场管理人员应当向作业人员进行安全技术交底，并共同签字确认；交底内容应当包括施工内容、设备、工作流程、工作条件、安全技术措施，以及安全管理和应急处置措施等	已落实☐ 未落实☐					
		每天作业前应召开班前（工前）会，对当天作业进行部署、安排，交代作业过程中存在的安全风险及需注意事项；作业后应召开班后会，对当天作业进行总结，指出作业过程中发生的不安全事件及存在的违章行为	已落实☐ 未落实☐					
3	作业要规范	施工人员应持证上岗，佩戴防护用品	已落实☐ 未落实☐					
		配置应急救援器材和设备	已落实☐ 未落实☐					
		施工前应对工器具、吊车、吊带、转运车进行检查，确保设备安全可靠符合规范要求	已落实☐ 未落实☐					
		拆装过程中施工人员应使用安全绳、佩戴安全帽、穿防滑鞋，主杆拆装过程下方禁止人员穿行、停留	已落实☐ 未落实☐					
		应设置现场作业警戒线	已落实☐ 未落实☐					
		拆装的零部件应合理摆放，固定牢固	已落实☐ 未落实☐					

序号	工作规定	具体要求	落实"一线三排"情况					
				未落实的处置情况				
			排查情况	排序	排除			
					责任人	整改措施	整改时间	整改结果
3	作业要规范	吊车底部必须铺垫钢板，吊车组装完成后要进行荷载试验，吊装作业或停用状态下必须装设接地线	已落实□ 未落实□					
		支腿必须全部打开，支腿下方垫有护板	已落实□ 未落实□					
		应按时对设备进行检查并留有记录	已落实□ 未落实□					
4	现场要监护	拆装过程应有专人监督，并确定作业方案	已落实□ 未落实□					
		安全管理人员应全程跟踪，确保安全施工	已落实□ 未落实□					
5	验收要彻底	施工结束后，现场应平整、清洁，设备零件应摆放位置合理	已落实□ 未落实□					
		设备防护措施妥当	已落实□ 未落实□					
		进行安全检查，确认安全后离开	已落实□ 未落实□					
6	事故报告要及时	若发生生产安全事故，应在1h内如实上报，并及时上报重大事项	已落实□ 未落实□					
		发生事故时应迅速组织抢险救援，做好善后处理工作，配合调查处理	已落实□ 未落实□					

（2）禁止无证登高作业，操作特种设备。

（3）禁止穿行、停留在设备周围。

（4）禁止在天气条件不允许的情况，强行拆装吊车。

（5）禁止使用未经检测的吊带、特种设备。

（6）禁止瞒报、迟报事故。

（7）禁止未经风险辨识就开始作业。

（8）禁止使用未经过审批方案和措施进行作业。

（9）禁止未经安全培训、未进行安全技术交底、未召开班前（工前）、班后会的人员进行作业。

（10）禁止身体不适、情绪不稳定的现场作业人员在现场作业。

四、履带吊拆装作业隐患排查治理实例

履带吊拆装作业隐患排查治理实例见表3-14。

表 3-14　　　　　　　　　　　履带吊拆装作业隐患排查治理实例

隐患排查	作业人员没有按照履带吊拆装程序进行操作，易发生设备损坏和人身伤害隐患
隐患排序	一般隐患
违反标准	GB/T 6067.1—2010《起重机械安全规程　第1部分：总则》 16　安装与拆卸 16.1　起重机械的安装与拆卸应作出施工计划并应严格监督管理，施工计划的制定与起重机械操作的程序相同正确的安装与拆卸程序应保证： a）应有特殊类型起重机械的安装维护和使用说明书。 b）安装人员未安全理解说明书及有关的操作规程之前不能进行安装作业。 c）整个安装和拆卸作业应按照说明书进行，并且由安装主管人员负责。 d）参与工作的所有人员都应具有扎实的操作知识。 e）更换的部件和构件应为合格品。 f）如果将起重机械从安装地点移至另外的工作地点，应采用制造商推荐的方法。 g）起重机械的状态应符合制造商所规定的各种限制。 改变任何预定程序或技术参数应经起重机械设计者或工程师的同意
隐患排除	应认真按照 GB/T 6067.1—2010《起重机械安全规程　第1部分：总则》16.1 所规定的内容进行安装拆卸

第七节　35kV/220kV 线路组塔架线

一、35kV/220kV 线路组塔、架线作业概述

35kV/220kV 线路组塔、架线作业主要包括 35kV/220kV 线路基础工程施工、组立杆塔和架设电力线路作业等。

（一）基础工程施工

基础工程施工包括：土方开挖、石方开挖、爆破施工、混凝土基础、桩锚基础、预制基础施工等。

（二）组立杆塔

组立杆塔作业包括：钢筋混凝土电杆排杆与焊接、杆塔组装、整体组立杆塔、分解组立钢筋混凝土电杆、附着式外拉线抱杆分解组塔、内悬浮内（外）拉线抱杆分解组塔、落地摇臂抱杆分解组塔、起重机组塔等。

（三）架线作业

架线作业包括：跨越架搭设、人力及机械牵引放线、张力放线、压接、导线、地线升空、紧线、附件安装、平衡挂线等。

二、35kV/220kV 线路组塔、架线作业安全风险与隐患

线路组塔、架线作业应重点防范触电、物体打击、高处坠落、机械伤害等。

（一）方案未审批

（1）组塔、架线作业前未制定作业方案，或方案未进行审批。涉及危大工程时没有制定专项方案，并经专家论证。

（2）组塔、架线作业方案制定前，未对作业环境进行评估，分析存在的风险危险有害因素和隐患；未提出相应的消除、控制措施。

（3）35kV/220kV 线路组塔、架线作业的承包单位不具备必要的安全生产条件或资格。

（4）发包单位与 35kV/220kV 线路组塔、架线作业的承包方未签订安全生产管理协议，或合同中未明确各自的安全生产职责；承包单位项目经理、安全管理无相关资质及公司任命。

（5）作业前未编制组塔、架线作业安全事故专项应急预案或现场处置方案。

（二）安全培训不到位

（1）作业前未对所有相关作业人员进行入场三级安全教育、安全技术交底、危险点告知；或安全教育、交底内容不全。

（2）作业前未进行施工图纸会审、施工图纸技术交底。

（3）作业前技术负责人未对施工人员根据不同阶段（开挖、绑筋、支模、浇筑）进行相应技术交底。

（4）每天作业前应召开班前（工前）会，对当天作业进行部署、安排，交代作业过程中存在的安全风险及需注意事项；作业后应召开班后会，对当天作业进行总结，指出作业过程中发生的不安全事件及存在的违章行为。

（三）作业不规范

1. 通用作业安全风险及隐患

（1）涉及危大工程施工作业时，未办理危大工程准签票和工作票。

（2）作业前未根据现场作业环境和作业内容，配备相应的劳动防护用品和照明设备、通信设备以及应急救援装备等；或未对配备的用具、设备进行安全检查，发现问题未更换。

（3）作业前未对现场环境、设备、设施进行安全确认。

（4）特种作业人员无证上岗。

（5）物料运输可能发生车辆伤害。

（6）未按要求进行接地，可能发生触电、雷击。

2. 基础工程

（1）土方开挖安全风险及隐患。

1）在有电缆、光缆及管道等地下设施的地方开挖，未取得有关管理部门同意；直接使用冲击工具或机械挖掘。

2）人工清理、撬挖土方时，上下同时撬挖或未清除作业上方浮土、石，可能发生物体打击。

3）在悬岩陡坡上作业，未设置护栏、系安全带，可能发生高处坠落。

4）人工开挖基础坑时，向坑外抛扔土石时，可能发生土石回落伤人。

5）2 人同时开挖时，面对面作业可能发生物体打击或机械伤害。

6）作业人员上下基坑违规拉拽上下、攀登挡土板支撑上下，可能发生高处坠落。

7）人工挖桩基础时，外面未设监护人或基础旁边堆积土方，可能发生坍塌、物体打击。

8）挖掘泥水坑、流沙坑时，未采取安全技术措施，可能发生坍塌。

9）不用挡土板挖坑时，留有的坡度不足，坑内发生坍塌。

10）挖掘机开挖时，触碰到周围架空线，可能发生触电。

11）人员违规进入挖掘机的挖斗，或在挖斗下方通过、逗留，违规利用挖斗递送物件，可能发生机械伤害、车辆伤害、物体打击。

（2）石方开挖安全风险及隐患。

1）人工打孔时，站位不对，可能发生物体打击。

2）用凿岩机或风钻打孔时，防护不当，可能有粉尘伤害、物体打击、机械伤害。

3）无声破碎时，违规使用药剂，可能发生爆炸、物体打击等。

（3）爆破施工，可能发生火药爆炸、物体打击等。

（4）混凝土基础施工安全风险及隐患。

1）钢筋加工，工作台不稳固，可能发生物体打击；钢筋切割违规操作，可能发生机械伤害。

2）模板支撑不牢，可能发生物体打击、高处坠落。

3）拆除模板未按照自上而下顺序进行，可能发生物体打击、高处坠落。

4）人工搅拌混凝土施工，平台搭设不牢，坑口边缘违规堆放材料，可能发生高处坠落、物体打击。

5）机电设备未接地或绝缘破损，可能发生触电。

6）涂刷过氯乙烯塑料薄膜养护基础时，未做好防护，可能发生火灾、中毒。

（5）桩锚基础施工安全风险及隐患。

1）钻孔灌注桩施工，钻机和冲击锤机运转过程中违规进行检修，可能发生机械伤害、物体打击；电力的电缆破损，可能发生触电；超负荷进钻，可能造成设备损坏。

2）人工挖孔桩施工，提土时可能发生物体打击；桩基防护不当可能发生坍塌；人员违规上下孔桩，可能发生高处坠落；孔内未按要求通风，可能发生中毒和窒息；未使用安全电压照明，可能发生触电。

3）锚杆基础施工，操作不当可能发生物体打击、机械伤害。

（6）预制基础施工安全风险及隐患。

1）人力在坑内安装预制构件时，违规将构件推入坑内，可能发生物体打击事故。

2）吊装预制构件时，人员违规在下方找正，可能发生吊件坠落伤人。

3. 杆塔工程

（1）杆塔工程通用安全风险及隐患。

1）临近带电体组立塔杆，安全距离不足，可能发生触电。

2）塔杆组立过程中，吊件下方有人，可能发生吊件坠落伤人。

3）在受力钢丝绳内侧角有人，钢丝绳安全系数不足，可能发生钢丝绳断裂伤人。

4）组立 220kV 线路杆塔时，违规使用木抱杆。

5）钢丝绳与金属构件绑扎未加衬垫，可能发生钢丝绳断裂，吊件伤人。

6）临时地锚设置不符合要求；或用树木、外露岩石等承力不明物体做地锚时，可能发生杆塔倒塌。

7）违规拆除杆塔的临时拉线，可能发生杆塔倒塌。

8）杆塔有人时，调整临时拉线来校正杆塔，可能发生高处坠落。

9）组装的材料及工器具浮搁在已立的杆塔和抱杆上，可能发生物体打击。

10）杆塔组立时，吊件螺栓不牢，可能发生吊件坠落。

11）铁塔组立后，地脚螺栓未拧紧，可能发生铁塔倒塌。

12）拆除杆塔受力构件时，操作不当，可能发生杆塔意外倒塌伤人。

13）铁塔组立过程中及电杆组立后，未按要求进行接地，可能发生触电。

14）高处作业未按要求防护，或恶劣天气条件作业，可能发生高处坠落。

15）铁塔高度大于 100m 时，组立过程中未按要求设置航空警示灯或红色旗号，可能影响航空安全。

16）电杆立起后，作业人员在临时拉线在地面未固定情况下就开始登杆作业。

（2）钢筋混凝土电杆排杆与焊接安全风险及隐患。

1）排杆处地形不平或土质松软，可能发生电杆倒塌。

2）杆段支垫不符合要求，滚动杆段前方有人，可能发生杆件滚落伤人。

3）进行焊接切割作业时，人员未按要求防护，可能发生灼烫、触电、火灾等。

4）对两端封闭的钢筋混凝土电杆，施焊前未按要求凿排气孔，可能发生爆炸。

5）电焊机未有效接地，露天放置未加防雨罩，可能发生触电。

6）违规使用气瓶，如乙炔气瓶倒放，气瓶未装设减压器，违规敲打、碰撞气瓶，用火烘烤冻结瓶阀，用氧气吹通堵塞乙炔气管，氧气、乙炔瓶距离不足，气瓶距明火距离不足，氧气乙炔气软管沾染油脂等，可能发生气瓶爆炸。

7）进行焊接时作业点周围 5m 范围内的易燃、易爆物没有及时清除干净。

（3）塔杆组装安全风险及隐患。

1）山地组装塔杆，塔杆堆放不稳，可能发生塔杆滚落伤人。

2）组装断面宽大的塔片，未采取临时固定措施，可能发生物体打击。

3）构件连接对孔时，用手指伸入螺孔找正，可能压伤手指。

4）塔上组装，可能发生物体打击、高处坠落。

5）塔杆起吊时，人员站位不当，可能发生吊物伤人。

6）立杆塔时，土质松软、地面结冻、不均匀沉陷、未按要求设置临时拉线等，可能发生杆塔倒塌。

7）整体组立铁塔时，根部未安装塔脚铰链。

8）起吊单杆时，抱杆方法不正确、绑扎不符合要求，可能发生吊物不牢。

9）电杆的临时拉线单杆少于 4 根，双杆少于 6 根，绑扎及锚固不牢，可能发生电杆倒塌。

10）起重机组塔时，指挥信号不明等，可能发生起重伤害。

4. 架线工程

（1）跨越架搭设安全风险及隐患。

1）搭设跨越架前，未与被跨越设施的单位取得联系。

2）跨越架未设置防倾覆措施。

3）跨越架与铁路、公路及通信线等的安全距离不足。

4）跨越架未设置警告标志。

5）跨越架架体强度不足；未验收合格；或强风、暴雨、大雪过后未检查确认。

（2）人力及机械牵引放线安全风险及隐患。

1）放线时的通信不畅通。

2）线盘架不稳固或转动、制动故障。

3）施工人员违规站在线圈内操作。

4）开断低压线路时，电杆意外倾倒。

5）架线作业时，在杆塔、被跨越的房屋、路口、河塘、裸露岩石等处，无专人监护。

6）导线、地线被障碍物卡住时，直接用手推拉。

7）穿越滑车的引绳未根据导线、地线的规格选用；引绳与线头连接不牢固；穿越时，施工人员违规站在导线、地线的垂直下方。

8）人工放线时，通过陡坡可能发生滚石伤人；在悬崖陡坡可能发生高处坠落；通过竹林区，可能发生竹桩扎脚。

9）拖拉机牵引放线，可能发生车辆伤害等。

（3）张力放线安全风险及隐患。

1）锚固不牢；转向滑车超载。

2）牵引过程中，人员违规站在各转向滑车围成的区域内。

3）使用的放线滑车、导引绳、牵引绳等的安全系数不足。

4）飞行器展放初级导引绳时，飞行器故障、气象条件不满足要求、起降场地不满足要求。

5）牵引过程中，牵引绳进入的主牵引机高速转向滑车与钢丝绳卷车的内角车违规站人。

6）张力放线通信系统故障；牵力场、张力场无专人指挥。

7）牵引过程中发生导引绳、牵引绳或导线跳槽、走板翻转等情况，未停机处理。

8）牵引过程中，牵引机、张力机进口、出口前方违规站人，可能发生物体打击。

（4）压接安全风险及隐患。钳压机、液压机压接作业时，违规操作或设备故障，可能发生机械伤害。

（5）导线、地线升空安全风险及隐患。

1）导线、地线升空作业时，导线、地线的线弯内角侧违规站人。

2）升空作业时，违规直接用人力压线。

3）压线滑车未设置控制绳。

（6）紧线安全风险及隐患。

1）紧线过程中，违规站在、跨越或靠近即将被紧的导线、地线。

2）展放余线的人员违规站在线圈内或线弯的内角侧。

3）挂线时，当连接金具接近挂线点时未停止牵引，人员就到挂线点操作。

（7）附件安装安全风险及隐患。

1）相邻杆塔违规同时在同相（极）位安装附件。

2）作业点垂直下方违规站人。

3）附件安装时，未按要求使用安全绳、安全带等，可能发生高处坠落。

4）在带电线路上方的导线上测量间隔棒距离时，使用带金属丝的测绳、皮尺或钢圈尺，可能发生触电。

5）拆除多轮放线滑车时，直接用人力放松。

6）使用飞车时，施工人员违反飞车安全规定、飞车故障、与带电线路安全距离不足等，可能发生触电。

（8）平衡挂线安全风险及隐患。

1）平衡挂线时，在同一相邻耐张段的同相（极）导线上进行其他作业。

2）待割的导线未在断线点两端事先用绳索绑牢。

3）高处断线时，施工人员违规站在放线滑车上操作。

4）滑车失稳晃动，可能导致作业人员高处坠落。

5）高空锚线没有二道保护措施。

（四）现场监护不到位

（1）35kV/220kV线路组立或拆、换杆塔、搭设或拆除跨越架等作业过程未设置专人监护，或监护人员擅离职守。

（2）监护人员发现违章、违规和险情时，未立即纠正或发出停止作业要求。

（3）监护人员和作业人员通信不畅通。

（五）验收不彻底

（1）35kV/220kV 线路组塔、架线作业完成后，未检查确认现场平整、清洁。

（2）35 kV /220kV 线路组塔、架线作业完成后，未按照施工图纸、施工方案进行验收确认，确保施工质量满足设计图纸及相关行业标准。

（3）35 kV /220kV 线路组塔、架线作业完成后，未按要求进行安全检查、确认。

三、35kV/220kV 线路组塔架线"一线三排"工作指引

（一）35kV/220kV 线路组塔架线"一线三排"工作指引图

35kV/220kV 线路组塔架线"一线三排"工作指引的主要内容，见图 3-7。

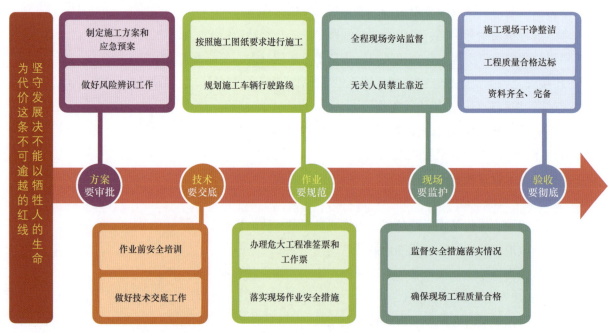

图 3-7　35kV/220kV 线路组塔架线"一线三排"工作指引图

（二）35 kV /220kV 线路组塔架线"一线三排"工作指引表

35kV/220kV 线路组塔架线"一线三排"工作指引的具体要求，见表 3-15。

表 3-15　　　　　　　35 kV /220kV 线路组塔架线"一线三排"工作指引表

序号	工作规定	具体要求	排查情况	排序	责任人	整改措施	整改时间	整改结果
				落实"一线三排"情况				
				未落实的处置情况				
					排除			
1	方案要审批	作业前应对作业环境进行安全风险辨识，分析存在的危险有害因素，提出管控措施	已落实□ 未落实□					
		应根据辨识情况按规定编制作业方案，并按规定报送审批	已落实□ 未落实□					

续表

序号	工作规定	具体要求	落实"一线三排"情况					
			排查情况	未落实的处置情况				
				排序	排除			
					责任人	整改措施	整改时间	整改结果
1	方案要审批	承包单位应具备相应的安全生产条件，发包单位对发包作业安全承担主体责任；发包单位应与承包方签订安全生产管理协议，明确各自的安全生产职责，发包单位应对承包单位的作业方案和实施的作业进行审批；项目经理、安全管理必须至施工现场，且由相关资质及公司任命	已落实□ 未落实□					
		开工前应制定综合应急预案、专项应急预案和现场处置方案	已落实□ 未落实□					
		架线时需跨越已完工的线路，跨越前应确认已完工的线路已停电或已有审批手续完善的带电作业跨越方案	已落实□ 未落实□					
		线路跨越障碍或铁路、公路时，须制定跨越方案且报送相关部门批准后方可跨越	已落实□ 未落实□					
2	技术要交底	作业前应对作业单位所有人员进行入场三级安全教育、安全技术交底、危险点告知，并签字确认	已落实□ 未落实□					
		作业前应开展施工图纸会审、施工图纸技术交底	已落实□ 未落实□					
		作业前应有技术负责人对施工人员根据不同阶段（开挖、绑筋、支模、浇筑）进行相应技术交底	已落实□ 未落实□					
		每天作业前应召开班前（工前）会，对当天作业进行部署、安排，交代作业过程中存在的安全风险及需注意事项；作业后应召开班后会，对当天作业进行总结，指出作业过程中发生的不安全事件及存在的违章行为	已落实□ 未落实□					
3	作业要规范	施工现场应组织有序、人员分工明确、场地清洁	已落实□ 未落实□					
		涉及危大工程时，应办理危大工程准签票和工作票	已落实□ 未落实□					
		作业前应根据现场作业环境和作业内容，配备相应的劳动防护用品和照明设备、通信设备以及应急救援装备等	已落实□ 未落实□					
		作业前应对安全防护用品、应急救援装备、作业设备和用具进行检查，发现问题应立即修复或更换	已落实□ 未落实□					

序号	工作规定	具体要求	落实"一线三排"情况					
			排查情况	未落实的处置情况				
				排序	排除			
					责任人	整改措施	整改时间	整改结果
3	作业要规范	作业前临时用电、临时用水是否安全可靠,通信联络工具是否齐全	已落实□ 未落实□					
		绑筋应检查钢筋表面是否有油污、生锈和腐蚀;绑筋前钢筋是否按要求进行检验,并取得相应检查报告	已落实□ 未落实□					
		基础绑扎期间筋与筋之间间距是否满足要求、有无缺筋、筋与筋连接工艺是否满足要求	已落实□ 未落实□					
		钢筋加工场地是否满足相关要求、钢筋加工是否合格	已落实□ 未落实□					
		模板安装是否合格、可靠	已落实□ 未落实□					
		浇筑前是否对铁塔基础绑筋、预埋件等进行隐蔽性工程自检、分项验收,对重要部分是否留有影像资料	已落实□ 未落实□					
		原材料、半成品或成品进场时,应对其规格、型号、外观和质量证明文件进行检查	已落实□ 未落实□					
		混凝土浇筑前对混凝土原材料是否进行分项检验,是否合格;凝土混试验块是否进行检验,是否合格	已落实□ 未落实□					
		所需预埋件安装是否正确、可靠、有无缺失,接地系统是否按要求铺设	已落实□ 未落实□					
		浇筑完成后,应按时按规定进行养护,并留有记录	已落实□ 未落实□					
		运输泵车是否正常,罐车是否正常,道路是否满足车辆运输要求	已落实□ 未落实□					
		特种作业需持相应特种作业证书的人进行作业,严禁无证书进行作业	已落实□ 未落实□					
		临近带电体组立塔杆,安全距离是否满足要求;塔杆组立过程中,要防止吊件下方有人作业和行走;立杆时在受力钢丝绳内侧角严禁人员站立和行走	已落实□ 未落实□					

续表

序号	工作规定	具体要求	落实"一线三排"情况					
			排查情况	未落实的处置情况				
				排序	排除			
					责任人	整改措施	整改时间	整改结果
3	作业要规范	跨越架搭设线路时应做到：搭设跨越架前，与被跨越设施的单位取得联系；跨越架设置防倾覆措施；跨越架与铁路、公路及通信线等的安全距离符合要求；跨越架设置警告标志；跨越架架体强度不足；验收合格；或强风、暴雨、大雪过后检查确认	已落实□ 未落实□					
		放线要求：放线时的通信畅通；架线作业时，在杆塔、被跨越的房屋、路口、河塘、裸露岩石等处，设置专人监护；拖拉机牵引放线，防止发生车辆伤害；张力放线时防止锚固不牢；转向滑车超载；牵引过程中，牵引机、张力机防止进口、出口前方站人	已落实□ 未落实□					
		压接与导线、地线升空：要正确使用钳压机、液压机压接作业；导线、地线升空作业时，导线、地线的线弯内角侧严禁站人；设置压线滑车控制绳	已落实□ 未落实□					
		紧线作业要求：紧线过程中，严禁违规站在、跨越或靠近即将被紧的导线、地线；展放余线的人员严禁站在线圈内或线弯的内角侧；挂线时，当连接金具接近挂线点时应停止牵引，便于人员就到挂线点操作	已落实□ 未落实□					
		附件安装：严禁相邻杆塔同时在同相（极）位安装附件；附件安装时，应使用安全绳、安全带等；在带电线路上方的导线上测量间隔棒距离时，严禁使用带金属丝的测绳、皮尺或钢卷尺	已落实□ 未落实□					
		平衡挂线：平衡挂线时，严禁在同一相邻耐张段的同相（极）导线上进行其他作业；待割的导线应在断线点两端事先用绳索绑牢；高处断线时，严禁施工人员站在放线滑车上操作；高空锚线要设置二道保护措施	已落实□ 未落实□					
		六级风以上时，严禁登高作业	已落实□ 未落实□					
4	现场要监护	在基础开挖、基础绑扎、模板安装、混凝土浇筑等阶段应有专业技术人员在现场进行指导；全程应设安全管理人员在现场进行安全检查，发现违章、违规和险情时，立即纠正或停止作业	已落实□ 未落实□					
		施工现场应按要求正确穿戴劳动防护用品及检查劳动防护用品合格有效，否则严禁进入施工现场，应停止作业和立即进行更换	已落实□ 未落实□					

续表

序号	工作规定	具体要求	落实"一线三排"情况					
			排查情况	未落实的处置情况				
				排序	排除			
					责任人	整改措施	整改时间	整改结果
4	现场要监护	监督现场应按照施工图纸进行作业，否则立即制止并纠正；确保施工质量合格	已落实□ 未落实□					
		特种作业时发现无资质者必须立即制止，停止作业；现场负责人需全程在现场，严禁现场无负责人进行作业	已落实□ 未落实□					
		有效监督安全措施落实到位，发现险情立即停止，待险情解除后方可作业、保持通信畅通	已落实□ 未落实□					
5	验收要彻底	施工结束后，现场应平整、清洁	已落实□ 未落实□					
		检查施工作业应按照施工图纸、施工方案进行施工，施工质量满足设计图纸及相关行业标准	已落实□ 未落实□					
		隐蔽性资料齐全、各检测报告齐全且合格，各有关记录齐全、综合资料满足竣工验收要求	已落实□ 未落实□					

（三）35 kV /220kV 线路组塔、架线"一线三排"负面清单

（1）未经风险辨识，制定防范措施不作业。

（2）施工方案、专项应急预案和应急处置未审批不作业。

（3）现场配备的劳动防护用品不合格或数量不够不作业。

（4）配置的现场安全管理人员、技术人员不到位不作业。

（5）未办理入场安全教育、技术交底不作业。

（6）涉及危大工程时，未办理危大工程准签票和工作票不作业。

（7）图纸未经专业人员审核不作业。

（8）设计院施工图纸不交底不作业。

（9）现场安全措施落实不到位不作业。

（10）施工材料报验未审批不作业。

（11）现场人员分工不明确、职责不清楚不作业。

（12）特种人员资料未审核不作业。

（13）遇到特殊自然气候（暴风、暴雪、暴雨）不作业。

（14）设备、车辆带病不运行、不上路。

（15）施工结束后，质量不符合要求、资料不齐、卫生不清洁不验收。

（16）登高作业安全防护不到位不允许作业。

四、35kV/220kV 线路组塔、架线隐患排查治理实例

35 kV /220kV 线路组塔、架线隐患排查治理实例见表 3–16。

表 3–16 35 kV /220kV 线路组塔、架线隐患排查治理实例

隐患排查	登高架线安全防护不到位，没有采用速差自控器等作为防护坠落后备保护
隐患排查	
隐患排序	较大隐患
违反标准	DL 5009.2—2013《电力建设安全工作规程 第 2 部分：电力线路》 3.3.1 高处作业 4 高处作业人员应衣着灵便，穿软底防滑鞋，并正确佩戴个人防护用具。 5 高处作业时，作业人员必须正确使用安全带。 6 高处作业时，宜使用全方位防冲击安全带，并应采用速差自控器等后备保护设施。安全带及后备防护设施应固定在构件上，不宜低挂高用。高处作业过程中，应随时检查扣结绑扎的牢靠情况
隐患排除	登高作业必须系好安全带，并采用速差自控器作为后备保护

第四章 管理类"一线三排"工作指引

第一节 主要负责人责任落实

一、主要负责人职责要求

（一）建立健全并落实本单位全员安全生产责任制，加强安全生产标准化建设

（1）应确保本单位合规性经营。

（2）应出任安全生产委员会主任或安全生产领导小组组长。

（3）应每季度主持或指定专人主持本单位安全生产委员会（安全生产领导小组）会议，专题研究安全生产工作。

（4）应组织制定本单位安全生产中长期规划和年度安全生产计划。

（5）应建立、实施并保持安全方针和承诺，且确保安全方针在本单位内予以沟通。承诺包括但不限于以下内容：

1）为防止与工作相关的伤害和健康损害而提供安全和健康的工作条件的承诺，并适合于本单位的宗旨、规模及所处的环境，以及本单位的安全风险的特性。

2）为制定安全目标提供框架。

3）满足法律法规和其他要求的承诺。

4）消除、降低安全风险的承诺。

5）持续改进安全管理体系的承诺。

6）员工及其代表（若有）的协商和参与的承诺。

（6）应组织制定安全目标并在各职能和层级进行分解。

（7）应督促本单位高（中）层管理成员履行安全生产管理职责，听取各成员汇报各自分管领域安全生产情况。

（8）宜每半年听取一次领导班子成员安全生产履职汇报并检查考核。

（9）按法律规定设置安全生产管理机构。

（10）按法律规定配备专（兼）职安全生产管理人员。

（11）按法律规定配备注册安全工程师等专业安全管理人员从事安全生产管理工作。

（12）应亲自或指派专人负责全员安全生产责任制建设工作。

（13）应确保全员安全生产责任制在本单位进行公示并实施。

（14）应组织建立全员安全生产责任制目标考核奖惩制度，并严格考核。

（15）应组织建立安全风险分级管控制度和隐患排查治理制度，逐一明确管控层级，针对不同等级的安全风险和隐患制定相应安全管控措施，明确具体的责任部门、责任人。

（16）应组织建立企业应急管理体系和消防管理体系，并确保有效动作。

（17）应主持管理评审，听取安全管理体系内部审核结果汇报及其他安全生产情况汇报。

（18）宜每半年向上级汇报一次安全生产工作情况。

（19）应每年向职工大会或者职工代表大会报告安全生产工作和个人履行安全生产管理职责的

情况。

（20）应全面负责安全生产标准化自评工作。

（21）应提升安全绩效。

（22）应促进支持安全文化建设。

（23）应确保本单位工作人员参与安全管理体系持续改进措施的实施。

（24）应就有关持续改进的结果与工作人员及其代表（若有）进行沟通。

（二）组织制定并实施本单位安全生产规章制度和操作规程

（1）应确保本单位开展了安全生产相关法律法规和其他要求的识别、评价和更新。

（2）应组织制定、批准发布并实施本单位安全生产规章制度。安全生产规章制度包括但不限于以下内容：

1）法律法规和其他要求。

2）安全生产投入。

3）文件和记录管理。

4）安全生产教育培训。

5）安全风险分级管控和隐患排查治理。

6）设备设施管理。

7）安全生产运行控制。

8）劳动防护用品管理。

9）相关方安全管理。

10）变更管理。

11）应急管理。

12）绩效监视与测量。

13）事故管理。

14）数据分析与改进。

（3）应按照有关规定，结合本单位生产工艺、作业任务特点、岗位作业安全风险要求，组织编制岗位安全操作规程。

（4）应确保本单位从业人员及时获取现行有效的安全生产规章制度和操作规程文本。确保从业人员知悉本岗位所存在的安全风险。

（5）应督促安全生产规章制度和操作规程的落实、考核。

（三）组织制定并实施本单位安全生产教育和培训计划

（1）应为员工安全生产教育培训提供经费、时间等资源支持。

（2）应指定专人组织制定并实施本单位安全生产教育和培训计划。

（3）应当接受安全培训，具备与所从事的生产经营活动相适应的安全生产知识和管理能力，并获得安全生产管理资格。安全生产培训知识包括但不限于以下内容：

1）国家安全生产方针、政策和有关安全生产的法律、法规、规章及标准。

2）安全生产管理基本知识、安全生产技术、安全生产专业知识。

3）风险管理、危险源管理、事故防范、隐患管理、应急管理和救援组织以及事故调查处理的有关规定。

4）国内外先进的安全生产管理经验。

5）典型事故和应急救援案例分析。

6）其他相关安全生产知识。

（4）参加安全培训学时应满足相关规定要求。

（5）生产经营单位发生造成人员死亡的生产安全事故，其主要负责人未依法履行职责或者负有领导责任的应重新参加安全培训。

（6）宜每年亲自为本单位员工主讲1次安全生产相关知识课程。

（7）应确保本单位未经安全生产教育和培训合格的从业人员，不得上岗作业；特种作业人员、特种设备作业人员必须经专门安全技术培训并考核合格，持证上岗；安全生产管理人员必须具备与本单位所从事的生产经营活动相应的安全生产知识和管理能力。

（四）保证本单位安全生产投入的有效实施

（1）应保证本单位按照规定提取和使用安全生产费用，专门用于改善职业健康安全生产条件。

（2）应确保本单位将安全生产费用纳入年度生产经营计划和财务预算，保障安全生产设备设施维修保养、风险识别管控、隐患排查治理、安全教育培训、应急演练、事故救援等安全生产支出。

（3）应确保本单位新建、改建、扩建工程项目时，安全设施与主体工程同时设计、同时施工、同时投入生产和使用，安全设施投资纳入建设项目概算和预算。

（4）应确保本单位依法参加工伤保险，为从业人员缴纳保险费。

（5）应确保本单位按规定投保安全生产责任保险。

（6）应确保本单位及时为从业人员无偿提供和更新符合相关技术要求的劳动防护用品和应急器材。

（五）组织建立并落实安全风险分级管控和隐患排查治理双重预防工作机制，督促、检查本单位的安全生产工作，及时消除生产安全事故隐患

（1）应确保本单位定期开展安全生产风险识别、风险分析、风险评估，确定风险等级，制定风险管控措施。

（2）应当定期组织开展生产安全事故隐患排查，发现隐患应当立即整改；不能立即整改的，应当设置警戒标识，采取应急措施，公示重大事故隐患的危害程度、影响范围，并落实整改措施、责任、资金、时限和事故应急预案；隐患整改完成后，应当督促验收。

（3）接到重大事故隐患报告后应当及时按照以下规定处理：

1）根据需要暂时停产停业或者停止使用相关设施、设备。

2）3个工作日内向所在区县（自治县）负有安全生产监督管理职责的部门报告重大事故隐患的名称、内容、级别、排查人员、排查时间。

3）组织开展现状风险评估。

4）根据风险评估情况，组织制定治理方案，方案应包括治理的目标和任务、采取的方法和措施、落实的经费和物资、负责治理的机构和人员、治理的时限和要求、安全措施和应急预案等。

5）组织落实治理方案，消除隐患。

6）组织隐患治理情况评估，恢复生产经营或使用。

7）应每月组织1次本单位的安全生产检查。

8）应确保本单位所有事故、事件、不符合项均采取了纠正措施。

（六）组织制定并实施本单位的生产安全事故应急救援预案

（1）负责组织编制本单位的生产安全事故应急救援预案，并对生产安全事故应急救援预案的真实性和实用性负责。

（2）签署发布本单位经评审或者论证后的生产安全事故应急救援预案。

（3）应急救援预案应对本单位从业人员公布，并及时发放到本单位有关部门、岗位和相关应急救援队伍。

（4）应督促本单位开展生产安全事故应急救援预案的培训。

（5）应每年组织或参加1次生产安全事故应急演练。

（6）应适时组织修订生产安全事故应急救援预案。

（七）及时、如实报告生产安全事故

（1）应确保在发生生产安全事故后，本单位负责人于1h内向上级主管部门报告外，并同时向事故发生地县级以上人民政府安全生产监督管理部门和负有安全生产监督管理职责的有关部门报告，不得迟报、漏报、谎报或者瞒报。

（2）事故报告后出现新情况的，应当及时补报。

（3）发生事故时迅速组织抢险救援，做好善后处理工作，配合调查处理。

二、主要负责人责任落实"一线三排"工作指引

（一）主要负责人责任落实"一线三排"工作指引图

主要负责人责任落实"一线三排"工作指引的主要内容，见图4-1。

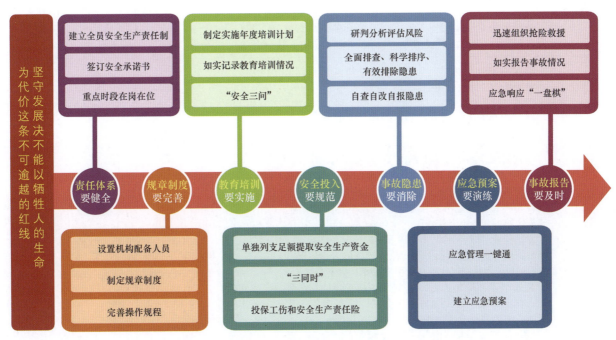

图4-1 主要负责人责任落实"一线三排"工作指引图

（二）主要负责人责任落实"一线三排"工作指引表

主要负责人责任落实"一线三排"工作指引的主要内容，见表4-1。

（三）主要负责人责任落实"一线三排"负面清单

（1）禁止未建立安全生产责任制。

（2）禁止未按规定配备专（兼）职安全生产管理人员。

（3）禁止超过核定的生产能力、强度或者定员进行生产。

（4）禁止未开展风险管控，对事故隐患未进行排查治理，便擅自生产经营。

表 4-1　　　　　　　　　　　主要负责人责任落实"一线三排"工作指引表

序号	工作规定	具体要求	落实"一线三排"情况					
			排查情况	未落实的处置情况				
				排序	排除			
					责任人	整改措施	整改时间	整改结果
1	责任体系要健全	建立全员安全生产责任制,明确领导层、管理层、车间、班组和基层岗位所有人员的岗位职责、责任区域、考核标准,组织签订全员岗位安全生产责任书	已落实□ 未落实□					
		依据法定职责,制定安全生产承诺书,并在醒目位置公布,自觉接受职工群众监督	已落实□ 未落实□					
		复工复产、重大节假日及其他关键时段在岗在位	已落实□ 未落实□					
		每年至少向职工大会或者职工代表大会、股东会或者股东大会报告一次安全生产情况,接受职工、股东监督	已落实□ 未落实□					
		根据企业从业人员数量依法设置安全生产管理机构或配备专兼职安全生产管理人员	已落实□ 未落实□					
		每季度主持或指定专人主持本单位安全生产委员会,专题研究安全生产工作	已落实□ 未落实□					
2	规章制度要完善	确保本单位开展了安全生产相关法律法规和其他要求的识别、评价和更新	已落实□ 未落实□					
		组织制定安全生产规章制度和操作规程并督促实施	已落实□ 未落实□					
		落实有限空间作业"七不准"(①未经风险辨识不准作业;②未经通风和检测合格不准作业;③不佩戴劳动防护用品不准作业;④没有监护不准作业;⑤电气设备不符合规定不准作业;⑥未经审批不准作业;⑦未经培训演练不准作业) 动火作业"三个一律"(一律不准进行交叉作业;一律清除现场可燃物质;一律检测可燃气体含量、保持良好通风,严防交叉作业动火引发爆炸、火灾事故) 高处作业"五个必须"(必须培训持证上岗、必须实行作业审批、必须做好个人防护、必须落实工程措施、必须安排专人监护) 危化品特殊作业"四令三制"(四令:动火令、动工令、复工令、停工令;三制:有限空间作业票制、值班室(中控室)24h值班制、企业领导带班值班制) 复工复产"六个一"(①开展一次安全专题会议;②制定一份复工复产方案;③召开一次全体员工大会;④开展一次全员安全教育;⑤制定一套应急处置方案;⑥开展一次全厂性安全检查)	已落实□ 未落实□					
3	教育培训要实施	组织制定并实施覆盖各级管理者和基层员工的安全生产培训计划	已落实□ 未落实□					
		建立包括分管负责人、安全管理人员、特种作业人员及全员(包括新员工)等的安全生产教育培训档案	已落实□ 未落实□					

续表

序号	工作规定	具体要求	落实"一线三排"情况					
			排查情况	未落实的处置情况				
				排序	排除			
					责任人	整改措施	整改时间	整改结果
3	教育培训要实施	应当接受安全培训，具备与所从事的生产经营活动相适应的安全生产知识和管理能力，参加安全培训学时应满足相关规定要求，获取资格需求	已落实☐ 未落实☐					
		生产经营单位发生造成人员死亡的生产安全事故，其主要负责人未依法履行职责或者负有领导责任的应重新参加安全培训	已落实☐ 未落实☐					
		宜每年亲自为本单位员工主讲 1 次安全生产相关知识课程	已落实☐ 未落实☐					
		应确保本单位未经安全生产教育和培训合格的从业人员，不得上岗作业；特种作业人员、特种设备作业人员必须经专门安全技术培训并考核合格，持证上岗；安全生产管理人员必须具备与本单位所从事的生产经营活动相应的安全生产知识和管理能力	已落实☐ 未落实☐					
		"安全三问"（你的职责是什么？你单位存在的隐患有哪些？如何采取措施消除风险隐患？）对答如流	已落实☐ 未落实☐					
4	安全投入要保障	应保证本单位按照规定提取和使用安全生产费用，专门用于改善安全生产条件	已落实☐ 未落实☐					
		应确保本单位将安全生产费用纳入年度生产经营计划和财务预算，保障安全生产设备设施维修保养、风险识别管控、隐患排查治理、安全教育培训、应急演练、事故救援等安全生产支出	已落实☐ 未落实☐					
		应确保本单位新建、改建、扩建工程项目时，安全设施与主体工程同时设计、同时施工、同时投入生产和使用，安全设施投资纳入建设项目概算和预算	已落实☐ 未落实☐					
		应确保本单位依法参加工伤保险，为从业人员缴纳保险费	已落实☐ 未落实☐					
		应确保本单位按规定投保安全生产责任保险	已落实☐ 未落实☐					
5	风险管控和隐患排查治理要落实	落实事故隐患全面排查、科学排序、有效排除	已落实☐ 未落实☐					
		应定期组织对本企业安全风险辨识，每半年至少组织一次安全生产全面检查，研究分析安全生产存在问题，并督促事故防范、隐患排查和整改措施的落实	已落实☐ 未落实☐					
		应明确专人定期登录省工矿商贸行业基础信息和隐患排查信息系统，每周及时录入本单位安全生产信息，实现隐患排查治理自查自改自报	已落实☐ 未落实☐					
6	应急预案要演练	安装应急管理"一键通"并激活使用	已落实☐ 未落实☐					
		建立生产安全事故应急预案体系，应急预案覆盖企业主要风险	已落实☐ 未落实☐					

续表

序号	工作规定	具体要求	落实"一线三排"情况					
			排查情况	未落实的处置情况				
				排序	排除			
					责任人	整改措施	整改时间	整改结果
6	应急预案要演练	组织配备应急救援所需的应急物资，建立台账	已落实□ 未落实□					
		每年应至少组织和参与一次事故应急救援演练	已落实□ 未落实□					
7	事故报告要及时	若发生生产安全事故，应在1h内如实上报，并及时上报重大事项	已落实□ 未落实□					
		发生事故时应迅速组织抢险救援，做好善后处理工作，配合调查处理	已落实□ 未落实□					
		吸取同行业事故教训，及时启动应急响应"一盘棋"	已落实□ 未落实□					

（5）禁止事故隐患整改不合格或者未经安全监管部门审查同意擅自恢复生产经营。

（6）禁止擅自启封或者使用被查封或者扣押的设施、设备、器材、危险物品和作业场所。

（7）禁止关闭破坏生产安全设备设施和篡改、隐瞒、销毁数据信息。

（8）严禁未按照规定对从业人员、被派遣劳动者、实习学生进行安全生产教育和培训或者未如实告知其有关安全生产事项。

（9）禁止瞒报、迟报事故。

（10）禁止管理者违章指挥，从业人员违章作业和劳动纪律。

三、主要负责人责任落实隐患排查治理实例

1. 主要负责人责任落实隐患排查治理实例 1

主要负责人责任落实隐患排查治理实例 1 见表 4-2。

表 4-2　　　　　　　　主要负责人责任落实隐患排查治理实例 1

隐患排序	一般隐患
违反标准	《国家能源局 国家安全监管总局关于印发〈电网企业安全生产标准化规范及达标评级标准〉的通知》（国能安全〔2014〕254号） 　　附件：电网企业安全生产标准化规范及达标评级标准 　　5.2.1.1　安全生产委员会 　　成立以主要负责人为领导的安全生产委员会，明确委员会的组成和职责，建立健全工作制度和例会制度。 　　企业主要负责人每季度至少主持召开一次安委会，安委会成员参加，总结分析本单位的安全生产情况，部署安全生产工作，研究解决安全生产工作中的重大问题，决策企业安全生产的重大事项
隐患排除	用制度约束，加上级检查通报以提醒主要负责人重视安全生产委员会，并亲自主持，特殊情况应以书面形式委托负责安全生产的安委会副主任主持

2. 主要负责人责任落实隐患排查治理实例2

主要负责人责任落实隐患排查治理实例2见表4-3。

表4-3　　　　　　　　　主要负责人责任落实隐患排查治理实例2

隐患排查	负责人不重视安全投入，隐患治理不及时导致安全事件发生
隐患排序	较大隐患
违反标准	《中华人民共和国安全生产法》（中华人民共和国主席令　第八十八号） 　　第二十三条　生产经营单位应当具备的安全生产条件所必需的资金投入，由生产经营单位的决策机构、主要负责人或者个人经营的投资人予以保证，并对由于安全生产所必需的资金投入不足导致的后果承担责任
隐患排除	负责人应重视企业隐患治理的安全投入，确保企业人身和设备安全

第二节　人员密集场所管理

一、人员密集场所概述

《中华人民共和国消防法》（2021修正）第七十三条：人员密集场所，是指公众聚集场所，医院的门诊楼、病房楼，学校的教学楼、图书馆、食堂和集体宿舍，养老院，福利院，托儿所，幼儿园，公共图书馆的阅览室，公共展览馆、博物馆的展示厅，劳动密集型企业的生产加工车间和员工集体宿舍，旅游、宗教活动场所等。

二、人员密集场所重点管理要求

（一）基本要求

（1）公众聚集场所投入使用、营业前，应依法向消防救援机构申请消防安全检查，并经消防救援机构许可同意；人员密集场所改建、扩建、装修或改变用途的，应依法报经相关部门审核批准。

（2）建筑四周不应搭建违章建筑，不应占用防火间距、消防车道、消防车登高操作场地，不应遮挡室外消火栓或消防水泵接合器，不应设置影响逃生、灭火救援或遮挡排烟窗、消防救援口的架空管线、广告牌等障碍物。

（3）人员密集场所不应擅自改变防火分区，不应擅自停用，改变防火分隔设施和消防设施，不应降低建筑装修材料的燃烧性能等级；建筑的内部装修不应改变疏散门的开启方向，减少安全出口，疏散出口的数量和宽度，增加疏散距离，影响安全疏散；建筑内部装修不应影响消防设施的正常使用。

（4）人员密集场所应在公共部位的明显位置设置疏散示意图、警示标识等，提示公众对该场所存在的下列违法行为有投诉、举报的义务。

1）使用、营业期间锁闭疏散门。

2）封堵、占用疏散通道或消防车道。

3）使用、营业期间违规进行电焊、气焊等动火作业。

4）疏散指示标志损坏、不准确或不清楚。

5）停用消防设施、消防设施未保持完好有效。

6）违规储存使用易燃、易爆危险品。

（二）用电防火安全管理要求

（1）人员密集场所应建立用电防火安全管理制度，明确用电防火安全管理的责任部门和责任人，并应包括下列内容：

1）电气设备的采购要求。

2）电气设备的安全使用要求。

3）电气设备的检查内容和要求。

4）电气设备操作人员的资格要求。

（2）用电防火安全管理应符合下列要求：

1）采购电气、电热设备，应选用合格产品，并应符合有关安全标准的要求。

2）更换或新增电气设备时，应根据实际负荷重新校核、布置电气线路并设置保护措施。

3）电气线路敷设、电气设备安装和维修应由具备职业资格的电工进行，留存施工图纸或线路改造记录。

4）不得随意乱接电线，擅自增加用电设备。

5）靠近可燃物的电器，应采取隔热散热等防火保护措施。

6）人员密集场所内严禁电动自行车停放、充电。

7）应定期进行防雷检测；应定期检查，检测电气线路、设备，严禁长时间超负荷运行。

8）电气线路发生故障时，应及时检查维修，排除故障后方可继续使用。

9）电气开关室、控制室等应按电力消防典规要求，做好装饰，并留有符合逃生门数。

10）涉及重大活动临时增加用电负荷时，应委托专业机构进行用电安全检测，检测报告应存档备查。

（三）用火、动火安全管理要求

（1）人员密集场所应建立用火、动火安全管理制度，并应明确用火，动火管理的责任部门和责任人，用火、动火的审批范围、程序和要求等内容。动火审批应经消防安全责任人签字同意方可进行。

（2）用火、动火安全管理应符合下列要求：

1）现场动火应根据其危害程分别办理一级动火票或二级动火票。

2）需要动火作业的区域，应将有可燃物的区域进行防火分隔，严格将动火作业限制在防火分隔区域内，并加强消防安全现场监管。

3）电气焊等明火作业前，实施动火的部门和人员应按照制度规定办理动火审批手续，清除可燃、易燃物品，配置灭火器材，落实现场监护人和安全措施，在确认无火灾、爆炸危险后方可动火作业。

4）人员密集场所不应使用明火照明或取暖，如特殊情况需要时，应有专人看护。

5）炉火、烟道等取暖设施与可燃物之间应采取防火隔热措施。

6）餐饮场所、厨房烟道应至少每季度清洗一次。

7）进入建筑内以及厨房、锅炉房等部位内的燃油、燃气管道，应经常检查、检测和保养。

8）氧气瓶与乙炔、丙烷气瓶的工作间距不应小于5m，气瓶与明火作业点的距离不应小于10m。

9）进行焊接、切割与热处理作业时，应有防止触电、火灾、爆炸和切割物坠落的措施。

10）在焊接、切割的地点周围10m的范围内，应清除易燃、易爆物品，确实无法清除时，必须采取可靠的隔离或防护措施。

11）在规定的禁火区内或在已贮油的油区内进行焊接、切割与热处理作业时，必须严格按该区域安全管理的有关规定执行。

12）不得在储存或加工易燃、易爆物品的场所周围10m范围内进行焊接、切割与热处理作业，必须作业时应采取可靠的安全技术措施。

13）不宜在雨、雪及大风天气进行露天焊接或切割作业。确实需要时，应采取遮蔽雨雪、防止触电和防止火花飞溅的措施。

14）在高处进行焊接与切割作业，作业开始前应采取可靠的防止焊渣掉落、火花溅落措施，并清除焊渣、火花可能落入范围内的易燃、易爆物品，易燃、易爆物品不能清除时应设专人监护。

（四）消防通道要求

（1）根据 DL 5027—2015《电力设备典型消防规程》，大、中型光伏发电站宜布置环形消防通道。

（2）根据 DL 5009.1—2014《电力建设安全工作规程　第1部分：火力发电》，防火应符合下列规定：施工现场出口、入口不应少于两个，宜布置在不同方向，宽度应满足消防车通行要求；只能设置一个出口、入口时，应设置满足消防车通行的环形道路；施工现场的疏散通道、安全出口、消防通道应保持畅通。

（五）用油、用气安全管理要求

（1）使用合格正规的气源、气瓶和燃气、燃油器具。

（2）可能散发可燃气体或蒸气的场所，应设置可燃气体探测报警装置。

（3）建筑内以及厨房、锅炉房等部位内的燃油、燃气管道及其法兰接头、阀门，应定期检查、检测和保养。

（4）燃气燃烧器具的安装、使用及其管路的设计、维护、保养、检测，必须符合国家有关标准和管理规定，并由经考核合格的安装、维修人员实施作业。

（5）压力容器、管道、气瓶应远离火源，且距火源不得小于 10m，并应采取避免高温和防暴晒的措施。

（六）易燃、易爆化学物品管理

（1）人员密集场所严禁生产或储存易燃、易爆化学物品。

（2）人员密集场所应明确易燃、易爆化学物品使用管理的责任部门和责任人。

（3）人员密集场所需要使用易燃，易爆化学物品时，应根据需求限量使用，存储量不应超过一天的使用量，并应在不使用时予以及时清除，且应由专人管理、登记。

（4）酸、碱、易燃、易爆等危险物品应专库存放、专人保管，余料应及时归库；严禁在办公室、工具房、休息室、宿舍等地方存放腐蚀、易燃、易爆物品。

（5）装有易燃、易爆物品的各类建筑之间的防火安全距离应符合 GB 50720—2011《建设工程施工现场消防安全技术规范》的规定。

（七）防火巡查安全管理要求

（1）人员密集场所应建立防火巡查、防火检查制度，确定巡查、检查的人员、内容、部位和频次。

（2）防火巡查、检查内容包括但不限于：火灾隐患的整改以及防范措施的落实情况；安全疏散通道、疏散指示标志、应急照明和安全出口；消防车通道、消防水源；用火、用电有无违章等情况；应及时纠正违法、违章行为，消除火灾隐患；无法消除的，应立即报告，并记录存档；防火巡查、检查时，应填写巡查、检查记录，巡查和检查人员及其主管人员应在记录上签名；巡查记录表应包括部位、时间、人员和存在的问题。检查记录表应包括部位、时间、人员、巡查情况、火灾隐患整改情况和存在的问题等。

（3）防火巡查时发现火灾，应立即报火警并启动单位灭火和应急疏散预案。

（4）人员密集场所应每日进行防火巡查，并结合实际组织开展夜间防火巡查。一旦电站火灾自动报警系统启动时应立即到就地确认并处置。

（5）防火巡查应包括下列内容但不仅于此：

1）用火、用电有无违章情况。

2）安全出口、疏散通道是否畅通，有无锁闭；安全疏散指示标志、应急照明是否完好。

3）常闭式防火门是否保持常闭状态，防火卷帘下是否有影响防火卷帘正常使用的物品。

4）消防设施、器材是否在位、完好有效。消防安全标志是否标识正确、清楚。

5）消防安全重点部位的人员在岗情况。

6）消防车道是否畅通。

7）已发现的隐患是否已整改。

（6）人员密集场所应至少每月开展一次防火检查，检查的内容应包括：

1）消防车道、消防车登高操作场地、室外消火栓、消防水源情况。

2）安全疏散通道、楼梯，安全出口及其疏散指示标志、应急照明情况。

3）消防安全标志的设置情况。

4）灭火器材配置及完好情况。

5）楼板、防火墙、防火隔墙和竖井孔洞的封堵情况。

6）建筑消防设施运行情况。

7）消防控制室值班情况、消防控制设备运行情况和记录情况。

8）微型消防站人员值班值守情况，器材、装备设备完备情况。

9）用火、用电、用油、用气有无违规、违章情况。

10）消防安全重点部位的管理情况。

11）防火巡查落实情况和记录情况。

12）火灾隐患的整改以及防范措施的落实情况。

13）消防安全重点部位人员以及其他员工消防知识的掌握情况。

（八）消防宣传与培训要求

（1）人员密集场所应通过多种形式开展经常性的消防安全宣传与培训。

（2）人员密集场所应至少每半年组织一次对每名员工的消防培训，对新上岗人员应进行上岗前的消防培训。

（3）消防培训应包括下列内容：

1）有关消防法律法规、消防安全管理制度、保障消防安全的操作规程等。

2）本单位、本岗位的火灾危险性和防火措施。

3）建筑消防设施、灭火器材的性能、使用方法和操作规程。

4）报火警、扑救初起火灾、应急疏散和自救逃生的知识、技能。

5）本场所的安全疏散路线，引导人员疏散的程序和方法等。

6）灭火和应急疏散预案的内容、操作程序。

7）其他消防安全宣传教育内容。

三、人员密集场所管理"一线三排"工作指引

（一）人员密集场所管理"一线三排"工作指引图

人员密集场所管理"一线三排"工作指引的主要内容，见图4-2。

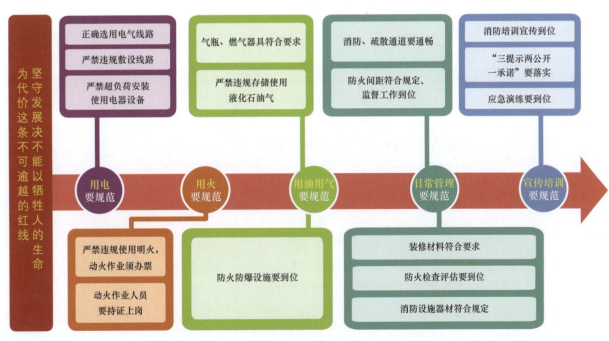

图4-2　人员密集场所管理"一线三排"工作指引图

（二）人员密集场所管理"一线三排"工作指引表

人员密集场所管理"一线三排"工作指引的具体要求，见表4-4。

（三）人员密集场所管理"一线三排"负面清单

（1）禁止占用、堵塞、封闭疏散通道、安全出口和消防车通道。

表 4-4　　　　　　　　　　　　　　人员密集场所管理"一线三排"工作指引表

序号	工作规定	具体要求	落实"一线三排"情况					
			排查情况	未落实的处置情况				
				排序	排除			
					责任人	整改措施	整改时间	整改结果
1	用电要规范	是否存在电气线路乱接乱拉，以及使用麻花线、铰接方式连接或将不同型号、规格的电线连接的情况	已落实□ 未落实□					
		是否存在电气线路老化、绝缘层破损、线路受潮、水浸；是否存在电气线路过热、锈蚀、烧损、熔焊、电腐蚀等痕迹，造成漏电、短路、超负荷等问题	已落实□ 未落实□					
		是否存在超过额定功率、超负荷安装使用电气设备行为	已落实□ 未落实□					
		是否存在电线未做穿管保护直接穿过或敷设在易燃可燃物上以及其他产生等高温部位周边	已落实□ 未落实□					
		是否存在外墙、屋顶广告牌、灯箱破损或密封不严，电气线路敷设不规范，因漏风渗水问题引发电气故障；是否存在外墙、室内场所霓虹灯、装饰灯及其电气线路、控制器、变压器直接敷设安装在易燃可燃材料上，未采取隔热防火措施	已落实□ 未落实□					
		是否存在配电箱（柜）、弱电井、强电井内强电与弱电线路交织一起或者堆放易燃可燃杂物的情况	已落实□ 未落实□					
		是否存在使用不合格电器产品的情况	已落实□ 未落实□					
2	用火要规范	场所内是否存在违规使用明火作业或采用明火煮食等行为	已落实□ 未落实□					
		动火作业是否办理动火票并经审批手续，未经批准不得动火，动火现场必须设置动火监护人	已落实□ 未落实□					
		现场动用明火施工作业与易燃、易爆物距离要符合安全规程要求或有隔离措施	已落实□ 未落实□					
		明火作业人员是否存在无证操作或违反操作规程行为	已落实□ 未落实□					
		是否存在在禁止区域、场所内燃放烟花爆竹	已落实□ 未落实□					
3	用油用气要规范	是否存在违规使用瓶装液化石油气情况	已落实□ 未落实□					
		是否存在超量储存液化石油气罐的情况	已落实□ 未落实□					

序号	工作规定	具体要求	落实"一线三排"情况					
			排查情况	未落实的处置情况				
				排序	排除			
					责任人	整改措施	整改时间	整改结果
3	用油用气要规范	是否存在将液化石油气罐存放在住人的房间、办公室和人员稠密的公共场所等情况	已落实□ 未落实□					
		是否存在厨房油烟道、烤炉内油渍堆积、清洗不干净或未按照规定及时清洗的情况	已落实□ 未落实□					
		是否存在气瓶间未设置可燃气体浓度报警装置、未使用防爆型电气设备以及开关安装在室内的情况	已落实□ 未落实□					
		是否存在燃气管线、连接软管、灶具老化、生锈，超出使用年限，未定期检测维护的情况	已落实□ 未落实□					
4	日常管理要规范	场所内是否违规使用、存放或销售易燃、易爆物品	已落实□ 未落实□					
		是否存在改变防火分区或破坏原有防火分隔情况	已落实□ 未落实□					
		是否存在占用、堵塞或封闭安全出口、疏散通道和消防车通道的情况	已落实□ 未落实□					
		防火间距是否符合规范要求，是否存在违规搭建临时建筑、占用防火间距的情况	已落实□ 未落实□					
		是否存在违规采用易燃可燃材料装修或采用易燃可燃材料夹芯彩钢板进行隔断的情况	已落实□ 未落实□					
		建筑外墙是否存在设置影响逃生、自然排烟和灭火救援的障碍物的情况	已落实□ 未落实□					
		内部公共区域、疏散走道和疏散楼梯间是否存在电动自行车违规停放或充电	已落实□ 未落实□					
		是否按规定开展防火检查（各岗位应每天一次，各部门应每周一次，单位应每月一次；每月进行一次防火检查，每日至少进行一次防火巡查）	已落实□ 未落实□					
		是否存在违反安全操作规程进行生产作业的行为	已落实□ 未落实□					
		是否存在消防控制室值班人员未持证上岗的情况	已落实□ 未落实□					
		是否定期组织维修保养消防设施、器材、消防安全标志	已落实□ 未落实□					
		是否定期开展消防安全评估	已落实□ 未落实□					

续表

序号	工作规定	具体要求	落实"一线三排"情况					
			排查情况	未落实的处置情况				
				排序	排除			
					责任人	整改措施	整改时间	整改结果
4	日常管理要规范	是否按照省消防安全委员会《广东省火灾风险点指南（试行）》《广东省社会单位消防安全自查自改指引》要求，落实火灾风险自知自查自改主体责任	已落实□ 未落实□					
5	宣传培训要规范	是否存在消防安全责任人、消防安全管理人未经过消防安全培训的情况	已落实□ 未落实□					
		是否存在未按要求定期对从业人员的进行消防培训的情况	已落实□ 未落实□					
		是否存在未按要求定期组织开展灭火和应急救援演练的情况	已落实□ 未落实□					
		是否存在未按要求落实"两公开一承诺"（两公开：向社会公开消防安全责任人、管理人；一承诺：承诺本场所不存在突出风险或者已落实防范措施）制度的情况	已落实□ 未落实□					
		是否存在未按要求设置员工消防培训宣传栏的情况	已落实□ 未落实□					
		是否存在未在公共部位的醒目位置设置警示标识的情况；是否落实人员密集场所消防安全"三提示"要求（火灾危险性提示、逃生自救防范提示、器材提示）	已落实□ 未落实□					

（2）禁止在建筑物内的疏散通道、楼梯间、安全出口等公共区域停放电动自行车或者为电动自行车充电。

（3）禁止在建筑外墙设置影响逃生、自然排烟和灭火救援的障碍物。

（4）严禁储存甲、乙类易燃、易爆危险物品，严禁携带甲、乙类易燃、易爆危险物品进入建筑内。

（5）严禁在生产车间、仓库的建筑内设置员工集体宿舍。

（6）禁止不按规范敷设电气线路，禁止私拉乱接电气线路和使用不符合电压负荷要求的大功率电器。禁止使用假冒伪劣电器、无国家强制性安全认证标志或者有故障的电器产品。

（7）禁止未向各楼层、各区域、各级、各岗位明确重点岗位人员和员工的消防安全职责。

（8）禁止不制定或执行用火、用电安全管理制度。禁止无工作票和无监护人时动火作业。

（9）禁止擅自改变防火分区和消防设施、降低装修材料的燃烧性能等级，禁止采用易燃可燃材料夹芯彩钢板搭建屋顶、围护结构、房间隔墙。

（10）禁止损坏、挪用或者擅自拆除、停用消防设备、设施。

四、人员密集场所管理隐患排查治理实例

1. 人员密集场所管理隐患排查治理实例1

人员密集场所管理隐患排查治理实例1见表4-5。

表 4-5	人员密集场所管理隐患排查治理实例 1
	动火作业安全距离不符合规定要求
隐患排查	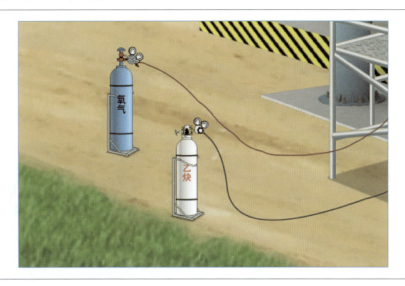
隐患排序	较大隐患
违反标准	DL 5009.1—2014《电力建设安全工作规程　第 1 部分：火力发电》 4.14.4　防爆应符合下列规定： 4）乙炔、丙烷等气瓶严禁横躺卧放，严禁碰撞、敲打、抛掷、滚动气瓶。 7）氧气瓶与乙炔、丙烷气瓶的工作间距不应小于 5m，气瓶与明火作业点的距离不应小于 10m
隐患排除	严格执行安全规定，确保气瓶间安全距离以及气瓶与明火作业点的距离 

2. 人员密集场所管理隐患排查治理实例 2

人员密集场所管理隐患排查治理实例 2 见表 4-6。

表 4-6 人员密集场所管理隐患排查治理实例 2

隐患排查	乱接电源导致存在火灾隐患
隐患排序	较大隐患
违反标准	DL 5009.1—2014《电力建设安全工作规程 第 1 部分：火力发电》 4.5.4 用电及照明应符合以下规定： 9. 严禁将电线直接勾挂在刀闸型电源开关的闸刀上；严禁将电线直接插入插座内使用；严禁带负荷插拔插头
隐患排除	加强用电管理，严格执行安全规程。电气接线作业必须由有资质人员进行

第三节　山地光伏火灾防控

一、山地光伏概述

山地光伏电站是指在山地、丘陵等复杂地形条件下建设的光伏电站，地表起伏不平、朝向各异、局部伴有山沟，且往往灌木植被茂盛，周围还有耕地、树林、坟地等，干枯的杂草是冬春两季火灾隐患的重要因素，也是电站不可估量损失的潜在诱因。

部分光伏电站紧邻耕地，冬春农民时常有烧荒、焚烧秸秆以及烧纸扫墓的情况，火星极易随风吹过防护网，引燃光伏阵列所在区域的干燥杂草引发火灾。因此，山地光伏电站要加强火灾防控。

二、山地光伏火灾防控重点管理要求

（一）组织措施

（1）光伏电站应成立防火领导小组，加强领导、明确责任与任务，布置、实施各站的具体防火工作。

（2）完善光伏电站消防管理制度和火灾应急预案，与当地村委会、消防大队、森林公安等建立消防联动机制。

（3）光伏电站要充分认识冬季防火的严峻形势，充分利用班前会、班后会布置相关防范措施，大力宣传冬季防火的重要性，要求人人时刻保持预防火灾的警惕性。

（4）光伏电站要增加光伏区的日常巡视人员和频次，及时消除火灾隐患，杜绝火灾事故发生；发现光伏区外来放牧及其他人员须进行教育和驱离。

（5）负责人要关注当日气象信息，对大风天气和重要民俗活动节日加强值班和现场巡视人员力量，部署重点监视区域。

（6）防火期禁止进行光伏区动火作业。

（7）电站严格落实冬季防火期间的值班值守管理，控制室24h有人值班制度，控制好生产人员换班、替班、歇班管理工作，确保留站人员充足。

（8）防火消防器材如强光手电、对讲机、灭火风机、消防铁揪要专项管理，保证数量充足和完好备用，每周试验一次并做好记录，发现缺陷要及时处理；对全员进行消防培训，确保每位员工会使用灭火设备。

（9）加强对生产车辆的日常检查和管理，尽量减少车辆的外出时间和频次。确保应急时的物资供应。

（10）视频监控系统作为重要的火情监测设备，按主设备级别进行管理，加强维护和消缺力度；安排专人轮番监视监控画面，发现可疑情况和外来人员立即安排现场查看；各现场可根据现场的实际情况，根据需要增设视频监控系统。

（11）各电站根据自身需求，组织社会力量成立防火联防队伍；联防队接受电站的管理，负责光伏区的日常防火巡视工作，对进入光伏区放牧人员和外来人员进行教育和驱离，发生火情时参与灭火工作。

（二）技术措施

（1）光伏区进行防火级别除草，杂草剩余高度不高于10cm；除草后的杂草做到及时清运出场地，不得留在光伏电站站区内。

（2）设置与外界的防火隔离带。

（3）以箱式变压器为单元，形成独立的防火区域；每个单元用防草布形成隔离带。

（三）电气设备管理要求

光伏电站有大量的电气设备，如变压器、互感器、高压开关、蓄电池等电气设备，如操作、维护不当，可能引起火灾。

（1）光伏电站等建（构）筑物的防火距离、消防设施配置应符合标准。

（2）在电缆沟道内应采用防火分隔和阻燃电缆作为应对电缆火灾的主要措施。

（3）定期检查光伏区内电池组件，防止组件串连接插头因接触不良发热等问题引起火灾。

（4）光伏区布置的直流防雷汇流箱设备质量应符合标准要求；定期检测电站防雷接地网接地电阻符合要求，确保雷击时不会引起设备火灾事故。

（5）逆变器工作时须保持分站房通风良好。

（6）油系统设施周围严禁出现明火以及容易产生静电火花的物质。

（四）安全教育培训要求

（1）制定光伏电站冬季防火培训计划，做到防火培训全覆盖（包括劳务派遣人员和承包商），定期组织灭火装备与消防器材使用培训教育活动。

（2）结合每年11月消防月活动，制作防火宣传标语悬挂于光伏场区主要路口，安排人员向附近村民、村委会、其他外来人员发放防火手册。

（3）电站运维人员提前对周边放牧人员进行统计，并找到机会对其进行细心劝导、教育，告知火灾危险性、后果严重性、法律法规等内容。

（4）利用光伏区喇叭等扩音设备在防火期进行全天候广播国家防火警示录音，起到宣传教育和震慑作用。

（五）防火装备配备要求

光伏电站现场应配备的防火设施主要包括：

（1）火灾报警系统、自动灭火系统等自动防火装置。

（2）灭火器、消防栓、消防沙、消防铲和桶等消防器材。

（3）防毒面具、正压式呼吸器、急救药品等安全防护用品。

（4）应急照明装备；其他扑打灭火工具。

（5）通信工具及有关通信录。

（六）火灾应急处理要求

（1）现场发现火情后立即报告当值负责人。

（2）当值负责人组织查看火势情况，判断起火位置。

（3）切断相关电源。

（4）采取合适灭火措施进行灭火，控制火势蔓延。

（5）经判断火势不可控制时，立即拨打119报警电话请求支援，派人在路口等候。同时应汇报上级领导或部门。

三、山地光伏火灾防控"一线三排"工作指引

（一）山地光伏火灾防控"一线三排"工作指引图

山地光伏火灾防控"一线三排"工作指引的主要内容，见图4-3。

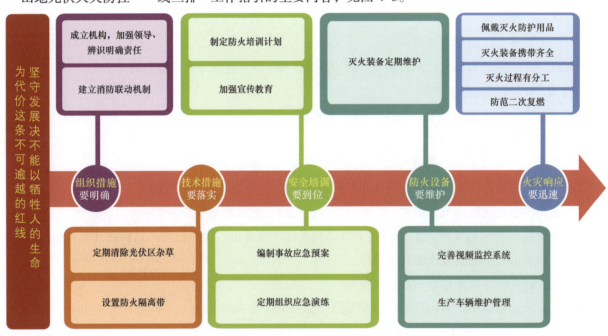

图4-3　山地光伏火灾防控"一线三排"工作指引图

（二）山地光伏火灾防控"一线三排"工作指引表

山地光伏火灾防控"一线三排"工作指引的具体要求，见表4-7。

（三）山地光伏火灾防控"一线三排"负面清单

（1）冬季防火期间，光伏场区严禁动火作业。

（2）光伏场区内严禁吸烟、乱丢烟头、野外用火行为。

（3）冬季防火期间，禁止在光伏场区燃放烟花爆竹、点放孔明灯、焚烧易燃物。

（4）不准携带火种进入光伏场区。

（5）清明、春节和祭奠时期特别注意光伏区内有无上坟烧纸人员和光伏区周边有无烧荒现象，要做好预警，增加巡视次数，设专人看护。

表 4-7　　　　　　　　　　　　山地光伏火灾防控"一线三排"工作指引表

序号	工作规定	具体要求	排查情况	未落实的处置情况				
				排序	排除			
					责任人	整改措施	整改时间	整改结果
1	组织措施要明确	光伏电站应成立防火领导小组，加强领导、明确责任与任务，布置、实施电站的具体防火工作	已落实□ 未落实□					
		应完善电站消防管理制度和火灾应急预案，与当地村委会、消防大队、森林公安等建立消防联动机制	已落实□ 未落实□					
		应认识冬季防火的严峻形势，充分利用班前会布置相关防范措施，大力宣传冬季防火的重要性	已落实□ 未落实□					
		电站应增加光伏区的日常巡视人员和频次，及时消除火灾隐患，杜绝火灾事故发生；发现光伏区外来放牧及其他人员须进行教育和驱离	已落实□ 未落实□					
		运维人员应及时关注当日气象信息，对大风天气和重要民俗活动节日加强值班和现场巡视人员力量，部署重点监视区域	已落实□ 未落实□					
		电站严格落实冬季防火期间的值班值守管理，控制室 24h 有人值班制度，控制好生产人员换班、替班、休班管理工作，确保留站人员充足	已落实□ 未落实□					
		各电站应根据自身需求，组织社会力量成立防火联防队伍；联防队应接受电站的管理，负责光伏区的日常防火巡视工作，对进入光伏区放牧人员和外来人员进行教育和驱离，发生火情时参与灭火工作	已落实□ 未落实□					
		防火期禁止在光伏区进行动火作业	已落实□ 未落实□					
2	技术措施要落实	光伏区进行防火级别除草，杂草剩余高度不高于 10cm；除草后的杂草做到及时清运出场地，不得留在光伏电站站区内	已落实□ 未落实□					
		光伏场区设置与外界的防火隔离带，隔离带距离至少 3m，重点防火场区至少 6m	已落实□ 未落实□					
		以箱式变压器为单元，形成独立的防火区域；每个单元用防草布形成隔离带	已落实□ 未落实□					
3	安全培训要到位	应制定光伏电站冬季防火培训计划，做到防火培训全覆盖（包括劳务派遣人员、承包商）	已落实□ 未落实□					
		应编制光伏电站火灾应急预案，定期组织山地防火应急演练	已落实□ 未落实□					
		应定期组织灭火装备与消防器材使用培训	已落实□ 未落实□					
		应向员工发放山地光伏冬季防火手册，增强防火意识	已落实□ 未落实□					
		应聘请有资质消防培训机构对全员开展防火培训	已落实□ 未落实□					

续表

序号	工作规定	具体要求	落实"一线三排"情况					
			排查情况	未落实的处置情况				
				排序	排除			
					责任人	整改措施	整改时间	整改结果
4	防火装备要维护	防火消防器材如强光手电、对讲机、灭火风机、灭火扫把、灭火器等应专项管理，保证数量充足和完好备用，定期巡视检查，发现缺陷要及时处理	已落实□ 未落实□					
		应对全员进行消防培训，确保每位员工会使用灭火设备	已落实□ 未落实□					
		应加强对生产车辆的日常检查和维护管理，尽量减少车辆的外出时间和频次，确保应急时的物资供应	已落实□ 未落实□					
		视频监控系统作为重要的火情监测设备，应按主设备级别进行管理，加强维护和消缺力度；应安排专人轮番监视监控画面，发现可疑情况和外来人员立即安排现场查看；现场应可根据现场的实际情况，增设视频监控系统，完善监控系统	已落实□ 未落实□					
5	火灾响应要迅速	出发前应检查是否佩戴自吸过滤式半面罩呼吸器、护目镜、安全帽等个人劳动防护用品；灭火风机、灭火器、灭火扫把等灭火装备是否携带齐全	已落实□ 未落实□					
		灭火过程中不能盲目向前，如果大火危及人身安全，人力已无法扑灭，建议不要前往，以人身安全为重，全员撤离，选择较小的进行扑灭	已落实□ 未落实□					
		灭火必须选准时机，在无风时火势较小易受控状态进行快速反应；灭火必须进行分工，分队前往（每2人分为1队），灭火风机在前，灭火排其后跟进，循序渐进地消灭火患；灭火时灭火人员要选择上风口	已落实□ 未落实□					
		经判断火势不可控制时，立即拨打119报警电话请求支援，派人在路口等候；同时应汇报上级领导或部门	已落实□ 未落实□					
		在光伏区着火区域明火消除后，安排人员值守，防止死灰复燃	已落实□ 未落实□					

（6）发现村民放火烧山要及时劝阻，对于不听劝阻的村民要采取报警，移交公安机关依法采取强制措施。

（7）发现光伏区外来放牧及其他人员须进行教育和驱离。

（8）严禁光伏场区内烧山取暖、烘烤食物和烧饭。

（9）严禁村民在光伏场区内烧木炭、烧灰积肥。

（10）加强光伏现场电源设备管理，以防电气线路老化引起火灾。

（11）光伏区域金属外壳必须可靠接地，严禁串接，以防不可靠雷击引起火灾。

四、山地光伏火灾防控隐患排查治理实例

山地光伏火灾防控隐患排查治理实例见表4-8。

表4-8　　　　　　　　　　　　山地光伏火灾防控隐患排查治理实例

隐患排查	光伏组件支架接地串接不符合规定，留下避雷隐患会引起火灾
隐患排序	较大隐患
违反标准	GB 50169—2016《电气装置安装工程接地装置施工及验收规范》 4.2　接地装置的敷设 4.2.9　电气装置的接地必须单独与接地母线或接地网相连接，严禁在一条接地线中串接两个及两个以上需要接地的电气装置
隐患排除	接地线安装部分是地下工程必须在覆土之前进行认真检查，杜绝串联接地

第四节　外包施工队伍管理

一、外包施工队伍职责要求

外包是指企业动态地配置自身和其他企业的功能和服务，并利用企业外部的资源为企业内部的生产和经营服务。

电力外包施工队伍指实施电力企业外包项目施工的队伍，包括基建工程、设备检修、技术改造、紧急抢修、技术咨询以及各类测试、试验等项目施工。

二、外包施工队伍管理安全风险与隐患

（一）协议未签订

外包合同签订前，未对外包单位进行相应资质及安全生产条件审查；将外包工程发包给不具备相应资质的单位。

外包合同签订前，未对外包单位进行安全综合能力评估，如承担项目的技术、设备配置、安全管理组织机构设置和专（兼）职安全管理人员配备、主要负责人和安全管理人员安全培训合格证书获取、安

全管理制度、岗位安全责任制和岗位安全操作规程健全、所承包项目的安全资金投入和资源保障等情况。

发包单位未与承包单位签订安全生产管理协议；签订的安全生产管理协议内容不全。

外包工程有多个承包单位的，在发生交叉作业之前相关方之间未签订安全生产管理协议；签订的安全生产管理协议内容不全。

（二）职责不明确

发包单位与承包单位签订的安全生产管理协议未明确各自的安全生产管理职责。

外包工程有多个承包单位的相关方之间签订的安全生产管理协议未明确各自的安全生产管理职责。

发包单位安全生产职责履行不到位：

（1）发包单位未依法设置安全生产管理机构或者配备专职安全生产管理人员，对外包工程的安全生产实施管理和监督。

（2）发包单位擅自压缩外包工程合同约定的工期；违章指挥或者强令承包单位及其从业人员冒险作业。

（3）承包单位的项目部承担施工作业的，发包单位未审查承包单位项目部的安全生产管理机构、规章制度和操作规程、工程技术人员、主要设备设施、安全教育培训和负责人、安全生产管理人员、特种作业人员持证上岗等情况。

（4）发包单位为落实外包工程安全投入的责任主体，未按照国家有关规定和合同约定及时、足额向承包单位提供保障施工作业安全所需的资金，未监督承包单位落实到位。

（5）发包单位未按照合同约定向承包单位提供与外包工程安全生产相关的勘察、设计、风险评价、检测检验和应急救援等资料。

（6）发包单位未建立健全外包工程安全生产考核机制。

（7）发包方未监督承包方对施工方案进行审查；发包方未定期检查外包项目作业现场。

（8）发包单位明示或者暗示施工单位购买、租赁、使用不符合安全施工要求的安全防护用具、机械设备、施工机具及配件、消防设施和器材。

（9）发包单位未按照国家有关规定建立应急救援组织，编制本单位事故应急预案，未定期组织演练。

（10）发包单位在接到外包工程事故报告后，未立即启动相关事故应急预案；未采取有效措施，组织抢救，防止事故扩大；未按要求报告。

承包单位安全生产职责履行不到位：

（1）承包单位未依照有关法律、法规、规章和国家标准、行业标准的规定，以及承包合同和安全生产管理协议的约定，组织施工作业，确保安全生产。

（2）承包单位对所属项目部的安全管理不到位，安全生产检查隐患治理不到位，对项目部人员安全生产教育培训不到位。

（3）承包单位以转让、出租、出借资质证书等方式允许他人以本单位的名义承揽工程。

（4）承包单位及其项目部安全生产责任体系不健全；安全生产管理基本制度不完善；安全生产管理机构和安全生产管理人员、有关工程技术人员配置不全。

（5）项目部负责人未取得执业和安全生产管理人员安全资格证；安全监督人员未取得安全监督资格证；专业技术人员未取得相应资质证；特种作业人员未取得资质证。

（6）承包单位未依照法律、法规、规章的规定以及承包合同和安全生产管理协议的约定，及时将发包单位投入的安全资金落实到位，挪作他用。

（7）承包单位未依照有关规定制定施工方案。

（8）外包工程发生事故后，未如实地向发包单位报告；未启动相应的应急预案，采取有效措施，组织抢救。

（9）承包单位的安全生产责任制度、安全生产规章制度和操作规程不健全。对所承担的建设工程进行定期和专项安全检查，记录不全。

（10）施工单位没有设立安全生产管理机构或配备专职安全生产管理人员人数不能满足工程合同规定人数。

（11）建设工程实行施工总承包的，出现以包代管现象或总承包单位没有与合规的分包商签订安全生产管理协议。

（12）承包单位未能在建设工程施工前，负责项目管理的技术人员未对有关安全施工的技术要求向施工作业班组、作业人员作出详细说明，并由双方签字确认。

（13）承包单位未在施工现场入口处、施工起重机械、临时用电设施、脚手架、出入通道口、楼梯口、孔洞口、基坑边沿、爆破物及有害危险气体和液体存放处等危险部位，设置明显的安全警示标志。安全警示标志必须符合国家标准。

（14）承包单位施工现场使用的装配式活动房屋没有产品合格证。

（15）承包单位对因建设工程施工可能造成损害的毗邻建筑物、构筑物和地下管线等，没有采取专项防护措施。

（16）承包单位没有在施工现场建立消防安全责任制度，确定消防安全责任人，制定用火、用电、使用易燃、易爆材料等各项消防安全管理制度和操作规程，设置消防通道、消防水源，配备消防设施和灭火器材，并在施工现场入口处设置明显标志。

（17）承包单位未向作业人员提供安全防护用具和安全防护服装，并书面告知危险岗位的操作规程和违章操作的危害。

（18）施工单位在使用施工起重机械和整体提升脚手架、模板等自升式架设设施前，没有组织有关单位进行验收。

（19）施工单位作业人员进入新的岗位或者新的施工现场前，没有接受安全生产教育培训。

（20）施工单位没有为施工现场从事危险作业的人员办理工伤害保险。也没有办理安全生产责任保险。

监理单位安全生产职责履行不到位：

（1）监理单位审查施工组织设计中的安全技术措施或者专项施工方案是否符合工程建设强制性标准方面工作不到位。

（2）工程监理单位在实施监理过程中，对发现存在安全事故隐患，没有及时要求施工单位整改，或对情况严重的，没有要求施工单位暂时停止施工，并及时报告发包单位。

（3）监理单位安全监理或技术监理人员资质不符合要求或数量不符合合同要求。

（三）管理不统一

（1）未将外包单位及其项目部纳入发包单位的安全管理体系，实行统一协调、管理；未明确施工现场安全负责人，对承包商施工期间安全管理进行监督和考核。

（2）项目属地部门未定期对施工现场进行安全检查；发现安全隐患未及时通知承包商进行整改。

三、外包施工队伍管理"一线三排"工作指引

（一）外包施工队伍管理"一线三排"工作指引图

外包施工队伍管理"一线三排"工作指引的主要内容，见图4-4。

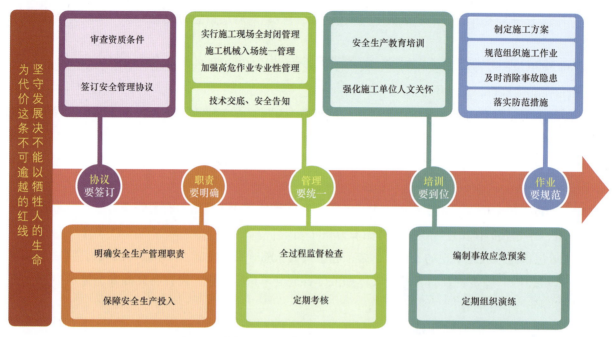

图 4-4　外包施工队伍管理"一线三排"工作指引图

（二）外包施工队伍管理"一线三排"工作指引表

外包施工队伍管理"一线三排"工作指引的具体要求，见表 4-9。

表 4-9　　　　　　　　　　　外包施工队伍管理"一线三排"工作指引表

序号	工作规定	具体要求	落实"一线三排"情况					
			排查情况	未落实的处置情况				
				排序	排除			
					责任人	整改措施	整改时间	整改结果
1	协议要签订	应对外包单位进行相应资质及安全生产条件审查，禁止将外包工程发包给不具备相应资质的单位	已落实□ 未落实□					
		发包单位应当与承包单位签订安全生产管理协议，明确各自的安全生产管理职责；安全生产管理协议应当包括下列内容但不限于：双方安全责任划分、安全投入保障、安全设施和施工条件、风险控制和隐患排查与治理、安全教育与培训、应急救援、安全检查与考评等内容	已落实□ 未落实□					
		外包工程有多个承包单位的，发生交叉作业前应签订相关方之间安全生产管理协议	已落实□ 未落实□					
2	职责要明确	外包工程实行总承包的，总承包单位应对施工现场的安全生产负总责；分项承包单位应按照分包合同的约定对总承包单位负责；总承包单位和分项承包单位应对分包工程的安全生产承担连带责任。总承包单位依法将外包工程分包给其他单位的，其外包工程的主体部分应当由总承包单位自行完成。禁止承包单位转包其承揽的外包工程；禁止分项承包单位将其承揽的外包工程再次分包	已落实□ 未落实□					

序号	工作规定	具体要求	落实"一线三排"情况					
			排查情况	未落实的处置情况				
				排序	排除			
					责任人	整改措施	整改时间	整改结果
2	职责要明确	承包单位的项目部承担施工作业的，发包单位除审查承包单位的安全生产许可证和相应资质外，还应当审查确保项目部的安全生产管理机构、规章制度和操作规程、工程技术人员、主要设备设施、安全教育培训和负责人、安全生产管理人员、特种作业人员持证上岗等情况符合合同规定要求	已落实□ 未落实□					
		发包单位应当依法设置安全生产管理机构或者配备专职安全生产管理人员，对外包工程的安全生产实施管理和监督	已落实□ 未落实□					
		发包单位应及时、足额向承包方提供保障作业安全所需的资金，并监督承包单位落实到位	已落实□ 未落实□					
		发包单位不得擅自压缩外包工程合同约定的工期，不得违章指挥或者强令承包单位及其从业人员冒险作业	已落实□ 未落实□					
		发包单位应组织向承包单位进行外包工程技术交底，按照合同约定向承包单位提供与外包工程安全生产相关的勘察、设计、风险评价、检测检验和应急救援等资料	已落实□ 未落实□					
		发包单位应当按照国家有关规定建立应急救援组织，编制本单位事故应急预案，并定期组织综合演练；承包单位应编制各类相关应急预案和现场处置方案，经审核批准后报发包单位备案，并做好定期演练。 发包单位应做好与地方政府、相关机构建立联动联防机制	已落实□ 未落实□					
		承包单位应当依照有关法律、法规、规章和国家标准、行业标准的规定，以及承包合同和安全生产管理协议的约定，组织施工作业，确保安全生产	已落实□ 未落实□					
		承包单位及其项目部应当根据承揽工程的规模和特点，依法健全安全生产责任体系，完善安全生产管理基本制度，设置安全生产管理机构，配备足额的专职安全生产管理人员和有关工程技术人员	已落实□ 未落实□					
		承包单位应当依照法律、法规、规章的规定以及承包合同和安全生产管理协议的约定，及时将发包单位投入的安全资金落实到位，不得挪作他用	已落实□ 未落实□					
		承包单位应当依照有关规定制定施工方案，加强现场作业安全管理，及时发现并消除事故隐患，落实各项规章制度和安全操作规程，承包单位发现事故隐患后应当立即治理；不能立即治理的应当采取必要的防范措施，并及时书面报告发包单位协商解决，消除事故隐患	已落实□ 未落实□					

续表

序号	工作规定	具体要求	排查情况	排序	责任人	整改措施	整改时间	整改结果
				落实"一线三排"情况				
				未落实的处置情况				
					排除			
2	职责要明确	工程监理单位在实施监理过程中，对发现存在安全事故隐患，应及时要求施工单位整改；或对情况严重的，应要求施工单位暂时停止施工，并及时报告发包单位	已落实□ 未落实□					
		外包工程发生事故后，事故现场有关人员应当立即向承包单位及项目部负责人报告；承包单位及项目部负责人接到事故报告后，应当立即如实地向发包单位报告，并向承包方的上级报告（及时派人现场协助承包商做好善后工作），并启动相应的应急预案，采取有效措施，组织抢救，防止事故扩大	已落实□ 未落实□					
3	管理要统一	应将外包单位及其项目部纳入本单位的安全管理体系，实行统一协调、管理，明确施工现场安全负责人，对承包商施工期间安全管理进行监督和考核	已落实□ 未落实□					
		外包项目属地部门应定期对施工现场进行安全检查，发现安全隐患未及时通知承包商进行整改	已落实□ 未落实□					
		特种作业和特种设备作业人员应持证上岗	已落实□ 未落实□					
		特种设备应取得有关部门使用许可证，并定期检验检测	已落实□ 未落实□					
		主要负责人及安全管理人员应经培训考核合格后持证上岗	已落实□ 未落实□					
		应对作业现场实施全过程监督检查	已落实□ 未落实□					
		发包单位应建立健全外包工程安全生产考核机制，并对承包单位进行安全生产考核	已落实□ 未落实□					
		应按要求组织工程验收，及时整改发现的隐患和问题	已落实□ 未落实□					
4	培训要到位	作业前应对作业人员进行三级安全教育	已落实□ 未落实□					
		承包单位应当接受发包单位组织的安全生产培训与指导，加强对本单位从业人员的安全生产教育和培训，保证从业人员掌握必需的安全生产知识和操作技能	已落实□ 未落实□					
		外包工程实行总承包的，总包方应统一组织编制外包工程应急预案；总包和分包方按国家有关规定和应急预案要求，分别建立应急救援组织或者指定应急救援人员，配备救援设备设施和器材，并定期组织演练	已落实□ 未落实□					

续表

序号	工作规定	具体要求	落实"一线三排"情况					
			排查情况	未落实的处置情况				
				排序	排除			
					责任人	整改措施	整改时间	整改结果
4	培训要到位	外包工程实行分项承包的，分包方应根据建设工程施工的特点、范围以及施工现场容易发生事故的部位和环节，编制现场应急处置方案，并配合发包单位定期进行演练	已落实□ 未落实□					
5	作业要规范	承包方应按要求编制施工组织设计，并报送相关人员审批；危大工程要制定（高支模、深基坑等）专项方案应经相关人员审批，并组织专家进行论证	已落实□ 未落实□					
		承包单位应当依照有关规定制定施工方案，加强现场作业管理，定期排查并及时整治隐患，落实各项规章制度和安全操作规程	已落实□ 未落实□					
		作业中，应按要求进行现场安全监护，及时发现、制止违章违规行为	已落实□ 未落实□					
		发包方和承包方安全管理人员应对作业过程中所使用的工器具、设备、个人防护用品进行检查，及时整改存在问题	已落实□ 未落实□					

（三）外包施工队伍管理"一线三排"负面清单

（1）严禁将项目发包给不具备安全生产许可证和相应资质的单位。

（2）严禁未签订安全管理协议，承包单位开始进入施工现场作业。

（3）严禁无施工组织总设计和安全施工组织设计，便进行现场施工。

（4）严禁违法分包转包。

（5）严禁"以包代管"。

（6）严禁未安全、技术交底作业，作业人员进入现场作业。

（7）严禁无操作证上岗作业。

（8）严禁使用未经检验合格的特种设备进入现场作业。

（9）严禁从业人员没有经过三级教育便进入现场作业。

（10）严禁未经风险辨识，查找现场危险源并制定措施就进入现场作业。

（11）严禁隐患治理没有获得签证认可，便进行下一道工序作业。

（12）严禁管理者现场违章指挥；作业人员违章作业和违反劳动纪律。

四、外包施工队伍管理隐患排查治理实例

1. 外包施工队伍管理隐患排查治理实例1

外包施工队伍管理隐患排查治理实例1见表4-10。

表 4-10 外包施工队伍管理隐患排查治理实例 1

	外包施工队伍现场高处作业不系安全带
隐患排查	
隐患排序	一般隐患
违反标准	DL 5009.1—2014《电力建设安全工作规程 第 1 部分：火力发电》 4.10.1 高处作业应符合下列规定： 8 高处作业应系好安全带，安全带应挂在上方的牢固可靠处
隐患排除	高处作业应系好安全带，安全带应挂在上方的牢固可靠处

2. 外包施工队伍管理隐患排查治理实例 2

外包施工队伍管理隐患排查治理实例 2 见表 4-11。

表 4-11 外包施工队伍管理隐患排查治理实例 2

	外包施工人员进入施工现场不戴安全帽
隐患排查	
隐患排序	一般隐患
违反标准	DL 5009.1—2014《电力建设安全工作规程 第 1 部分：火力发电》 4.2.1 通用规定 7 进入施工现场人员必须正确佩戴安全帽，高处作业人员必须正确使用安全带、穿防滑鞋；长发应放入安全帽内
隐患排除	进入施工现场人员必须正确佩戴安全帽等劳保用品

参考文献

[1] 中国大唐集团公司赤峰风电培训基地. 风电场建设与运维. 北京：中国电力出版社，2020.

[2] 龙源电力集团股份有限公司. 风电安全风险分析及预控措施. 北京：中国电力出版社，2017.

[3] 大唐国际发电股份有限公司. 电力人身安全风险防控手册. 北京：中国电力出版社，2012.

[4] 国家电网公司. 带电作业操作方法　第2分册　配电线路. 北京：中国电力出版社，2011.

[5] 国家电网公司. 带电作业操作方法　第3分册　变电站. 北京：中国电力出版社，2011.

[6] 孙强，郑源. 风电场运行与维护. 北京：中国水利水电出版社，2016.

[7] 杨静东. 风力发电场运行维护与检修. 北京：中国水利水电出版社，2014.